高等院校电气工程系列教材

电力电子装置及系统

杨荫福 段善旭 朝泽云 编著

清华大学出版社
北 京

内容简介

本书从实际应用出发，较全面地介绍了常用电力电子装置的基本组成、控制方式及其设计思想。本书包括开关电源、逆变器、UPS电源、DC-DC电源及电力系统用电力电子装置等内容，并对实际装置原理电路进行了分析，对很多工程实际问题进行了探讨，最后以一个实例说明电力电子装置及其系统的设计过程和方法，帮助读者提高科学研究的能力。

本书可作为高等院校电气工程及其自动化、自动化及相关专业的本科生教材，对从事电力电子变换和控制技术工作的科技人员也很有实际参考价值。

图书在版编目(CIP)数据

电力电子装置及系统/杨荫福，段善旭，朝泽云编著. —北京：清华大学出版社，2006.9(2025.1重印)
ISBN 978-7-302-12386-6

Ⅰ. 电…　Ⅱ. ①杨…　②段…　③朝…　Ⅲ. ①电力装置　②电子设备　③电力电子学　Ⅳ. ①TM7　②TM1

中国版本图书馆CIP数据核字(2006)第003117号

责任编辑：陈国新　曾德斌
责任印制：杨　艳

出版发行：清华大学出版社
　　网　　址：https://www.tup.com.cn，https://www.wqxuetang.com
　　地　　址：北京清华大学学研大厦A座　　**邮　　编**：100084
　　社 总 机：010-83470000　　**邮　　购**：010-62786544
　　投稿与读者服务：010-62776969，c-service@tup.tsinghua.edu.cn
　　质量反馈：010-62772015，zhiliang@tup.tsinghua.edu.cn
印 装 者：三河市人民印务有限公司
经　　销：全国新华书店
开　　本：185mm×260mm　　**印　　张**：14.25　　**字　　数**：354千字
版　　次：2006年9月第1版　　**印　　次**：2025年1月第19次印刷
定　　价：49.00元

产品编号：018146-03/TM

前　言

《电力电子装置及系统》是高等院校电气工程及其自动化等专业的一门专业课教材。该书以电力应用为目标，介绍了各类常用的电力电子装置及系统，但因篇幅有限，仅从不同的角度介绍各类装置和部分实用电路，希望读者在学习中能够举一反三，尽快地掌握电力电子装置的基本设计方法。

本书共8章：第1章绪论，概括地介绍了电力电子装置的主要类型、发展前景及电力电子器件的应用技术；第2章高频开关电源，简单概括了开关电源的各种拓扑电路，重点分析了单端反激变换器及其高频变压器的设计制作，最后讲述了高频整流器；第3章逆变器，介绍了恒频恒压、变频调速、感应加热逆变器的电路结构和工作原理，并讨论了实用电路；第4章不间断电源UPS，讲述了各类UPS电源的工作原理，讨论了UPS电源的锁相和切换技术，并介绍了UPS电源模块化应用；第5章直流-直流变流装置，介绍直流斩波变换的调速系统、具有中间交流环节的直流电源和软开关直流电源；第6章晶闸管变流装置，介绍了晶闸管作为开关器件的交流调功器、交流调压器、相控调速系统和谐振逆变器，并给出了一个电源装置的完整电路图；第7章电力系统用电力电子装置，介绍了电力系统的无功补偿、有源滤波和直流输电系统的基本原理及其实用价值；第8章电力电子装置的研制与试验，通过实例说明了电力电子装置的研制过程和基本设计方法。为适合不同层次的学生学习，本书还简单概括介绍了电力电子技术的基础知识，另有标*号的内容是为优秀学生自学和扩大知识面提供的。

本书的第4～6章由段善旭教授编写，第7章由朝泽云讲师编写，其余各章节由杨荫福教授编写。杨荫福教授负责全书统稿。

李升元高工为本书的第2、6章提供了部分实用电路和资料，在编写过程中还得到华中科技大学陈坚、康勇、邹云屏、徐至新、熊蕊、李晓帆等教授的支持和帮助，在此一并向他们表示衷心的感谢。同时感谢杨莉莎高工、钟和清博士、李勋讲师、陈有谋老师为本书校对、编排付出的辛勤劳动。也感谢李勋讲师、硕士研究生唐军、扶瑞云、丁志亮为本书绘图和稿件整理所做的大量工作。

中国电源学会副理事长陈坚教授在全书定稿前做了仔细的评阅，并提出了许多中肯的宝贵意见，在此表示衷心感谢。此外，对书末所列参考文献的作者也表示衷心的感谢。

由于电力电子装置及其系统包含的内容很多、范围很广，作者水平有限，难免有疏漏和错误之处，恳请广大的读者批评指正。

作　者

2006年7月于华中科技大学

yinfu_yang@sina.com

目　　录

第1章 绪 论

本章叙述了电力电子装置及系统的基本类型，简介了电力电子装置的应用情况，并归纳了电力电子器件的特性和应用技术。

1.1 电力电子装置及系统概述

1.1.1 电力电子装置及系统的概念

现代工业、交通运输、军事装备、尖端科学的进步以及人类生活质量和生存环境的改善，都依赖于高品质的电能，据统计70%的电能都是经过变换后才使用，而随着科技的发展，需要变换的比例将会进一步提高。电力电子技术为电力工业的发展和电力应用的改善提供了先进技术，它的核心是电能形式的变换和控制，并通过电力电子装置实现其应用。

电力电子装置是以满足用电要求为目标，以电力半导体器件为核心，通过合理的电路拓扑和控制方式，采用相关的应用技术对电能实现变换和控制的装置。

电力电子装置和负载组成的闭环控制系统称为电力电子控制系统。有的电力电子装置如各类稳压电源等，它们的输出采样设置在装置内部，本身就能够自成闭环控制系统，但是它们的工作状态仍同负载有关；在设计电路参数时，必须考虑负载因素，否则带上负载后系统不一定能稳定运行；另外在设计装置时，还必须全面考虑其运行的可靠性，电磁干扰的正确处理和结构设计的合理性都是装置可靠运行的必要条件。

电力电子装置及其控制系统的基本组成如图1.1所示，它是通过弱电控制强电实现其功能的。控制系统根据运行指令和输入、输出的各种状态，产生控制信号，用来驱动对应的开关器件，完成其特定功能。控制系统可以采用模拟电路或者数字电路来实现，具有各种特定功能的集成电路和数字信号处理器DSP(digital signal processing)等器件的出现，为简化和完善控制系统提供了方便。由于用户的要求不同，所以在器件、电路拓扑结构和控制方式上，应有针对性地采用不同的方案，这就要求设计者灵活运用控制理论、电子技术、计算机技

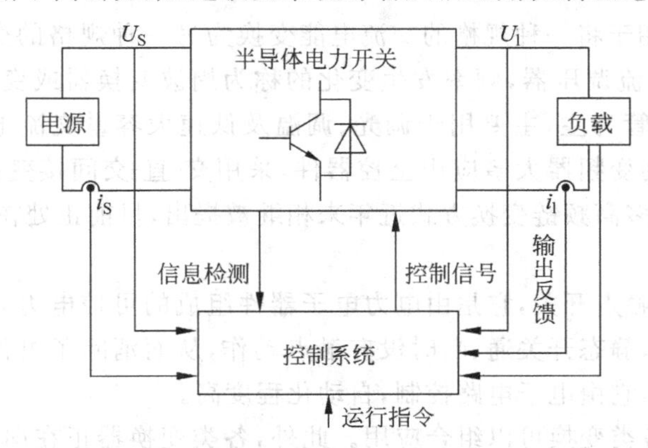

图1.1 电力电子装置及其控制系统

术、电力电子技术等专业基础知识，将它们有机地结合起来进行综合设计。

随着新型电力电子器件的出现，功率变换技术也得到了发展，这些都为电力电子装置小型化、智能化、绿色化打下了技术基础。特别是近30年来各种自关断器件的应用、高频PWM(pulse-width modulation)控制方法的实现、新型软开关拓扑结构的产生，都有力地促进了现代电力电子装置的发展，其应用范围从传统的工业、交通、电力等部门扩大到信息与通信、家用电器、办公自动化等其他领域，几乎涉及到国民经济的每个部门。

1.1.2 电力电子装置的主要类型

电力电子装置的种类繁多，根据电能转换形式的不同，基本上可以分为5大类：交流-直流变换器(AC/DC)、直流-交流变换器(DC/AC)、直流-直流变换器(DC/DC)、交流-交流变换器(AC/AC)和电力电子静态开关。

1. AC/DC变换器

AC/DC变换器又称整流器。用于将交流电能变换为直流电能。传统的整流器采用晶闸管相控技术，控制简单、效率高，但具有滞后的功率因数，且输入电流中的低次谐波含量较高，对电网污染大。采用自关断器件的高频整流器，能使输入电流波形正弦化，并且跟踪输入电压，做到功率因数接近1，它正在逐步取代相控整流器。

2. DC/DC变换器

DC/DC变换器用于将一种规格的直流电能变换为另一种规格的直流电能。采用PWM控制的DC/DC变换器也称直流斩波器，主要用于直流电机驱动和开关电源。近年来发展的软开关DC/DC变换器显著地减小了功率器件的开关损耗和电磁干扰噪声，大大提高了开关电源的功率密度，有利于变换器向高效、小型和低噪方向发展。

3. DC/AC变换器

DC/AC变换器又称逆变器。用于将直流电能变换为交流电能。根据输出电压及频率的变化情况，可分为恒压恒频(CVCF)及变压变频(VVVF)两类，前者用作稳压电源，后者用于交流电动机变频调速系统。逆变器的产品以SPWM(sinusoidal pulse-width modulation)控制方式为主，当前的研究热点在输出量控制技术、高频链技术、软开关技术和并联控制技术上。

4. AC/AC变换器

AC/AC变换器用于将一种规格的交流电能变换为另一种规格的交流电能。输入和输出频率相同的称为交流调压器，频率发生变化的称为周波变换器或变频器。AC/AC变换器目前仍以控制晶闸管为主，主要用于调光、调温及低速大容量交流电机调速系统。对于中、小容量电机的驱动变频器大多应用全控器件，采用交-直-交间接变换方式。基于PWM理论的矩阵变换和许多高频链变换方式近年来相继被提出，目前正处在研究阶段。

5. 静态开关

静态开关又称无触点开关，它是由电力电子器件组成的可控电力开关。与传统的接触器和断路器开关相比，静态开关通、断时没有触点动作，从而消除了电弧的危害，并且接通、断开电路的时间极快，它由电子电路控制，自动化程度高。

根据需要，以上各类变换可以组合应用。此外，各类变换器正在向模块化发展，可方便地组成不同功率等级的变换器。

1.1.3 电力电子装置的应用概况

电力电子装置在供电电源、电机调速、电力系统等方面都得到了广泛的应用,各类实用装置的基本应用情况如下。

1. 直流电源装置

1) 通信电源

通信电源的一次和二次电源都是直流电源。一次电源将电网的交流电转换为标称值为48V的直流电;二次电源再将48V直流电变换成通信设备内部集成电路所需要的多路低压直流电。

2) 充电电源

充电电源的应用相当广泛,如便携式电子产品的电池、UPS的蓄电池、电动汽车和电动自行车用蓄电池以及脉冲激光器储能电容等都需要充电,不同的充电对象,对充电特性的要求也不同。

3) 电解、电镀直流电源

直流电的大用户是电化学工业,电解电镀低压大电流直流电源一般要消耗各个国家总发电量的5%左右,由电力半导体器件组成的直流电源效率高,有利于节能。

4) 开关电源

近年来通信设备、办公自动化设备和家用电器的巨大需求,更加促进了设备内部用的AC/DC、DC/DC开关电源的发展,全球市场规模已达100亿美元/年以上。DC/DC开关变流器采用高频软开关技术,其功率密度已达120W/立方英寸,效率达90%。

2. 交流电源装置

1) 交流稳压电源

由于各行业用电量的剧增以及电力变换带来的电力公害使得电网电压波动、波形失真,重要设备常需用交流稳压电源来得到高品质用电。如医疗设备通常使用电子交流稳压电源进行稳压,如果电源性能指标不符合要求,会影响医疗设备的使用效果。

2) 通用逆变电源

各类逆变电源广泛应用在航天、船舶工业、可再生能源发电系统等方面。例如特殊船舶上的基本电源是蓄电池,需要50Hz逆变器为计算机、无线电等供电,还需要400Hz逆变器为雷达、自动舵等供电。

3) 不间断电源UPS

随着计算机及网络技术的发展,UPS近十年来得到了长足发展。采用绝缘门极双极型晶体管IGBT(insulated gate bipolar transistor)的UPS容量已达数百千瓦,DSP数字技术的引入,可以对UPS实现远程监控和智能化管理。

3. 特种电源装置

1) 静电除尘用高压电源

为了满足环保要求,通常选用除尘设备,减少烟尘对环境的污染。例如在煤气生产中用静电除尘清除煤气中的焦油,以保证煤气质量。除尘设备需要高压电源产生高压静电,利用高压静电吸收尘土。

2）超声波电源

超声波可以用于工业清洗、超声波探伤、超声振动切削、石油探测、饮用水处理、医疗器械等方面。超声波装置由超声波电源和换能器组成。超声波电源实际上是交-直-交变频器，其输出频率在20kHz以上。换能器是一个谐振负载，它要求超声波电源具有高的频率稳定性和可调性。

3）感应加热电源

感应加热技术因其热效率高、对工件加热均匀、可控性好、环境污染小等一系列优点近年来得到迅速发展，日常生活用的电磁炉是小型感应加热电源，感应加热装置需要高频交流电源。

4）焊接电源

电焊是利用低压大电流产生电弧熔化金属的一种焊接工艺，目前应用较广的是模块化的IGBT电焊机。

4. 电力系统用装置

1）高压直流输电

高压直流输电在线路上没有无功损耗又不存在系统稳定性问题，因此得到了推广应用。我国葛洲坝-上海、三峡-常州等异地输电都采用了高压直流输电方式，它的关键技术是高电压大功率整流和逆变技术。目前采用晶闸管的高压直流输电系统已实现数字化控制，这就大大提高了装置的可靠性和自动化程度。

2）无功功率补偿装置和电力有源滤波器

随着非线性负荷的大量使用，电网电能质量有所下降，无功功率补偿装置可以提高电网的利用率，有源电力滤波器可用于吸收电网谐波以提高电网的电能质量。有源电力滤波器具有动态响应快、补偿特性不受电网阻抗影响等优点，目前已得到实际应用。并联混合式电能质量调节器结合了有源电力滤波器和传统无功功率补偿装置的优点，在抑制电网谐波和补偿无功功率方面有着良好的应用前景。

3）电力开关

大功率晶闸管常常作为电力开关控制电气设备，如晶闸管控制电容器组的投切来补偿无功功率等。

5. 电机调速用电力电子装置

我国电机的耗电量约占工业耗电量的80%，使用调速装置可稳定速度并降低用电量，因此调速装置的推广应用和优化对推动生产和节约能源有着重大意义。调速装置除应用在舰船电力推进、机车电力传动、电动汽车、风机、水泵、机床传动、机器人运动控制、医疗手术机械、电动仪器仪表等外，中、高压变频器在发电、化工、冶金等行业中也得到日益广泛的应用，并取得明显的经济效益。

调速装置包括直流调速装置和交流调速装置。如在交通运输中，城市地铁、轻轨等的推进一般采用直流斩波调速系统；铁路机车、磁悬浮列车等的推进则采用变频调速的交流传动系统。

6. 其他实用装置

1）电子整流器和电子变压器

我国在照明方面的耗电量占全国总发电量的12%，国家专门设置了中国绿色照明工程促进项目办公室。荧光灯用的电子整流器和霓虹灯专用电子变压器是新型照明电路的典型代表，它们采用高频化设计，电感体积大大缩小，消除了工频噪音和频闪现象，减少了耗能部件，提高了功率因数，具有较好的节能效果。

2) 空调电源

变频电源已普遍用于空调中，为节能降噪提供了条件。

3) 微波炉、应急灯等电源

微波炉、应急灯等电源的应用量也在不断增加。

1.1.4 电力电子装置的发展前景

国民经济的发展对电力电子装置在体积、容量、效率、功率因数及其对电网谐波干扰等方面提出了更高的要求，预示着本世纪电力电子技术将在下述研究热点取得重大突破。

1. 交流变频调速

中、小容量变频器将加快其智能化和集成化进展，可望实现变频逆变器的单片功率集成；大容量交-交变频调速将被IGBT、GTO(门限可关断晶闸管)交-直-交变频器取代；多电平逆变器将成为高电压电动机调速的主流。

2. 绿色电力电子装置

一般称具有高功率因数和低谐波的电力电子装置为绿色电力电子装置。

1992年美国环保署制定了能源之星标准方案，将提高电源的效率作为绿色化的一个重点，得到了世界多数国家的认同。因此，电源系统的绿色化有两层含义：首先是节电；其次电源要减少对电网及其他电器设备所产生的污染。各种功率因数补偿及零电压或零电流开关等技术的研究，为各种绿色电源产品奠定了基础。

近几年来，减小开关电源空载时的待机功耗已成为重要议题，美国、欧盟等很多国家和地区都提出待机功耗的要求，15W以下的开关电源要求待机功耗应小于0.3W，75W以下开关电源待机功耗应小于0.75W，所有大于70W的开关电源都应有功率因数校正装置。

3. 电动车

电动车是一种高效清洁的环保型城市交通工具，它将给电力电子技术带来巨大的市场。电动车的推广不仅要求研究先进的电动机及先进的驱动电源，还需要研究先进的电动机控制方法，电动车的兴起还会带动充电装置等专用电力电子设备的发展。

4. 新能源发电

可再生能源的应用有利于社会的可持续发展，太阳能、风能、燃料电池、潮汐发电等新能源发电是世界性研究热点，尤其是太阳能发电，备受各国重视。太阳能发电可利用电网蓄能并调节用电，即白天向电网送电，晚间由电网供电，而连接太阳能电池与电网的则是高效的逆变电源装置。

5. 信息电源

当今信息产业的发展是有目共睹的，微电子对电源有其独特的要求，例如通信系统中大量的DC-DC低压电源，计算机用1V、100A的低压大电流快响应电源等。这些都对功率半导体器件及电力电子技术提出了特殊要求，成为电力电子研究的新方向。

现代电力电子技术是信息产业和传统产业之间的重要接口，电力电子技术的发展，对加速发展我国的科学技术和国民经济必将产生积极影响。

电力电子装置及系统是理论和实际紧密结合的专业课程，为电气与电子工程专业学生打下相关设计和研究的基础。要求学生在学好计算机原理、程序设计、系统仿真、自动控制理论、电子技术基础、电力电子学等理论课程的基础上，掌握各类电力电子装置及系统的工作原理、设计思想和基本调试方法，并且具备初步的设计能力和试验能力。

1.2 半导体电力电子开关器件

半导体电力电子器件在各种运行工况中所承受的电压、电流、稳态和瞬态功耗、运行温度都不应超过允许值，否则将发生电击穿或者过热、过流损坏。在使用器件前，应查明产品额定参数。单个半导体电力开关器件都只有单向导电性，但是控制它们导电的方法和工作特性各有不同，本节仅从应用角度出发，概括其最基本的原理及特性。

1.2.1 电力二极管

半导体二极管(diode)是不可控单向导电器件，符号如图 1.2(a)所示。用于电力变换中的大功率二极管称为电力二极管，其电压、电流的额定值都比较高，对电力二极管来说，尽管正向导电时电压降不大，但大电流时的功耗及发热却不容忽略。

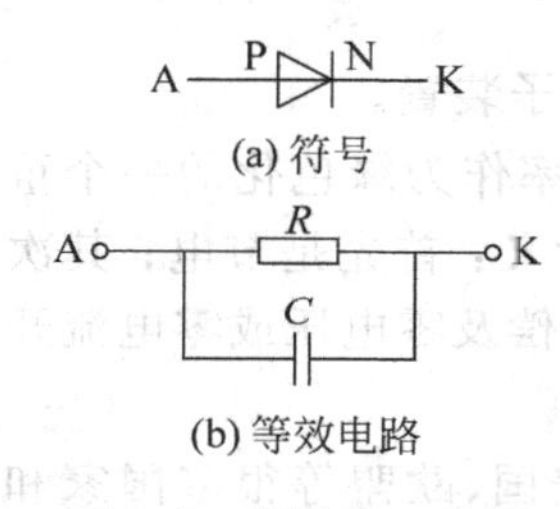

图 1.2 半导体二极管

电力二极管的重要参数主要用来衡量二极管使用过程中是否会过热烧毁，是否被过压击穿，以及开关特性。二极管应用在高频电路时，PN 结的电荷效应不能忽略，高频等效电路如图 1.2(b)所示，R 表示 PN 结的等效电阻，C 表示 PN 结的结电容，它们都具有非线性特性，通态时阻值小、容值大，断态时则相反。由于存在结电容 C，二极管从通态转到阻断状态时，需要一定的反向恢复时间 t_{rr} 才能释放完所存储的电荷，恢复其反向阻断电压的能力，而处于完全截止状态。二极管在未恢复阻断能力之前，相当于短路状态，在设计高频开关电路时应该充分考虑此特点。普通二极管反向恢复时间 t_{rr} 为数微秒，快速恢复二极管 t_{rr} 为几百纳秒，超快恢复二极管 t_{rr} 仅几十纳秒甚至几纳秒。

1.2.2 晶闸管

晶闸管(thyristor)又称可控硅 SCR(silicon controlled rectifier)，是半控开关器件，控制电路只能控制其开通，其电路符号如图 1.3(a)所示。接法如图 1.3(b)所示，阳极 A 接在电路中的正极，阴极 K 接负极，触发电流(脉冲电流)流入门极 G。如果门极触发电流 I_G 合适，晶闸管从断态转为通态，一旦晶闸管阳极电流 I_A 大于某一临界值 I_L(擎住电流)后，即使撤除门极电流 I_G，晶闸管仍继续处于通态，因此只要控制脉冲电流就可以控制晶闸管开通。如果脉冲电流的大小超过对应器件的规定值，脉冲宽度应能够使电路中阳极电流大于擎住电流，对于阻感负载应该考虑阳极电流上升的过渡过程。

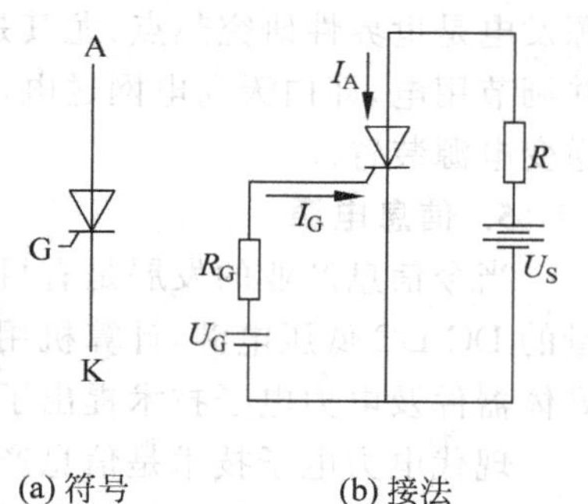

图 1.3 晶闸管符号及接法

当晶闸管的电流 I_A 小于某临界值时，晶闸管才转为断态，该临界电流值称为维持电流 I_H。若要关断晶闸管，

必须使 I_A 小于维持电流 I_H，因此晶闸管靠主电路关断。

晶闸管的开通时间 t_{on} 约为 $3\mu s \sim 5\mu s$，关断时间 t_{off} 约几十微秒，快速晶闸管的 t_{off} 约在 $20\mu s$ 以下。

双向晶闸管额定电流是按照有效值定义的，但是普通晶闸管和电力二极管的额定电流 I_R 均根据早期的应用情况定义为：在阻性负载、单相、工频正弦半波导电时所对应的通态平均电流值。可是，引起它们损坏的是与发热对应的电流有效值 I_{rms}，对于单相和工频正弦半波，$I_{rms}=1.57I_R$。选择器件时，应计算实际电流波形的电流有效值除以 1.57 后，才是晶闸管额定电流值，再考虑 1.5～2 倍的安全裕量，如果安全裕量选择 1.57 倍，则可以直接按照有效值选择器件。

晶闸管的饱和压降低，电流、电压耐量大，主要应用在低频开关和主电路有条件关断晶闸管的场合。利用 8kV/3.5kA 的光控晶闸管所构成的电力变换装置，容量可达到 300MVA。

门极可关断晶闸管 GTO(gate turn-off thyristor)可以用正向和反向脉冲电流控制开通和关断，但反向关断的触发电流比较大，它的符号如图 1.4 所示。GTO 饱和压降和开关速度在开关器件中属于中等，它能控制的电流、电压较大，目前额定电流电压为 6kA/6kV 的 GTO 已在 10MVA 以上的大型电力电子变换装置中得到应用。

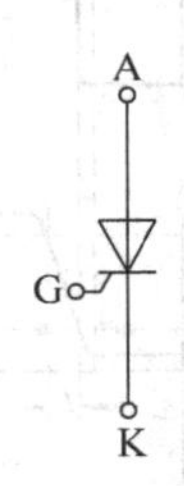

图 1.4　GTO 的符号

1.2.3　电力晶体三极管

电力晶体管 BJT (bipolar junction transistor)是一种双极型大功率高反压晶体管，也称为巨型晶体管 GTR(giant transistor)。BJT 是电流型全控器件，在开关工作模式下，晶体管工作在饱和导通或截止两种状态，控制基极电流就可控制电力三极管的开通和关断。GTR 饱和压降较低，有二次击穿现象。由于电力三极管受到结构限制其耐压很难超过 1500V，现今商品化的电力三极管的额定电压和额定电流大都分别不超过 1200V 和 800A。晶体管 BJT 有 NPN 和 PNP 两种型号，它们的符号如图 1.5 所示。基本工作条件是基极电流的方向和符号的箭头方向一致，集电极 C 和发射 E 极的电位高低也应该和符号的箭头方向一致。

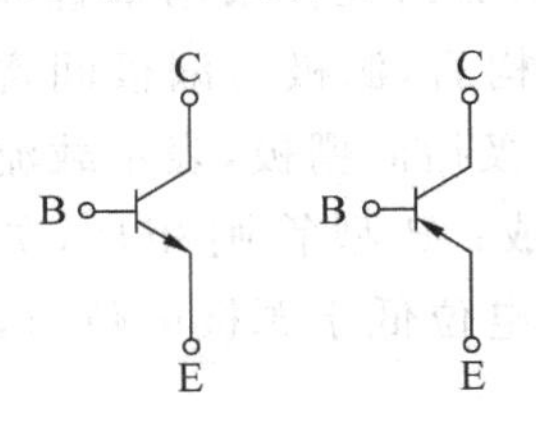

图 1.5　BJT 的符号

1. 晶体管的二次击穿

晶体管有负阻特性，即温度升高，等效电阻减小，因此，容易发生二次击穿。晶体管的集电极-发射极电压 U_{CE} 超过集电极额定电压 U_{CEM} 后，将发生正向雪崩击穿，集电极电流 I_C 剧增，称为一次击穿现象；一次击穿后，如不及时限流，大的集电结功耗会造成局部过热，导致三极管等效电阻减小，I_C 再次急剧上升，三极管会因瞬时过热烧坏，这个现象为二次击穿 SB(secondary broken)。限制三极管的功耗是防止二次击穿的最有效方法。

2. 晶体管的开关过程

晶体管的开关速度比晶闸管快，但是对于开关频率较高的工作方式，必须考虑开关过程的影响。图 1.6 给出了 NPN 型晶体管带负载时开通与关断的波形。定义图中 t_d 为延迟时间，t_r 为集电极电流上升时间，t_{stg} 为存储时间，t_f 为集电极电流下降时间，t_d+t_r 称为开通时间 t_{on}，$t_{stg}+t_f$ 称为关断时间 t_{off}。

延迟时间 t_d 是基极电流向发射结电容充电的时间，t_r 是积累基区载流子的时间，存储时间 t_{stg} 是基区过剩存储电荷抽走的时间，过剩存储电荷的多少依饱和程度而定。t_f 是基区电荷继续抽走和管内载流子复合时间，也是管压降上升时间，它随 I_{B2} 的值增大而减小。

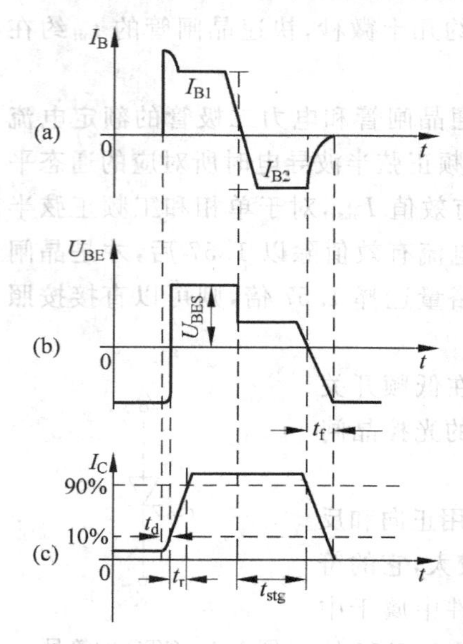

图 1.6　双极性晶体管开通、关断波形

上述 4 个时间段中 t_{stg} 最长，达微秒数量级，它是影响开关频率的主要因素。利用基极驱动电流反向和抗饱和技术(使开关管导通时处于准饱和状态)，可以使存储时间减小。

3. 基极驱动电路

基极驱动电路应使驱动电流波形尽可能达到最佳，并注意隔离和保护问题。最佳基极驱动电流波形如图 1.6(a)所示，波形的前沿陡峭，可加快 BJT 的开通过程，导通后驱动电流降低到维持准饱和状态的正常值；关断时，反向基极电流 I_{B2} 可以加速抽走基极存储的过剩载流子，缩短存储时间 t_{stg} 和管压降上升时间 t_f。驱动方式有直接式和隔离式，直接式指驱动的功率放大电路直接与主电路相接，电路简单，但有些电路结构要求驱动必须同主电路隔离，可用脉冲变压器或光电耦合元件隔离。

用分立元件组成的驱动电路存在元件多、电路复杂、稳定性差、保护欠佳的缺点。大规模集成化基极驱动电路的出现，使这些问题迎刃而解。功率晶体管 BJT(GTR)的集成驱动芯片有 UA4002、M57956 等，应用方法可查阅产品说明书。

1.2.4　电力场效应晶体管

场效应晶体管 MOSFET(metal oxide semiconductor field effect transistor)是一种电压驱动的全控型器件。为了提高功率等级，电力场效应晶体管(P-MOSFET)往往采用垂直导电结构，又称为 V-MOSFET(vertical-MOSFET)。采用垂直导电结构后，源极与漏极间寄生了一个体内二极管，如图 1.7 所示。图 1.7(a)中 N 型管箭头由源极指向栅极，表示载流子电子从源极出发，栅极电位高于源极电位时导电沟道才能形成；P 型管则相反，如图 1.7(b)，箭头由栅极指向源极，表示载流子空穴从源极出发，栅极电位低于源极电位时，导电沟道才能形成。

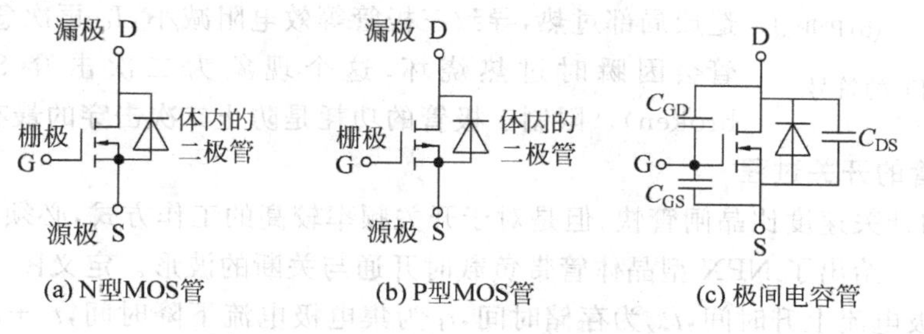

图 1.7　P-MOSFET 的符号和等效电容

电力场效应晶体管P-MOSFET的主要特点是：

(1) 单极性导电，不存在双极性导电表现出来的存储时间，开关速度快，非常适合高频开关电路。

(2) 导通后等效一个导通电阻R_{on}，R_{on}决定导通压降和自身的损耗，它相当于GTR的饱和压降。

(3) 导通电阻具有正温度系数，在管子直接并联时，可以自动均衡电流，便于并联使用。

1. 功率场效应管的特征参数

1) 漏源击穿电压U_{DSB}

U_{DSB}随温度变化而变化，在一定范围内结温每升高10℃，U_{DSB}值约增加1%，所以结温上升，耐压值也上升（双极型晶体管则相反）。一般导通电阻R_{on}小、耐压U_{DSB}高的管子较好。

2) 最高工作频率f_m

在漏源电压U_{DS}的作用下，电子从源区通过沟道到漏区需要一定的时间，当控制信号的周期与此时间相当时，电子就来不及跟随信号变化，该信号的频率就是VMOS管的最高工作频率f_m。由于VMOS的特殊结构，它的f_m较普通的MOS器件要高得多。

3) 开通时间t_{on}和关断时间t_{off}

场效应器件与双极型器件不同，它是依靠多数载流子传导电流，所以VMOS器件的开关时间比双极型功率器件要短得多，一般t_{on}为几十纳秒，t_{off}为几百纳秒至上千纳秒。t_{on}随I_D增加而增加，t_{off}却随I_D增加而减小。

4) 极间电容

场效应器件的工作频率往往很高，因此它的极间电容效应不可忽视，三个极间电容的定义如图1.7(c)所示。

2. 驱动问题

MOSFET功率管比双极型晶体管的驱动简单，是电压驱动。在开关工作模式下，其驱动电压一般为10V～15V；由于极间电容的存在，需要采用合适的门极电阻即驱动电阻来限制驱动时的动态电流。集成驱动芯片有IR2110、HR042等。器件高频工作或并联运行时，应特别注意引线电感的影响，驱动线一般用双绞线，避免接受干扰，开关管并联的引线长度应该一致，避免驱动不同步。

1.2.5 绝缘门极双极型晶体管IGBT

MOSFET管的优点是电压控制、开关速度快，缺点是导通压降随电流增大而加大，电流、电压耐量很难做大；双极型晶体管优缺点与其相反。利用以上两者构成复合管，使得输入具有MOSFET管的特点，输出具有双极型晶体管特点，就产生了绝缘门极双极型晶体管IGBT(insulated gate bipolar transistor)。IGBT的等效电路及符号如图1.8所示。IGBT由电压控制开通和关断，控制功率小，双极性导电，开关速度介于MOSFET和BJT之间；电压电流耐量介于BJT和GTO之间；无二次击穿现象，但有擎住效应。近20年IGBT已得到广泛应用，3.3kV～4.5kV/1200A～

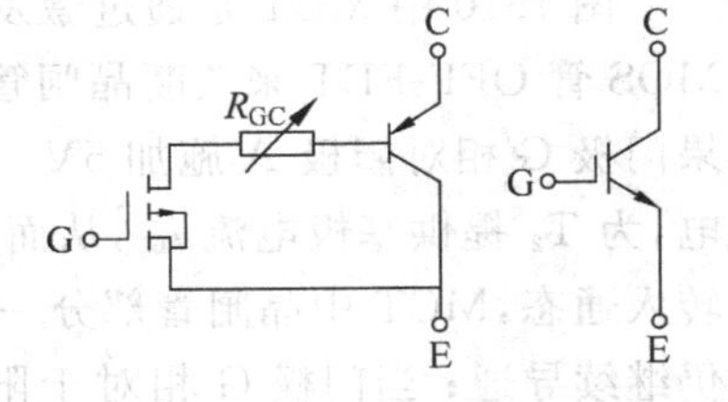

图1.8 IGBT等效电路及其符号

1800A 的大功率器件已开始投入实际应用。

1. IGBT 擎住效应

从图 1.9 可见 IGBT 的 4 层结构中 PNP 和 NPN 两个三极管相接的部分等效于一个晶闸管，称为寄生晶闸管。它的存在使得 IGBT 有擎住效应。擎住效应是指内部晶闸管被触发导通，并且达到擎住电流，使得 IGBT 失去控制能力。产生擎住效应的原因有：

(1) J3 结体区电阻 R_{br} 有漏电流流过时产生正偏压，漏电流大到一定程度时，寄生晶闸管开通，这种开通属静态擎住效应。

(2) 在 IGBT 关断时，过大的 du/dt 在 J2 结产生的动态电流使 PNP 管趋向开通，R_{br} 上产生正偏压，产生与上面过程相似，这种开通属动态擎住效应。

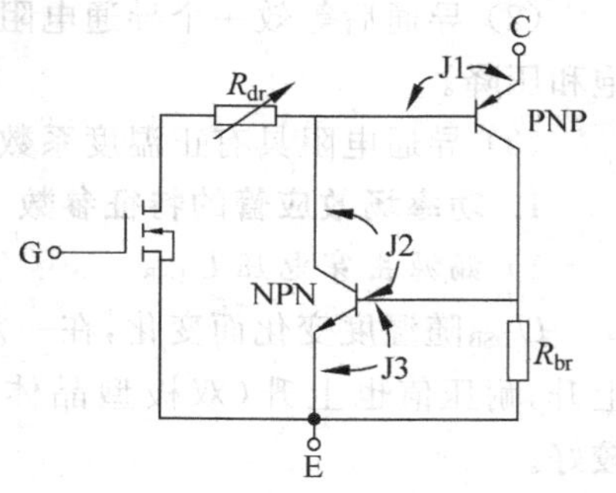

图 1.9 IGBT 管擎住效应原理图

产生擎住效应后，栅极失去控制作用。为防止擎住效应，IGBT 的工作电流不能超过规定的最大值，并应尽量减小关断时的 du/dt 值。

2. IGBT 的栅极驱动

IGBT 的输入特性相似于 MOSFET 管的特性，因此 MOSFET 管的驱动电路原则上均可应用于 IGBT，集成驱动模块有 EXB 系列、ML 系列等。

驱动 IGBT 的正偏栅压（$+U_{GE}$）和负偏栅压（$-U_{GE}$）典型值分别为 +15V 和 −5V。驱动电阻 R_G 与被驱动 IGBT 的电压、电流等级有关，电压等级高或电流等级大，极间电容就大，要求提供的动态驱动电流较大，所以 R_G 值应该小。一般 1200V、150A 的 IGBT 的 R_G 值为 20Ω 左右。集成驱动模块的使用说明书会给出相应的参数推荐值。

IGBT 栅极驱动参数对 IGBT 性能有较大影响。正偏栅压增加，开通时间和饱和压降减小，但关断时间和 du/dt 增大，承受短路电流能力降低；负偏栅压增加，关断时间和 du/dt 减小，承受反压能力增强；加大栅极电阻 R_G，开通时间增长，但 du/dt 下降。P-MOSFET 也有类似的特点，在装置的调试中，可以充分利用这些关系。

* 1.2.6 MCT 和 IGCT

在晶闸管结构中引进一对 MOSFET 管，通过这一对 MOSFET 管来控制晶闸管的开通和关断就组成 MCT(MOS controlled thyristor)。图 1.10 所示给出了 MCT 的等效电路和符号，三极管 T_1、T_2 构成晶闸管。使 MCT 开通的 MOSFET 称为 ON-FET，使 MCT 关断的 MOSFET 称为 OFF-FET。

图 1.10 中 MCT 是通过激发 P 沟道的 MOS 管 ON-FET 来开通晶闸管，激发 N 沟道的 MOS 管 OFF-FET 来关断晶闸管。当正电压加在 MCT 开关管阳极 A、阴极 K 之间时，如果门极 G 相对阳极 A 施加 5V～15V 负脉冲电压驱动信号，$U_{AG}>0$，P 沟道的 ON-FET 导电，为 T_2 提供基极电流 i_{b2}，从而引发 T_1、T_2 管内部的正反馈机制，最终导致 MCT 从断态转入通态，MCT 中晶闸管部分一旦导通后，撤除 ON-FET 的外加门极控制电压 U_{AG}，MCT 仍继续导通；当门极 G 相对于阳极 A 加上 +10V 正脉冲电压信号时，$U_{GA}>0$，N 沟道的 OFF-FET 管开通，OFF-FET 导电使 T_1 管基极电流 i_{b1} 减小，从而引发 T_1、T_2 管内部正反

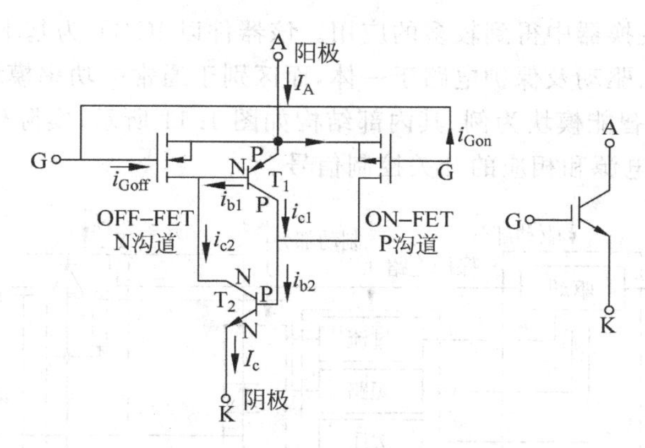

图 1.10 MCT 等效电路模型及符号

馈机制，最终导致 MCT 从通态转入断态。

MCT 是一种新型的场控器件，其触发驱动电路要比可关断晶闸管 GTO 简单得多。此外其通态压降低，电压、电流容量可以做得比较大。但由于其结构和制造工艺都比较复杂，所以成品率不高。

集成门极换流晶闸管 IGCT(integrated gate commutated turn-off thyristor)又称为发射极关断晶闸管(ETO)，实际上 IGCT 就是把 MCT 中的 MOSFET 管从半导体器件内部移到外部来，即在晶闸管壳的外部装设环状的门电极，再配以外加的集成 MOSFET 实现体外 MCT 管的功能。IGCT 的工作频率虽然不能很高，但可以应用于高压大电流，因此 IGCT 今后可能广泛应用于电力系统的高压直流输电、无功补偿和谐波补偿等装置中。

1.2.7 半导体电力开关模块和电源集成电路

1. 电力转换模块

把同类或不同类的一个或多个开关器件按一定的拓扑结构及转换功能连接并封装在一起的开关器件组合体，称为电力转换模块。目前这类模块主要有二极管整流模块、晶闸管模块、达林顿三极管功率模块、MOSFET 功率模块、IGBT 模块、AC-DC-AC 变频功率模块、大功率肖特基模块、快速二极管模块等。这类模块几乎涵盖了当前电力转换的绝大部分应用领域，从单相到三相，从小功率到大功率，被广泛地使用。

2. 功率集成电路 PIC (power integrated circuit)

如果将电力电子开关器件与电力电子变换器控制系统中的某些环节(如工作状态的监测、故障保护、驱动信号的处理、缓冲电路等)制作在一个整体器件上，则称为功率集成电路 PIC。由于应用了硅集成技术、通过封装集成和多芯片集成，有效地降低了设备的成本和组件及设备的体积，提高了可靠性，因此这种“功能型”模块得到长足的发展。不同的功率集成电路 PIC，由于其侧重的性能、要求不同，分别称为高压集成电路 HVIC(high voltage IC)、智能功率集成电路 SPIC(smart power IC)、智能功率模块 IPM(intelligent power module)等。

在 PIC 中，高、低压电路(主回路与控制电路)之间的绝缘或隔离问题以及开关器件模块的温升、散热问题一直是其发展的技术难点。

目前将 IGBT 及其辅助器件、驱动、保护电路集成在一起的 IGBT 智能模块 IPM 已在中、小功率电力电子变换器中得到较多的应用。该器件以IGBT为基本功率开关元件,其最大特点是集功率变换、驱动及保护电路于一体,而区别于通常的功率模块器件。以日本三菱公司生产的RM系列智能模块为例,其内部结构如图1.11所示,实际使用时仅需提供各桥臂对应IGBT的驱动电源和相应的开关控制信号。

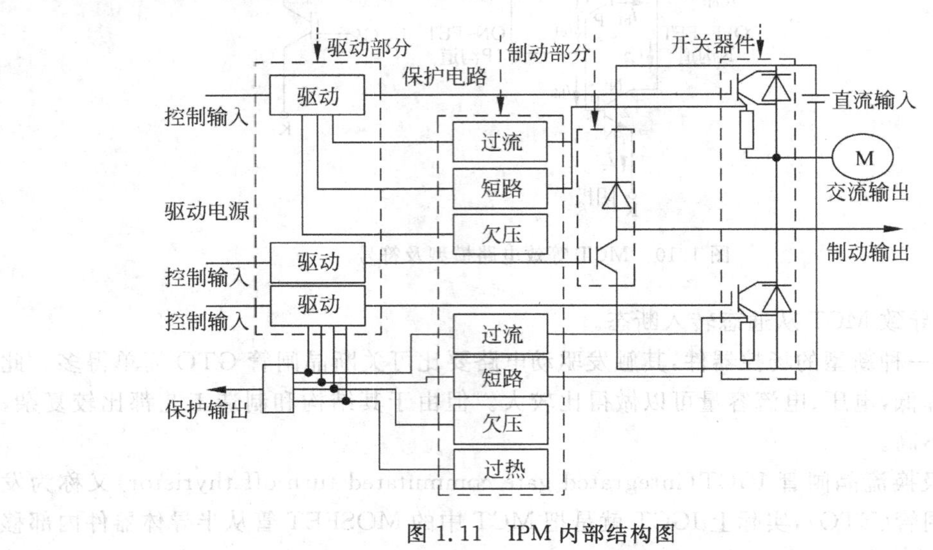

图1.11 IPM内部结构图

3. 电源管理集成电路(power management IC)

电源管理集成电路是一种可以提供各种方式来控制电源转换并管理各种器件的集成电路。世界上有名的集成电路公司都致力于这类电路的开发。迄今为止,电源管理集成电路的种类已超过4000种,大致可分为控制类和辅助类,每一类中又分为隔离类和非隔离类。控制类包括:交流-直流一次侧控制器,直流-直流一次侧控制器,二次侧控制器,电源的各种拓扑如电压模式、电流模式、功率因数控制、电流模式加PFC、同步整流控制等;辅助类包括MOSFET驱动器、低侧驱动、高侧驱动、同步整流驱动、精密基准电压、电池管理、分路调节器等。

1.3 电力电子器件的应用技术

1.3.1 散热技术

1. 散热的重要性

PN结是电力电子器件的核心,由于PN结的性能与温度密切相关,因而每种电力电子器件都要规定最高允许结温 T_{jm},器件在运行时不应超过 T_{jm} 和功耗的最大允许值 P_m,否则器件的许多特性和参数都要有较大变化,甚至使器件被永久性地烧坏。如果不采取散热措施,一只100A的二极管长期流过50A的恒定直流也可能被损坏。

2. 散热原理

电力电子器件在运行时有损耗,这部分损耗转变成热量使管芯发热、结温升高。管芯发热后,要通过周围环境散热,散热途径一般有热传导、热辐射和热对流3种方式。对电力电子器件来说，散热途径主要采用热传导和热对流两种方式。

热传导可以引用稳态热路图与热阻的概念来理解。管芯内温度最高的部位在PN结上，热量从PN结通过管壳、散热器传至环境介质中。根据器件内热量的传导过程可以画出等效热路图。稳态等效热路图如图1.12所示。热路图与电路图很相似，功耗P、温升ΔT和总热阻$R_{\theta ja}$之间的关系和欧姆定律相似，即

$$P=\Delta T/R_{\theta ja}\quad 或\quad \Delta T=R_{\theta ja}P \tag{1-1}$$

式中$\Delta T=T_j-T_a$；T_j和T_a分别代表结温和环境温度；$R_{\theta ja}$为PN结至环境介质的热阻。其中温度的单位为℃，功率的单位为W，热阻的单位为℃/W。

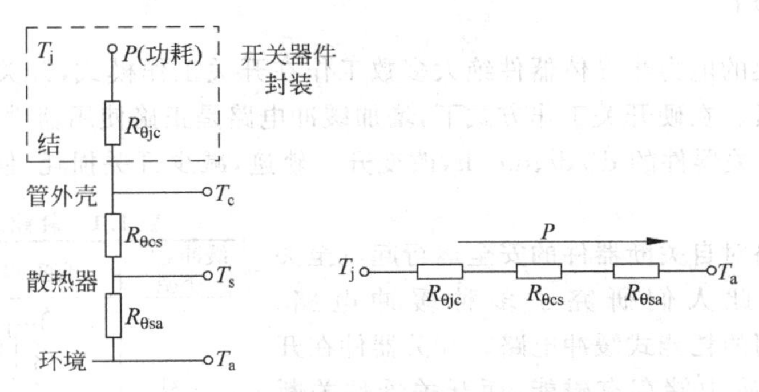

图1.12　稳态等效热路图

式(1-1)表明，耗散功率P流过器件时，器件的稳态温升ΔT与热阻$R_{\theta ja}$成正比，即热阻越大，温升越大，散热效果越差。

器件散热时的总热阻$R_{\theta ja}$由以下几部分组成：PN结至外壳的热阻$R_{\theta jc}$；外壳至散热器的接触热阻$R_{\theta cs}$以及散热器至环境的热阻$R_{\theta sa}$。其中$R_{\theta jc}$也称为内热阻，其他两项称为外热阻，器件总热阻$R_{\theta ja}$为

$$R_{\theta ja}=R_{\theta jc}+R_{\theta cs}+R_{\theta sa} \tag{1-2}$$

内热阻$R_{\theta jc}$由器件的结构、工艺和材料所决定，减小内热阻是器件设计者的任务，电路设计者应力求减少外热阻，以达到良好的散热效果。

当流过器件的平均电流保持恒定时，器件和散热器则可达到热稳定状态，可利用简单的热阻概念进行计算。在器件和散热器的说明书中，一般都给出热阻参数。器件的容量越大，热阻越小。自然冷却时，散热器的热阻可按经验公式计算：

$$R_{\theta sa}=295A^{-0.7}P^{-0.15} \tag{1-3}$$

式中A为散热器有效表面积(cm^2)；P为流入散热器的功率(W)，即散热器上功率开关器件的损耗。在作散热器设计时，首先由式(1-1)和式(1-2)计算出散热器的热阻$R_{\theta sa}$，再求散热器有效表面积(cm^2)，根据要求的有效表面积和散热器手册就可以选配散热器。

当流过器件的平均电流为非恒定值时，散热器达不到热稳定状态，需要用瞬态热阻抗的概念进行计算。在器件或散热器的说明书中会给出瞬态热阻抗曲线。

3. 散热措施

对器件的应用者来说，为了限制其结温，应从减少器件的损耗和采取散热措施两个方面入手。

减少器件的损耗可以采用软开关电路、增加缓冲电路等措施。

散热措施通常有以下方法：

(1) 采用提高接触面的光洁度，接触面上涂导热硅脂，施加合适的安装压力等方法减小器件接触热阻 $R_{\theta cs}$。

(2) 选用有效散热面积大的铝型材散热器，将散热器黑化处理，必要时，采用导热性能好的紫铜材料制作散热器，以减少散热热阻 $R_{\theta sa}$。

(3) 结构设计时，注意机箱风道的形成，可采用在装置内部安装风机等热对流方法来降低装置内部环境介质温度 T_a，必要时还可以运用水、油或其他液体介质管道帮助冷却。

1.3.2 缓冲电路

用于电能变换的电力半导体器件绝大多数工作在开关工作模式，开关损耗是影响其正常运行的重要因素。在硬开关工作方式下，增加缓冲电路是正确使用器件的有效措施，其主要作用是：抑制开关器件的 di/dt、du/dt，改变开关轨迹，减少开关损耗，使之工作在安全工作区内。

表 1.1 耗能式缓冲电路

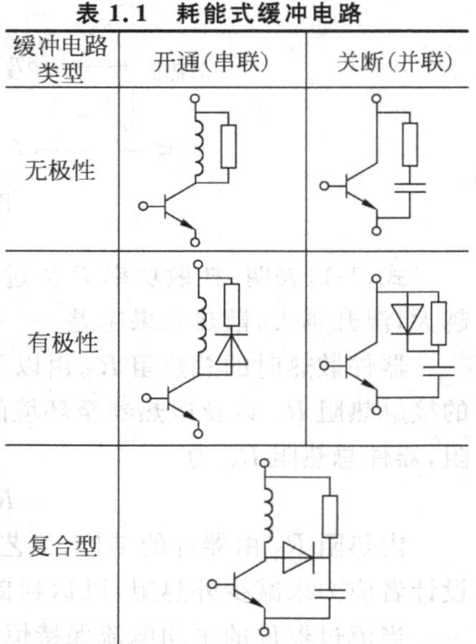

缓冲电路类型	开通(串联)	关断(并联)
无极性		
有极性		
复合型		

由于缓冲电路对自关断器件的安全运行起着至关重要的作用，因此人们研究了多种缓冲电路。表 1.1 中给出常用的耗能式缓冲电路。开关器件在开通时，缓冲电路电感中储存有磁能，而开关器件关断时，关断缓冲电路中电容储存有电能，这些能量都以热的形式消耗在缓冲电路的电阻上。

在普通晶闸管的应用中，通常选用无极性缓冲电路。在晶闸管回路中串入电感以限制开通时的 di/dt，在晶闸管两端并联 RC 网络以抑制关断时瞬时过电压，并且防止因 du/dt 过大而引起的误触发。采用 GTO、BJT、IGBT 等自关断器件时，由于它们的工作频率比 SCR 高得多，因此有必要采用有极性缓冲电路，以便加快电容或者电感的抑制作用。

1. 常用关断缓冲电路

图 1.13 给出了常用的 RCD 关断缓冲电路。图中的开关管 T 是 BJT，由于二极管 D_S 的单向导电性，T 关断时，C_S 立即起作用，C_S 两端电压不能突变，使得集电极与发射极两端的电压上升率 du/dt 被限制，电容越大，du/dt 越小，即

$$\mathrm{d}u/\mathrm{d}t = I_m/C_S \tag{1-4}$$

式中 I_m 为最大负载电流。在有缓冲电容 C_S 的情况下，BJT 关断时其集电极被电容电压牵制，不会出现集电极电压和电流同时达到最大值的情况。

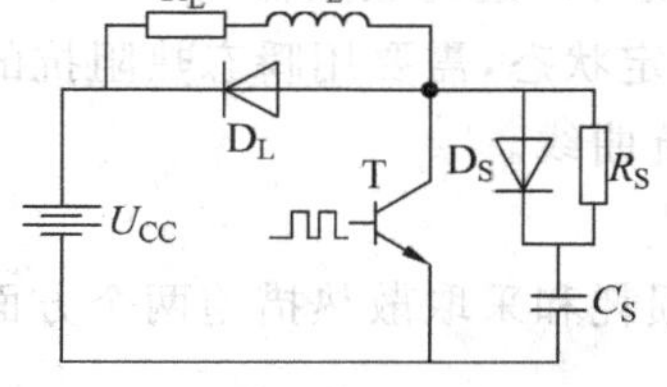

图 1.13 常用的关断缓冲电路

图 1.14 所示为不同缓冲电容时 BJT 电流和电压的关断波形。图 1.14(a)、图 1.14(b)和图 1.14(c)分别表示缓冲电容为零、缓冲电容较小和缓冲电容较大时的情况，BJT 的关断损耗依次减小。电容 C_S 上的电场能量，在 BJT 下一次开通时，通过电阻 R_S 释放。值得提出的是该缓冲电路减小了 BJT 的关断损耗，但是 BJT 和电阻上总损耗并不一定减小。

假定 I_m 为恒定，关断过程集电极电流 i_C 的变化规律是线性的，电容上的充电电压 u_C 以二次曲线增加，可以得到各种情况下 BJT 和电阻上总损耗的方程，如果令器件与电阻上总损耗为最小，可得到缓冲电容为

$$C_S = \frac{2I_m t_{fi}}{9U_{CC}} \tag{1-5}$$

开关器件上关断损耗为

$$P_{off} = \frac{I_m U_{CC} t_{fi}}{6} f_S \tag{1-6}$$

式中 f_S 为器件的开关频率。

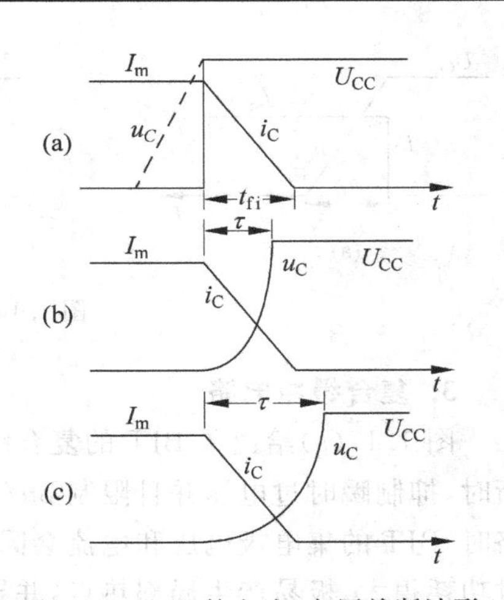

图 1.14　BJT 的电流、电压关断波形

电阻 R_S 的值选择应该考虑两个问题：一是器件最小导通时间应大于电容的放电时间常数，二是电容的最大放电电流 $i_S=U_{CC}/R_S$ 与工作电流之和不能超过器件额定值。

开关器件关断时电容 C_S 上吸收电能，开通时损耗在电阻上，电阻的功率损耗为

$$P_R = \frac{1}{2}C_S U_{CC}^2 f_S \tag{1-7}$$

设计时可先按总损耗为最小的原则取值，再根据试验情况调整参数。如开关管上电压尖峰比较大，应适度增大电容，为防止电路振荡，电阻应采用无感电阻，可以由多个金属氧化膜电阻串并联组成。

电压驱动型开关器件采用上述电路也有类似的过程。由于它比电流驱动型开关器件安全工作区域大，对于桥式电路可以将 RCD 电路直接跨接在直流母线上，起钳位缓冲作用，通过快速二极管和高频电容钳位使母线电位不能突变，间接地抑制了开关器件的电压突变。电阻不仅为电容上的过电压形成泄放回路，还可抑制线路电感和电容振荡。

2. 开通缓冲电路

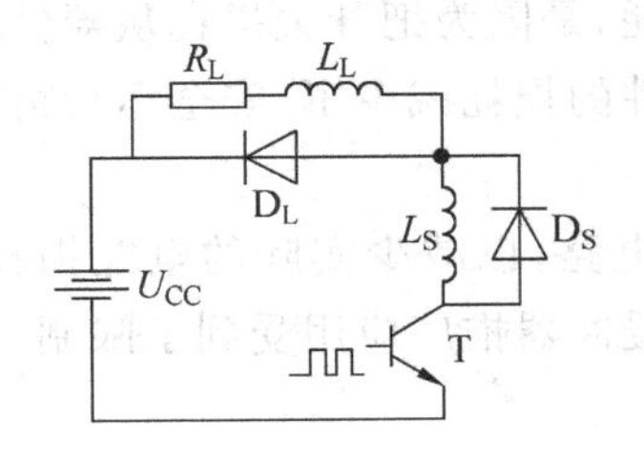

图 1.15　常用开通缓冲电路

开通缓冲电路如图 1.15 所示。BJT 开通时，在集电极电压下降期间，电感 L_S 抑制电流的上升率 di/dt，当 GTR 关断时，储存在电感 L_S 中的能量 $\frac{1}{2}L_S I_m^2$ 通过二极管 D_S 续流，其能量消耗在 D_S 和电抗器的电阻中。

图 1.16(a)、(b)、(c)分别表示无缓冲电感、缓冲电感较小和缓冲电感较大时 GTR 的开通波形。

图 1.16 表明，采用开通缓冲电路后，电流 i_C 的上升时间有所增加。电感越大，上升速度越慢，电流上升率 di/dt 越小。对 u_C 的变化规律作线性化处理后，通过分析、计算可得到总损耗最小时对应的电感量为

$$L_S = \frac{2U_{CC} t_{fv}}{9I_m} \tag{1-8}$$

器件开通的损耗为

$$P_{on} = \frac{I_m U_{CC} t_{fv}}{6} f_S \tag{1-9}$$

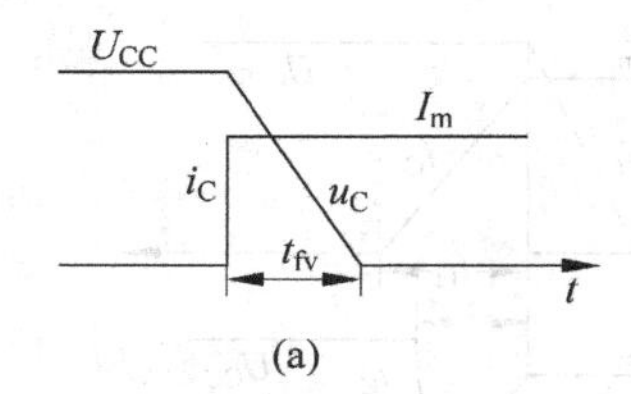

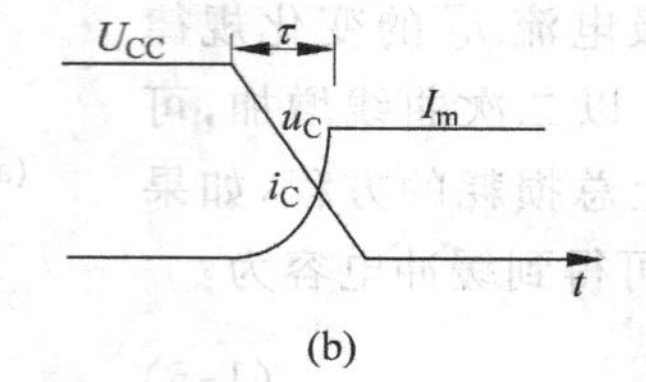

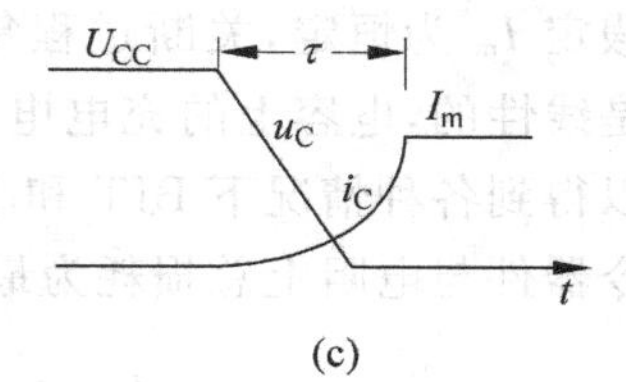

图 1.16　BJT 电流、电压的开通波形

3. 复合缓冲电路

图 1.17(a)给出了 BJT 的复合缓冲电路。BJT 开通时,电感 L_S 限制开通时的 di/dt,关断时,抑制瞬时过电压并且限制 du/dt,其开通与关断轨迹如图 1.17(b)所示。不加缓冲电路时,BJT 的集电极电压和电流会同时出现最大值,而且均产生超调现象,在这种情况下瞬时功耗很大,极易产生局部热点,并导致二次击穿使器件损坏。加上缓冲电路后,开通和关断的轨迹有很大的改善,没有电压和电流同时达到最大值的现象,因而为 BJT 提供了安全的开关环境,并最大限度地减小了 BJT 的开关损耗。

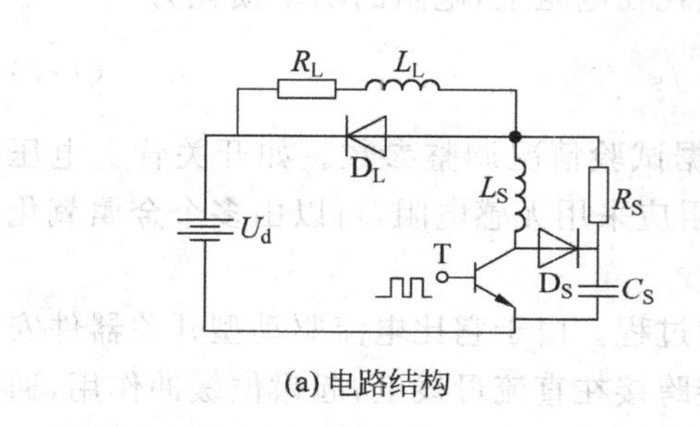

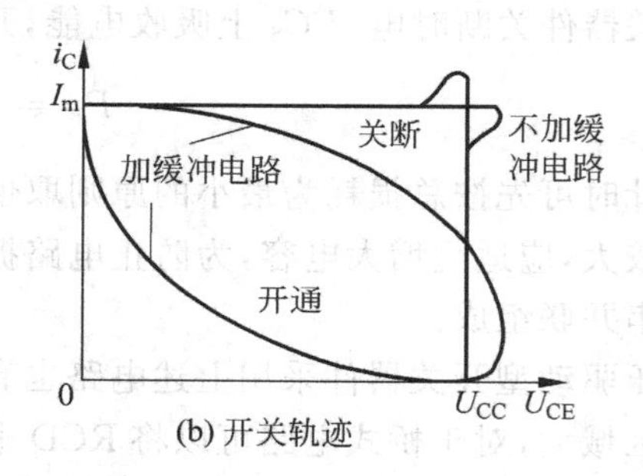

图 1.17　BJT 开关轨迹的改变

应该指出,耗能式缓冲电路能够减小开关器件的开关损耗,是因为把开关损耗从器件本身转移至缓冲器内,然后再消耗在电阻上,也就是说,开关器件的损耗减少了,安全运行得到了保证,但总的开关损耗并不一定减少。

为了回收这部分能量,人们还研究出了各种馈能式缓冲电路,以减少实际的电能损耗。但是由于整机体积的限制和附加元件的成本问题,使馈能式缓冲器推广应用受到了限制。

1.3.3　保护技术

电力电子开关器件均有安全工作区的限制,也就是说都有电流、电压和瞬时功耗的极限值。尽管在设计时会合理选择器件,但一些不可预见的故障会威胁到器件的安全,所以必须采取保护措施。

1. 过电流保护

1) 防止过电流的措施

为了防止桥臂中两个开关器件直通,通常对两个开关器件的驱动信号进行互锁并设置死区。

(1) 互锁就是桥臂中一开关器件有驱动信号时,绝对不允许另一开关器件有驱动信号,可以利用门电路将桥臂中两个驱动信号进行互锁。

(2) 死区是指桥臂中两个开关器件都不允许开通的时间。一般元件的关断时间往往大于开通时间，当接收到开通信号后应该推迟一定的死区时间再驱动开关管，才能避免开关过程中桥臂直通现象的发生，死区时间一般取器件关断时间的1.5～2倍。

2）过电流保护方法

由于负载短路、元器件损坏等原因，电力电子装置会出现过电流或短路故障，应该在过载及短路时对装置进行保护，其主要做法是：

（1）利用参数状态识别对单个器件进行自适应保护。一般开关器件的饱和压降随电流增加而增加，当饱和压降超过限定值时，该器件的驱动电路自动封锁脉冲，常用的集成驱动模块都具备此功能。

（2）利用常规的办法进行最终保护。对于晶闸管，可采用快速熔断器保护；对高频开关器件可采用电流检测，过流时限制电流，必要时封锁驱动脉冲。

2. 电流信号的检测

电流检测信号用于反馈控制及保护环节，要求取样可靠、准确。电流信号的检测与传送对电力电子装置是一个很重要的环节。

电流信号检测的关键是正确选择和使用检测元件。根据响应速度的快慢，电流检测元件分为下列两种。

1）慢速型电流检测元件

电流互感器是利用电磁感应原理制作的，由于普通铁芯的磁滞现象，它是慢速型电流检测元件。常用的交流电流互感器的原理如图1.18所示，它的一次绕组串联在电路中，并且匝数N_1很少(最少为1匝)，电流互感器二次绕组匝数N_2比较多，如果一次绕组中的电流是I_1，根据磁势平衡原理，$N_1I_1=N_2I_2$，绕组N_2上得到的检测电压$U_2=I_2R_i=\frac{N_1}{N_2}I_1R_i$。应该注意，电流互感器采样电阻$R_i$的取值不能过大，否则绕组电压过高，导致铁芯的磁通饱和；特别要注意的是，互感器的二次绕组不能开路。

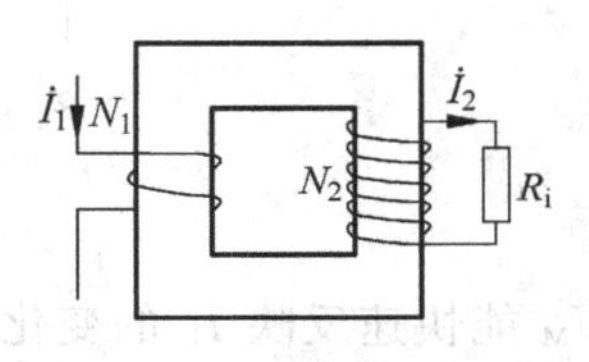

图1.18 交流电流互感器原理图

2）快速型电流检测元件

在短路保护环节中，要求迅速检测并判断电流的大小，因而要求用快速型电流检测元件。霍耳电流传感器、脉冲电流互感器以及无感电阻均属这类电流检测元件。无感电阻直接串入主电路会产生附加的压降及功耗，检测电路与主电路间没有电的隔离，因此只有在要求不高的小功率系统中才采用这种检测方法。霍耳传感器应用比较广泛，下面介绍它的原理。

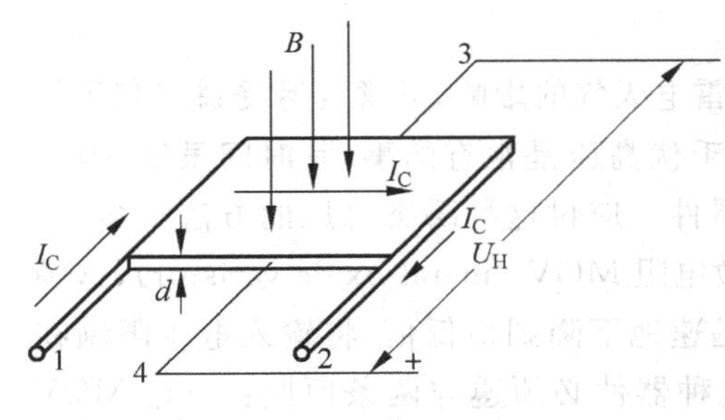

图1.19 霍耳元件示意图

（1）霍耳元件

霍耳元件是霍耳电流传感器的核心，图1.19是它的示意图。霍耳元件的本体是厚度为d的半导体基片，如果沿纵长方向通过引线1和2引入电流I_C，同时垂直于基片的方向有磁感应强度为B的磁场，那么在基片的两个长边之间会感应出电压，这就是霍耳效应。电流引线称为电流极，输出电压引线3和4称为霍耳输出极。霍耳电

压 U_H 大小为 $U_H = K_H B I_C$，式中 K_H 是与半导体材料和基片尺寸有关的霍耳常数。当 I_C 的方向是由 1 到 2 时，U_H 的极性是 4 为正，3 为负，如果 I_C 或磁场方向反向，则 U_H 也反向。

(2) 霍耳电流传感器模块

霍耳电流传感器模块，又称为 LEM 模块，它是利用磁场平衡式原理工作，工作原理如图 1.20 所示。被检测电流 I_P 的磁场使得霍耳元件感应电压 U_H，通过 PI 放大器控制互补三极管电流 I_S，I_S 在副边线圈所产生的磁场抵抗主电流所产生的磁场，直到 $N_P I_P = N_S I_S$，霍耳器件处于零磁通，感应电压 U_H 为 0，PI 放大器输出不变。其中 N_P 为被检测电流的导线匝数，N_S 为 LEM 内部线圈匝数。I_S 流过检测电阻 R_m，在 M 点得到检测电压 U_M，它的值为

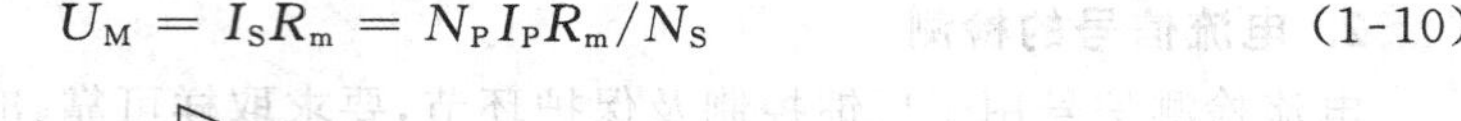

$$U_M = I_S R_m = N_P I_P R_m / N_S \tag{1-10}$$

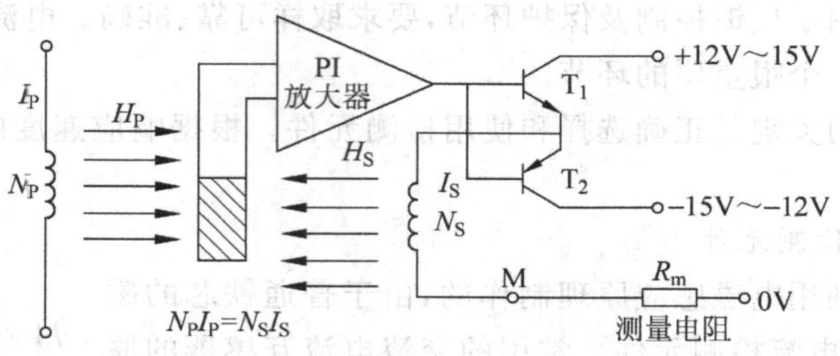

图 1.20 LEM 的工作原理示意图

U_M 能快速反映 I_P 的变化，跟随时间一般在 1μs 以内，它能检测交、直流和脉冲电流，具有与被测电流绝缘、响应速度快等优点。

要保证 LEM 模块工作正常，除了正负电源的正确连接外，还要选择合适的检测电阻 R_m，防止 R_m 过大使内部三极管饱和，但 R_m 过小检测信号容易受到干扰。

3. 输出过压保护

如果装置反馈环节出现问题，输出电压可能过高，影响负载的安全，此时应该采取封锁驱动信号的保护措施；但负载突变往往也会引起输出端电压短时变化，为了不出现误保护，过压保护一般应具有反延时特性，即过压越多，保护延时越短，反之则较长。反时延的保护思想也适用于过流等保护。

输出过压检测应该设置在输出端，输出是交流电压时可使用电压互感器(变压器)检测；输出是直流电压则可采用电阻分压或电压霍耳取样。

4. 输入瞬态电压抑制

交流电网上使用的用电设备由于受电磁感应、雷电天气的影响，常常会遭受瞬态高压的袭击，尤其在强烈的雷电发生时电网上瞬时产生数千伏高压是常有的事，其时间虽短，但它携带的能量足以在瞬间内损坏开关电源中的电子器件。应付这种瞬态电压的方法很多，一种简单的方法是在交流线路间放置金属氧化物压敏电阻 MOV (metal-oxide varistor)，这种器件是一种可变电阻，当瞬态电压出现时，其阻值迅速地下降到最低值，将输入电压限制在安全范围内，让瞬态能量消耗在电阻体内。选择这种器件必须遵守两条原则：一是 MOV 器件的额定电压应大于电源稳态最大工作电压的 20%左右；二是应计算或估算电路可能遇

到的瞬时冲击能量的大小以确定MOV器件吸收瞬态冲击电流的额定值，然后根据器件制造商提供的产品说明书选择合适的器件。

5. 输入欠压保护

如果输入电压过低，开关器件的工作电流将过大，可能超过其最大电流值而烧坏。如果蓄电池过低压供电，放电电流必然过大，可能造成蓄电池永久损坏。因此对有些装置需要设置欠压保护电路。

6. 过温保护

如果装置内部温度过高，可能是散热系统发生故障，也可能是严重过载，这样会威胁开关器件的安全，应该采取封锁驱动信号等保护措施。

温度检测可以采用不同温度等级的常开或常闭温度开关。例如，70℃的常闭温度开关是指：开关一般情况下闭合，温度达到或超过70℃开关就断开。

7. 器件控制极保护

电力电子装置中所用的主开关器件以电压型开关器件占主导地位，它们的控制特性好，驱动功率小，但控制极比电流型开关器件容易损坏，应该注意控制极保护，常用的控制极保护电路如图1.21所示。驱动电阻R_G的大小根据器件功率等级决定，通过实验在典型值附近调整，但应该注意，R_G过小可能造成驱动电路过载；D_{W1}和D_{W2}为驱动电压限幅稳压管，一般选18V的电压值，反串后具有±18V的双向限幅特性，可防止驱动电压超过±20V；R_{GS}是5kΩ左右的电阻，为栅极静电提供放电回路，并且可防止驱动引线电感和极间电容的振荡。以上元件应尽量靠近开关器件栅极布置，以减小引线电感的影响。

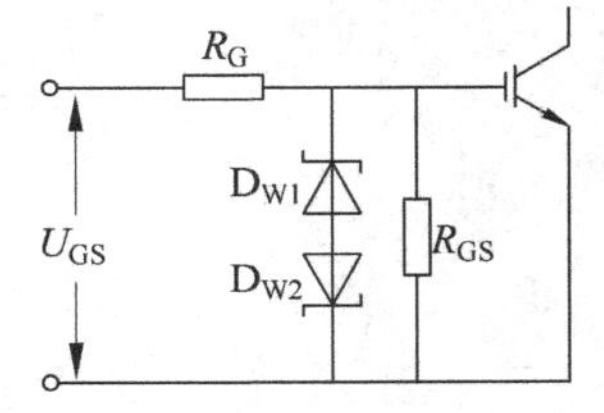

图1.21 控制极保护电路

此外，开关管控制极的状态会影响器件的耐压水平。如BJT的基极反偏时的集-射极击穿电压比基极开路时大得多。因此，开关管断态时，控制极最好加上反偏电压。

8. 自锁式保护电路

如果在电路发生故障时，封锁驱动信号，故障消失后，立即开放驱动信号，不一定能够对装置起到保护作用。因为封锁了驱动信号，装置就停止运行，检测到的信号反映不出故障，装置可能会反复起、停，因此，对于短路等严重故障，应该采用自锁式保护电路。图1.22给出了一种自锁式保护电路。U_f是来自电路的电流检测信号或电压检测信号。正常时检测信号低于保护电路设置的给定值U_1，比较器A的输出U_{lock}为低电平，二极管D_1反偏不导通；当检测值超过设定值时，比较器A的输出变为高电平，二极管D_1正偏导通，由于二极管的钳位作用，无论检测信号是否再变化，比较器A输出U_{lock}信号均保持高电平，用它作为脉冲封锁信号，引入脉冲分配电路中。

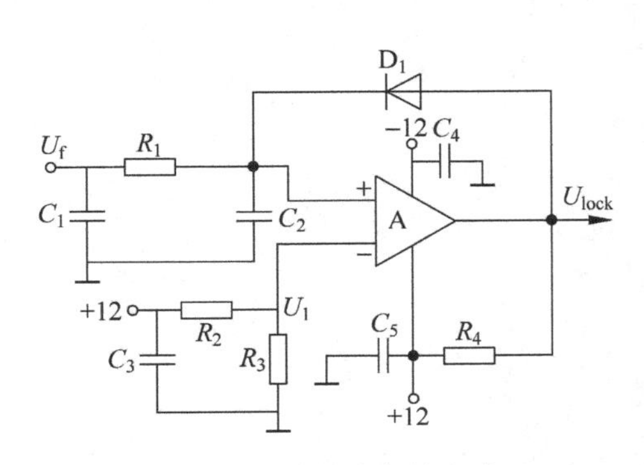

图1.22 自锁式保护电路

如果被检测信号为欠压信号，该电路只需将二极管D_1反接，这时U_{lock}信号由正常时的高电平变为低电平，将此低电平作为脉冲封锁信号。

保护电路的类型和控制方法比较多，应根据装置的特点和用户要求设计。

习题及思考题

1. 电力电子装置和电力电子技术有哪些相同和不同之处？
2. 如果不采取散热措施，对于电力电子装置有什么危害？
3. 缓冲电路不一定都能够减小开关过程装置的损耗，这种缓冲电路还有意义吗？
4. 电力电子装置一般应该设置哪些保护？哪些保护应该有反时限特点？为什么？
5. 电流信号的检测有哪些方法？如何保证检测电路的线性特性？
6. 应用 RS 触发器设计一个自锁式保护电路，画出它的电路原理图。

第2章 高频开关电源

本章介绍开关电源的一般概念，单端反激开关电源和功率因数为1的高频整流器；并且给出高频变压器的设计方法。开关电源采用高频开关调制，故又称为高频开关电源。

2.1 高频开关电源概述

2.1.1 高频开关电源的发展状况

1. 线性稳压电源

在很多设备中都需要直流电源，如电视机、复印机等，传统AC/DC稳压电源，是应用大功率晶体管的线性放大特性设计的，称为线性稳压电源，工作原理如图2.1所示。输入的交流电压U_i首先由工频变压器PT变换到合适的电压，使得整流以后的直流电压略高于希望的输出电压U_o。依靠调节大功率晶体管T的基极电流的大小改变负载R上的电流，来调节输出电压。大功率晶体管上同时有一定的电压和电流，因此，功率损耗比较大。现代AC/DC变换器的电力电子器件工作在开关模式，功率损耗大大减少，称为开关电源。它基本上取代了线性稳压电源。

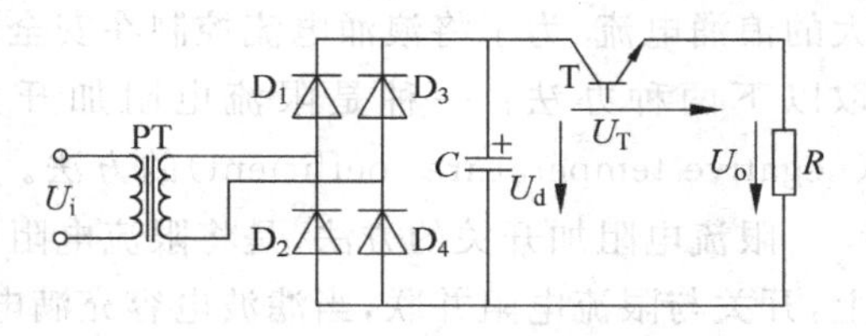

图2.1 线性稳压电源原理图

2. 开关电源发展状况

1) 高频化

开关电源采用高频开关调制，容易实现功率等级密集化。理论分析和实践经验表明，电气产品的变压器、电感和电容的体积重量与供电频率的平方根成反比。由于功率电子器件工作频率上限的逐步提高，促使许多原来传统设备高频化。

开关电源一般采用10kHz～100kHz的高频调制，随着软开关技术的发展，工作频率还在不断提高。

2) 电源电路的模块化、集成化

模块化有两方面的含义，其一是指功率器件的模块化，其二是指电源单元的模块化。常见的器件模块含有一单元、两单元、六单元直至更多单元器件。电源单元的模块化，使单个有限功率等级的电源可以采用均流技术、热插拔技术并联，既扩大了功率容量，满足了大电流输出的要求，又通过增加功率很小(相对整个系统来说)的冗余电源模块极大地提高了系统可靠性。模块化电源出现单模块故障，也不会影响系统的正常工作，而且为修复提供了充分的时间。

3) 绿色化

电源系统的绿色化有两层含义：首先是节电，其次这些电源要减少对电网及其他电器产生的污染，国际电工委员会(IEC)对此制定了一系列电磁兼容标准(EMC)，如IEC 555、

IEC 917、IEC 1000 等。我国电磁兼容问题已广泛受到政府、企业和消费者的关注，参照相关国际标准，制定了 GB/T 4365—1995 等 100 多项电磁兼容国家标准，EMC 认证工作也于 1999 年正式开展。20 世纪末，各种有源滤波器和功率因数补偿方案及专用芯片的产生，为 21 世纪批量生产各种绿色开关电源产品奠定了基础。

现代电力电子技术是开关电源技术发展的基础。随着新型电力电子器件和适于更高开关频率的电路拓扑的不断出现，现代电源技术在实际需要的推动下将快速发展，从而设计出性能更优良的开关电源。

2.1.2 高频开关电源的基本组成

高频开关电源主要由输入环节、功率变换电路以及控制驱动保护电路 3 大部分组成。

1. 开关电源的输入环节

1）输入浪涌电流和瞬态电压抑制

（1）输入浪涌电流（inrush current）抑制

在合闸的瞬间，由于输入滤波电容的充电，在交流电源端会呈现非常低的阻抗，产生很大的浪涌电流，为了将浪涌电流控制在安全范围内，根据高频开关电源功率的大小，一般采取以下两种办法：一种是限流电阻加开关，另一种是采用负温度系数热敏电阻 NTC (negative temperature coefficient)的方法。

限流电阻加开关的方法，是将限流电阻串接于交流线路之中或整流桥之后的直流母线上，开关与限流电阻并联，当滤波电容充满电荷后，开关导通，短接电阻，因此可用晶闸管组成无触点开关。

选择具有负温度系数的热敏电阻 NTC 取代上述电阻，就不需要开关。在合闸的瞬间，NTC 电阻的阻值很大，流过电流后，温度上升，阻值迅速变小，既可以限制浪涌电流，又可以保证输入环节在稳态工作时不消耗太大的功率。

对于功率很小的开关电源，可以直接在线路中串接电阻限制浪涌电流。

（2）输入瞬态电压（input transient voltage）抑制

通常是在交流线路间并联压敏电阻或者瞬态电压抑制二极管来抑制输入瞬态电压。瞬态电压抑制二极管简称 TVS 器件，当承受一个高能量的瞬时过压脉冲时，其工作阻抗能立即降至很低，允许大电流通过，并将电压钳制到预定水平，它的应用效果相当一个稳压管，但 TVS 能承受的瞬时脉冲功率可达上千瓦，其钳位响应时间仅为 1ps(10^{-12}s)。在脉冲时间 10ms 条件下，TVS 允许的正向浪涌电流可达 50A～200A。双向 TVS 适用于交流电路，单向 TVS 用于直流电路。

2）线路滤波器

为防止开关电源和电网相互干扰，应该在输入线路上加入滤波器。

3）输入整流滤波

高频开关电源输入不用工频变压器，直接对交流电进行整流滤波。目前国际上交流电网电压等级有两种：100V～115V 和 230V，频率为 50Hz 或 60Hz。整流滤波电路要适应交流电网电压的状况，现在很多开关电源都能适应通用电网电压的范围，即输入电压为 85V～265V。高频开关电源的输入整流电路一般采取桥式整流、电容滤波电路。

2. 功率变换电路

功率变换电路是开关电源的核心部分，针对整流以后不同的直流电压功率变换电路有很多种拓扑结构，各种拓扑电路及主要工作波形如图 2.2 所示。

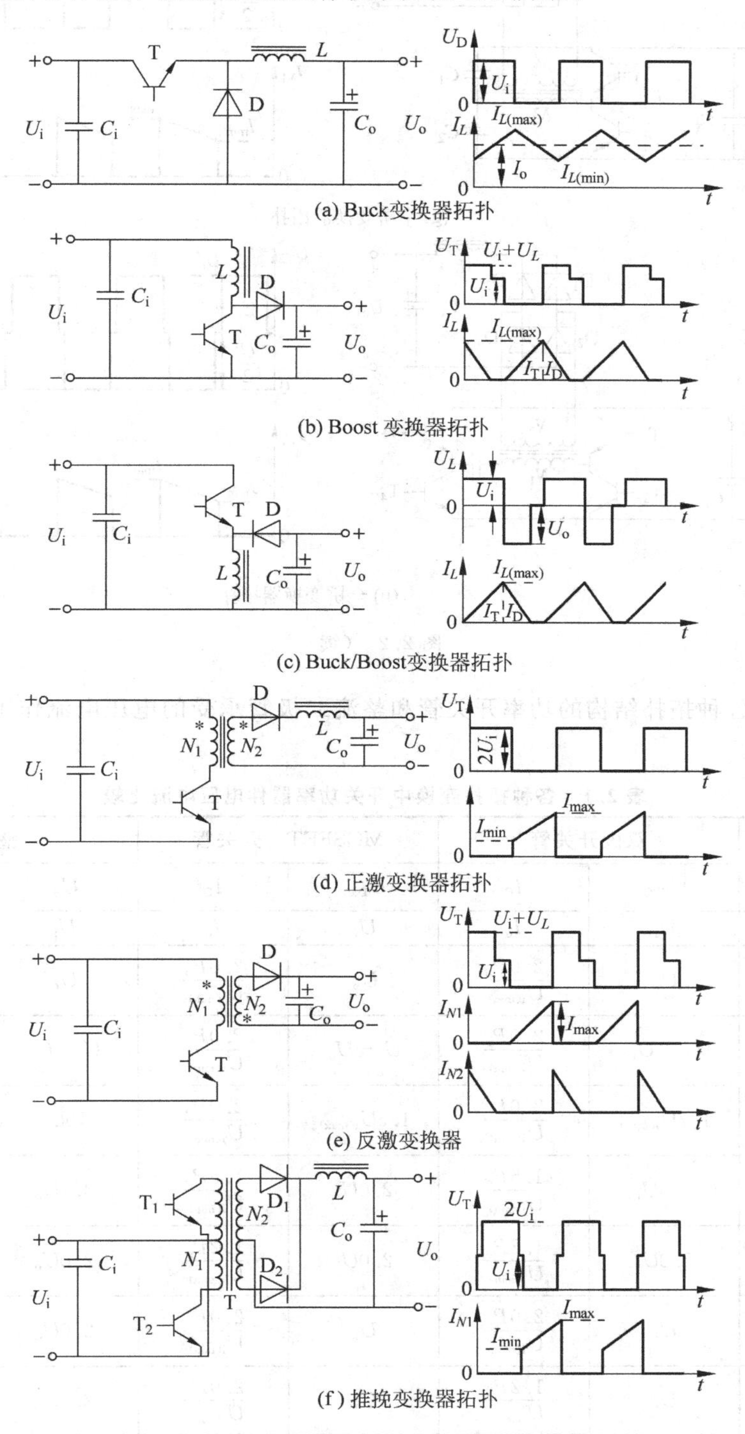

图 2.2　各种变换拓扑电路及主要工作波形

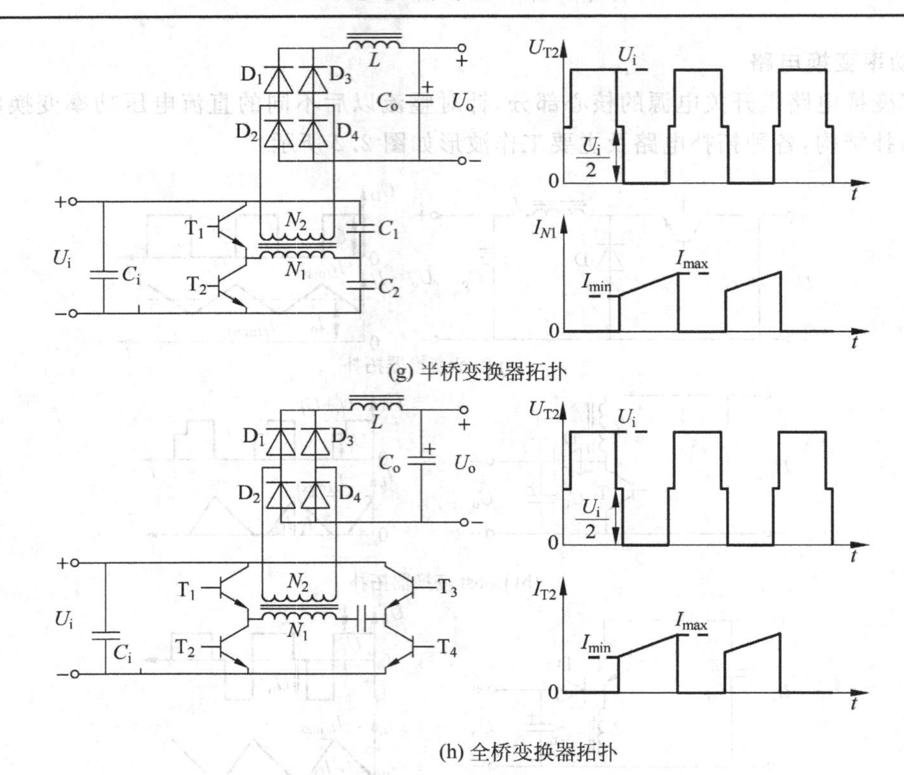

(g) 半桥变换器拓扑

(h) 全桥变换器拓扑

图 2.2 （续）

表 2.1 对各种拓扑结构的功率开关管和整流二极管承受的电压电流作了简单的比较，可供设计参考。

表 2.1　各种拓扑变换中开关功率器件电压电流比较

拓　扑	双极开关管		MOSFET　开关管		整流管	
	U_{CEO}	I_C	U_{DSS}	I_D	U_R	I_F
Buck	U_i	I_o	U_i	I_o	U_i	I_o
Boost	U_o	$\frac{2.0P_o}{U_{i(min)}}$	U_o	$\frac{2.0P_o}{U_{i(min)}}$	U_o	I_o
Buck/Boost	U_i-U_o	$\frac{2.0P_o}{U_{i(min)}}$	U_i-U_o	$\frac{2.0P_o}{U_{i(min)}}$	U_i-U_o	I_o
反激变换	$1.7U_{i(max)}$	$\frac{2.0P_o}{U_{i(min)}}$	$1.5U_{i(max)}$	$\frac{2.0P_o}{U_{i(min)}}$	$10U_o$	I_o
单管正激	$2.0U_i$	$\frac{1.5P_o}{U_{i(min)}}$	$2.0U_i$	$\frac{1.5P_o}{U_{i(min)}}$	$3.0U_o$	I_o
推挽变换	$2.0U_i$	$\frac{1.2P_o}{U_{i(min)}}$	$2.0U_i$	$\frac{1.2P_o}{U_{i(min)}}$	$2.0U_o$	I_o
半桥变换	U_i	$\frac{2.0P_o}{U_{i(min)}}$	U_i	$\frac{2.0P_o}{U_{i(min)}}$	$2.0U_o$	I_o
全桥变换	U_i	$\frac{1.2P_o}{U_{i(min)}}$	U_i	$\frac{2.0P_o}{U_{i(min)}}$	$2.0U_o$	I_o

3. 控制及保护电路

开关电源的主要控制方式是 PWM。其中电压控制模式(voltage-mode control)和峰值电流控制模式(peak current-mode control PWM)被广泛使用。

1) PWM 电压控制模式

电压控制模式的原理如图 2.3 所示,它只有一个电压反馈环,误差放大器的输出与恒定频率的三角波相比较,通过脉冲宽度调制,得到要求的输出电压。单一回馈的电压环使设计和调试比较容易;但是,当输入电压或负载突变时,要经过主电路的输出电容和电感 L 延时,以及电压误差放大器的延时,再传至 PWM 比较器调制脉宽,使输出电压变化,这几个延时是电压控制模式瞬时响应慢的主要因素。改善电压控制模式瞬态响应慢的一种有效方法是采用电压前馈模式控制 PWM 技术,原理如图 2.4 所示。

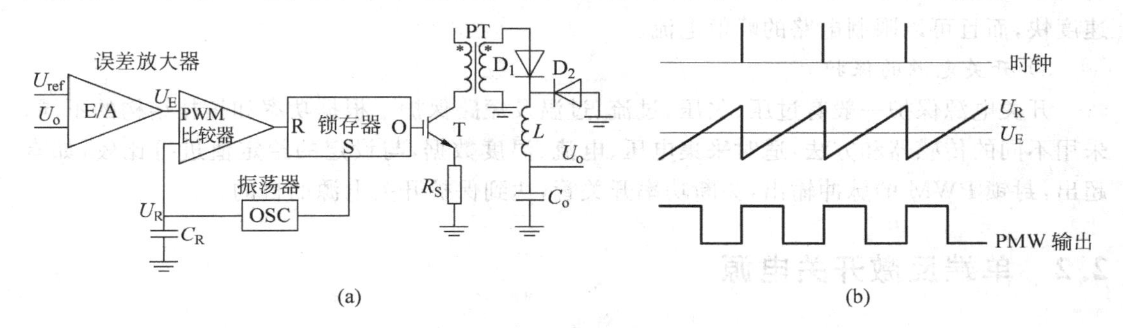

图 2.3　电压模式控制原理图

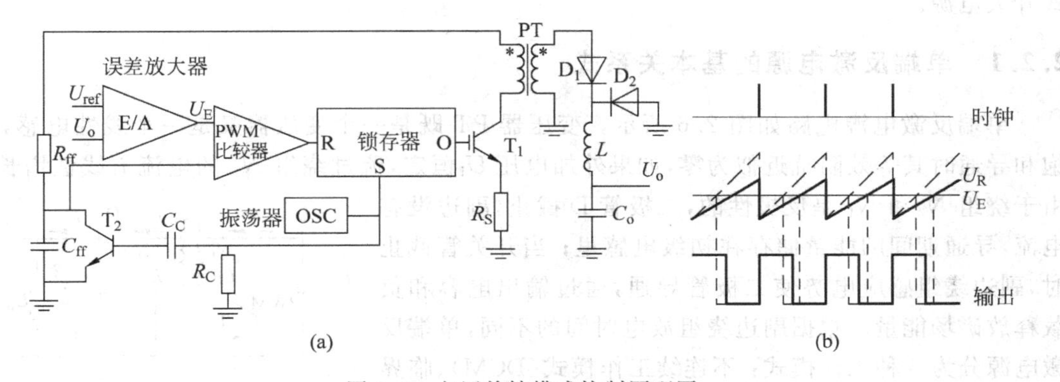

图 2.4　电压前馈模式控制原理图

输入电压对电阻、电容(R_{ff}、C_{ff})充电产生斜坡可变化的锯齿波,取代传统电压模式的固定锯齿波。当输入电压增高,充电电流增大,锯齿波斜坡立刻变陡,脉冲宽度变窄,不需要等待输出电压变化以后再通过反馈调整,输入电压变化引起的瞬态响应速度明显提高。

2) PWM 峰值电流控制模式

峰值电流控制模式简称为电流控制模式。主要用于能周期出现电流峰值的电路,电流控制模式原理如图 2.5 所示。

电流控制模式是一种固定时钟开启、峰值电流关断的控制方法。PWM 脉冲的开通时刻由振荡器脉冲决定,关断时刻由误差电压放大器输出 U_E 与代表电流峰值的信号 U_S 比较决定。峰值电流控制模式是双环控制系统,电压外环的输出控制电流内环,电流内环检测瞬

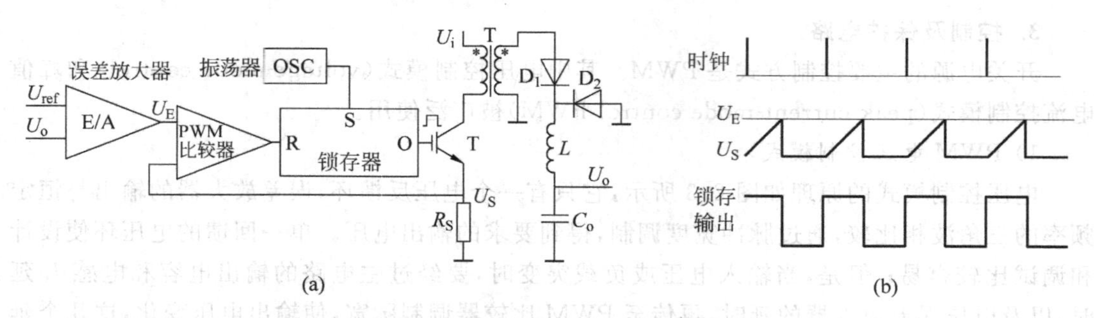

图 2.5　电流控制模式原理图

时快速，它是采用逐个脉冲检测工作的，因此，峰值电流控制模式比电压控制模式瞬态响应速度快，而且可以限制电路的峰值电流。

3）开关电源的保护

开关电源保护一般有过压、欠压、过流、过温及短路保护。根据功率和拓扑结构的不同，采用不同的传感器和方法，适时采集电压、电流、温度数据，与设定的给定值进行比较，如有超出，封锁 PWM 的脉冲输出，关断功率开关管，达到保护开关电源的目的。

2.2　单端反激开关电源

常见的消费类电器产品如电视机、复印机等等和各类变换器的辅助电源几乎全是反激式开关电源。

2.2.1　单端反激电源的基本关系式

单端反激电源电路如图 2.6 所示。变压器 PT 既是一个变压器又是一个线性电感，T 饱和导通时其等效阻抗近似为零，如果外加电压 U_i 恒定，流过绕组 N_1 的电流 i_1 线性增长，由于绕组 N_2 和 N_1 是反极性的，二极管 D 截止，副边没有电流，导通期间的能量储存在初级电感里；当开关管截止时，副边绕组感应电势使二极管导通，通过输出电容和负载释放磁场能量。根据副边绕组放电时间的不同，单端反激电源分为 3 种工作模式：不连续工作模式(DCM)、临界工作模式和连续工作模式(CCM)。单端反激电路的物理量有以下关系。

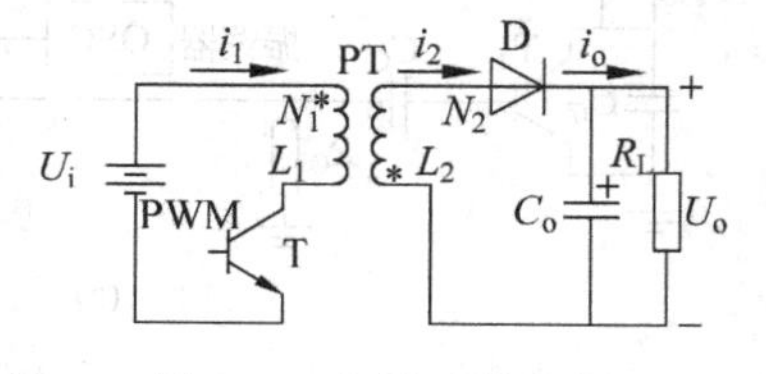

图 2.6　单端反激电源

1. 共同关系式

(1) 开关管 T 导通期间，流过绕组 N_1 的电流 i_1 及磁通 Φ 均线性增长，设 N_1 的电感量为 L_1，则流过 N_1 的电流 i_1 增量为

$$\Delta i_1 = \frac{U_i}{L_1} T_{on} = \frac{U_i}{L_1} DT \tag{2-1}$$

式中 T 为开关周期；D 为占空比。

磁通的增量为

$$\Delta\Phi_{+}=\frac{U_{\rm i}}{N_1}T_{\rm on}=\frac{U_{\rm i}}{N_1}DT \tag{2-2}$$

(2) 在开关管 T 截止期间，流过绕组 N_2 的电流 i_2 及磁通 Φ 均线性减小，设 N_2 的电感量为 L_2，电流线性减小的时间是 Δt，则流过 N_2 的电流 i_2 减量为

$$\Delta i_2=\frac{U_{\rm o}}{L_2}\Delta t \tag{2-3}$$

磁通减少量为

$$\Delta\Phi_{-}=\frac{U_{\rm o}}{N_2}\Delta t \tag{2-4}$$

(3) 在一个周期内磁通的增量等于磁通的减少量，$\Delta\Phi_{+}=\Delta\Phi_{-}$。

(4) 开关管截止期间，N_1 上感应电压与电源电压 $U_{\rm i}$ 一起加在开关管 T 的 CE 结上，开关管 T 承受的电压为

$$U_{\rm CE}=U_{\rm i}+U_{\rm o}\frac{N_1}{N_2} \tag{2-5}$$

2. 连续工作模式

如果电流连续(含临界工作模式)，$\Delta t=T_{\rm off}=(1-D)T$，输出电压的表达式为

$$\frac{U_{\rm o}}{U_{\rm i}}=\frac{N_2}{N_1}\cdot\frac{D}{1-D} \tag{2-6}$$

$$I_{1(\max)}=\frac{U_{\rm o}I_{\rm o}}{U_{\rm i}D}+\frac{U_1}{2L_1}DT=\frac{N_2}{N_1}\cdot\frac{I_{\rm o}}{1-D}+\frac{U_{\rm i}}{2L_1}DT \tag{2-7}$$

3. 不连续工作模式(含临界工作模式)

由于在 T 导通期间储存的能量 $W_{\rm j}=L_1I_{1(\max)}^2/2$，因此电源输入功率 $P_{\rm i}$ 为

$$P_{\rm i}=\frac{W_{\rm j}}{T}=\frac{1}{2T}L_1I_{1(\max)}^2 \tag{2-8}$$

如果电流不连续(含临界工作模式)，T 导通的起始电流为 0，则 $I_{1(\max)}=\frac{U_1}{L_1}T_{\rm on}$，假设电路没有损耗、转换效率 $\eta=1$，输入功率 $P_{\rm i}$ 应与输出功率 $P_{\rm o}$ 相等，设输出负载电阻为 $R_{\rm L}$，则有

$$P_{\rm o}=\frac{U_{\rm i}^2T_{\rm on}^2}{2L_1T}=\frac{U_{\rm o}^2}{R_{\rm L}} \tag{2-9}$$

从而可以得到不连续工作模式和临界工作模式输出电压的表达式为

$$U_{\rm o}=U_{\rm i}T_{\rm on}\sqrt{\frac{R_{\rm L}}{2L_1T}} \tag{2-10}$$

从式(2-10)可以看出，在不连续工作模式和临界工作模式工作时，输出电压与输入电压和导通时间成正比；与负载电阻的平方根成正比，负载电阻越大，输出电压越高。因此，这种变换器的负载不能开路，只适应在恒定负载或负载变动不大的场合运行。

单端反激电源的变压器是按电感的方法设计的，为了保证磁通复位和磁芯不饱和，一般在磁芯中都开有气隙，磁通能量是储存在气隙中的。该变压器设计方法在下节讨论。

当初级电感大于临界电感时，电源工作在连续模式(CCM)，当初级电感小于临界电感时，电源工作在不连续模式(DCM)。临界电感的设计可以依照式(2-9)计算。

2.2.2 自激型单端反激开关电源

1. 基本原理

自激型单端反激开关电源又称为RCC(ringing choke converter)电路，它主要工作在临界工作状态。采取自激振荡工作方式来实现峰值电流控制，其结构简单，它同时采取了PWM和PFM两种方式工作，其基本电路如图2.7所示。

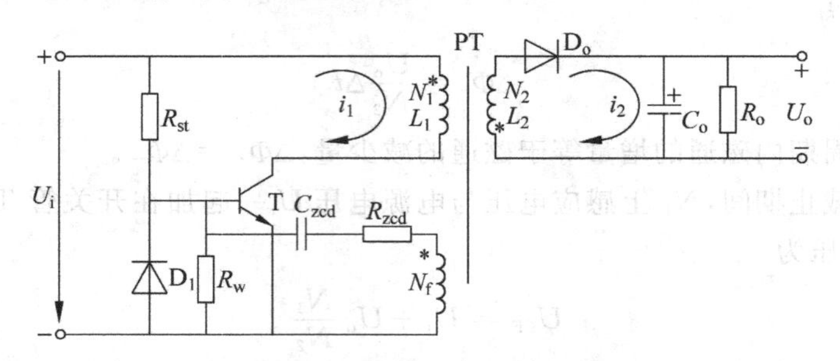

图2.7 自激型单端反激电路工作原理

输入电压U_i经启动电阻R_{st}给开关管T提供一个起始基极电流i_b，T开始导通，集电极电流i_1流过初级绕组N_1，产生电势U_1，正反馈绕组N_f产生的感应电势U_f经过R_{zcd}，C_{zcd}加至T的基极，使基极电流i_b增加，i_1进一步增加，T很快饱和。T饱和，i_1则随时间线性上升，由于C_{zcd}的存在，i_b随时间下降，在时刻t_1，有$i_1(t_1)=\beta i_b(t_1)$，T则从饱和区进入放大区，i_1受i_b的控制，i_1减小，则N_f产生的电势U_f导致i_b、$i_1(i_c)$进一步减小，使T很快截止。在反激期间，U_f为负，通过R_{zcd}、C_{zcd}给开关管基极提供反偏电流，当反激结束(输出绕组电流为零)时，基极反偏电流亦为零，开关管又开始导通，周而复始，自激振荡。从上面分析可知，RCC电路始终工作在临界模式状态，因此在设计该电路变压器的初级电感时是取临界电感。这种电路工作在PWM和PFM两种模式之中，在负载一定的情况下可以在很宽的输入电压范围内稳压工作，下面说明它的调制原理。

T饱和导通时，N_f上的电压为$U_f=U_iN_f/N_1$，U_f经R_{zcd}、C_{zcd}为T提供基极电流i_b。

$$i_b=\frac{U_f+U_{C_{zcd}0}}{R_{zcd}}e^{-t/\tau_f}-\frac{U_{be}}{R_w} \tag{2-11}$$

式中，$U_{C_{zcd}0}$为前一周期结束时电容C_{zcd}上的剩余电压；τ_f为时间常数，$\tau_f=R_{zcd}\cdot C_{zcd}$。

T饱和时，N_1的电流是

$$i_1=\frac{U_i}{L_1}t \tag{2-12}$$

忽略U_i经启动电阻R_{st}给开关管T提供的起始基极电流，令t_1时N_1的电流增量是为$i_1(t_1)=\beta_{i_b}(t_1)$，则$t_1$是开关管T开始截止时间，即T导通的时间$T_{on}=t_1$。$R_W$是一个等效阻抗，通过改变$R_{zcd}$、$C_{zcd}$或者等效电阻$R_w$都可以改变$t_1$时刻，即可控制T的导通脉宽。

当T截止时，存储在变压器中的磁能使D_o导通，通过N_2释放，一部分能量供给负载，另一部分给电容C_o充电，输出绕组N_2的电流i_2为

$$i_2=\frac{i_1N_1}{N_2}\cdot\frac{U_o}{L_2}(t-t_1) \tag{2-13}$$

此时 N_f 上感应的电压 U_f 为

$$U_f = -U_o \frac{N_f}{N_2} \tag{2-14}$$

该电压一方面以反偏的形式加在 T 的基极和发射极，使 T 有效截止，另一方面使 C_{zcd} 通过 D_1 放电，有利于下一周期工作。当 $i_2=0$ 时，此过程结束，T 又开始下一周期工作。

由于自激型单端反激电路总是工作在临界工作模式，其他两种工作模式的关系式对于它都适用，而且在调宽的同时频率亦发生变化。

从式(2-6) $\frac{U_o}{U_i}=\frac{N_2}{N_1}\cdot\frac{D}{1-D}$ 可得到匝比

$$n = \frac{N_1}{N_2} = \frac{U_i}{U_o}\cdot\frac{D}{1-D} \tag{2-15}$$

从式 (2-9) 和式(2-15)可得

$$D = \frac{nU_o}{U_i + nU_o} \tag{2-16}$$

$$f = \frac{1}{T} = \frac{U_i^2 D^2}{2P_o L_1} = \left(\frac{U_i nU_o}{U_i + nU_o}\right)^2 \cdot \frac{1}{2P_o L_1} \tag{2-17}$$

当电源变压器已经制作完成，变比 n、电感 L_1 就是定值，在电路运行时输出电压 U_o 一般也是恒定值，从式(2-17)可以看出，工作频率仅与输入电压和输出功率有关。很明显，输入电压越高、负载越轻，工作频率越高；输入电压越低、负载越重，频率越低，这可以从变压器初级电感储能的原理来解释。当负载很轻时，只需要很小的能量来维持输出电压，输入电压很高时，只要很短的导通时间就可以储存所需的能量；相反的，输入电压低、负载重时，需要较长的导通时间来储存所需要的能量。通过上面的分析可以知道，RCC 电路不同于一般的 PWM 或 PFM 模式，它是二者兼备的，因此，这种电路不宜用在负载变化很大的场合，因为负载很轻或者空载时其频率会很高，给电路设计带来一定的复杂性。

2. RCC 实用电路

图 2.8 给出了一个双极性晶体管的 RCC 实用电路，它是一个单相全桥变换器的辅助电源。R_{T1} 是负温度系数的热敏电阻 NTC，R_4、R_5 为启动三极管 T_2 导通的电阻，R_{12}、C_{22} 接正回馈绕组 N_3 实现自激振荡，主变压器 PT 由多个绕组组成，N_1 为初级，N_4 为电压取样绕组，绕组 N_5、N_6 的输出整流并分别经 7805、7812 进一步稳压后为控制电路供电，N_7、N_8、N_9 的输出整流后为驱动电路供电。R_{38}、R_{44}、R_{14}、R_{35}、R_{13}、T_1、T_3 及 D_{W1} 组成电压取样、比较、误差放大及控制电路，调整开关管 T_2 的导通宽度，以实现稳压功能。N_4 是一个反馈绕组，通过 D_4，在 C_{78} 上得到的直流电压正比于输出电压，其稳压调整过程如下：当输出电压升高时，C_{78} 两端电压也升高，通过电阻 R_{38}、R_{44} 分压取样，与齐纳二极管 D_{W1} 的电压比较，使 T_3 基极电流增加，集电极电流增大，导致 T_1 集电极加大，使得 T_2 的基极电流减少，T_2 能够维持导通的时间变小，输出电压下降，反之亦然。该辅助电源输入电压范围是直流 175V～325V，其电压调整率可以达到 1%。3 组 15V 输出没有经过任何稳压，但在输入电压范围内基本稳定，完全能够满足使用要求。要达到高输出电压稳定精度，可以在输出端采用三端稳压器进一步稳压。

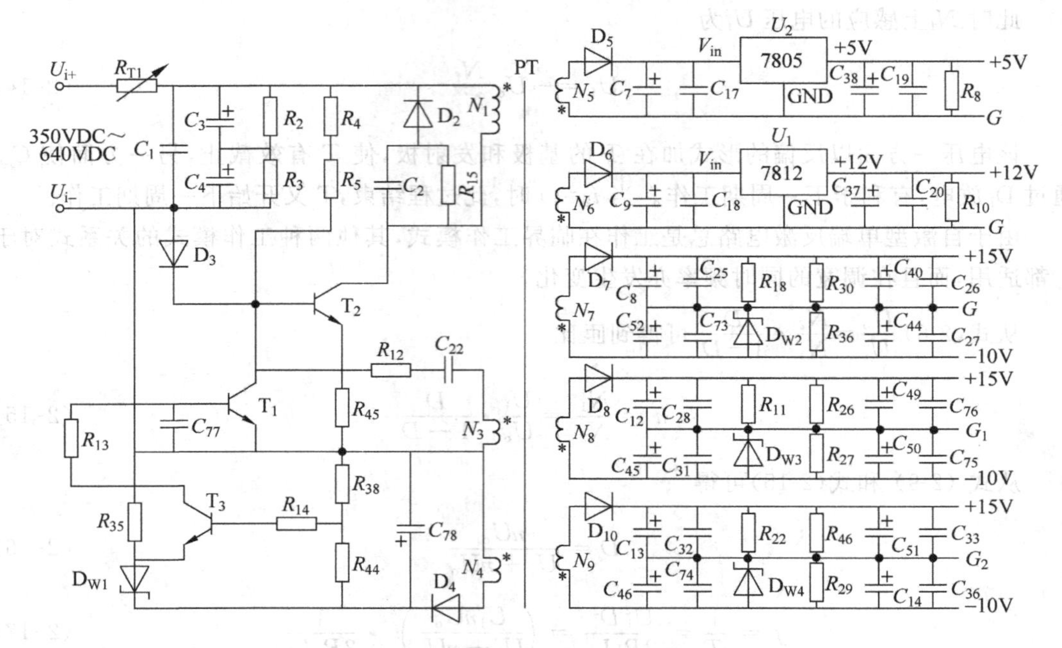

图 2.8　单端自激反激开关电源的实用电路

电阻 R_{45} 是初级电流采样电阻，通过它可以逐周控制开关管的集电极电流，起到保护开关管的作用。

由于该电路是自激振荡，因此它具有短路保护功能。输出端一旦出现短路，电路即停止振荡，使输出电压为零，起到保护作用。

图 2.9 给出了该电路的实测波形。测试的条件为：输入直流电压 175V，总负载为 20W。图 2.9(a)所示为输入绕组即开关管 T_2 集电极电流波形；图 2.9(b)所示为输出 12V 电压的绕组电流波形；图 2.9(c)所示为电容 C_{22}(即 R_{zcd})对地电压；图 2.9(d)所示为开关管 T_2 集电极电压波形。

实测波形和理论分析一致，附加的振荡波形是线路电感所引起。

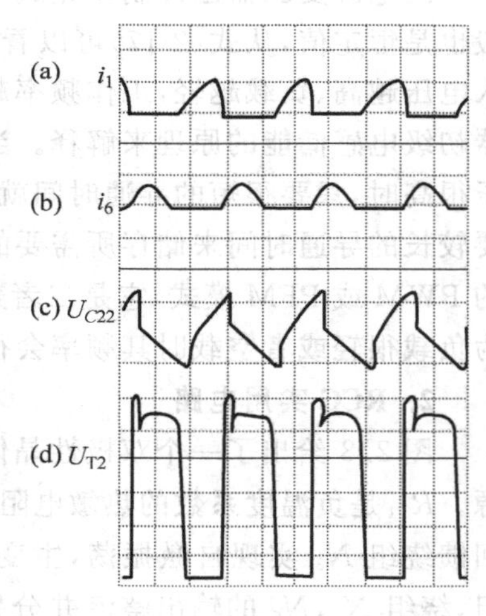

图 2.9　电路实测波形

2.2.3　他激型单端反激开关电源

他激型单端反激开关电源一般采用专用的 PWM 集成芯片组成，以固定开关频率产生 PWM 驱动波形，脉宽控制采用电压控制模式或电流控制模式，并附加基准电压、软启动、过压、欠压、过温等保护功能。这类芯片种类很多，其中最有代表性的是 UC3842。

1. UC3842 芯片介绍

1）主要性能特点

UC3842 是美国 Unitrode 公司生产的一种固定频率电流模式控制器，内设精密基准电压、振荡器、高增益误差放大器、逐周期电流限制、低启动电流和工作电流、大电流图腾柱输出，是专为离线式开关电源设计的，能直接驱动功率 MOSFET 的控制芯片，在 100W 以下开关电源中得到广泛的应用，图 2.10 为 UC3842 内部结构框图。

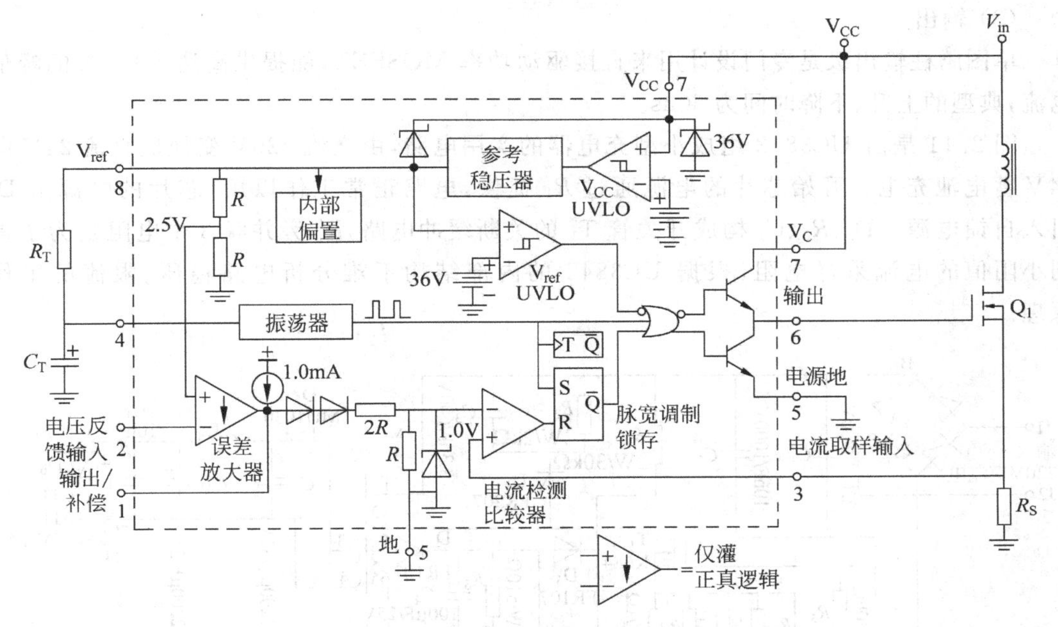

图 2.10　UC3842 内部结构框图

2) 芯片主要环节功能

(1) 振荡器

振荡器产生振荡频率，振荡频率由下式近似确定：

$$f=\frac{1.8}{R_T C_T} \tag{2-18}$$

(2) 误差放大器和电流取样比较器

误差放大器的同相输入端由内部置于 2.5V，反相输入端 2 脚接采样电压，输出端管脚 1 和管脚 2 之间接补偿网络。误差放大器的输出经两个二极管电位(约 1.4V)偏移后，再经电阻 1/3 分压，加至电流比较器的反相输入端，电流取样至电流比较器的同相输入端(管脚 3)。在每一个振荡周期开始产生驱动脉冲，当峰值电感电流达到误差放大器输出端建立的门限电平时，驱动脉冲便关闭，这样逐周控制峰值电感电流，确保在任一振荡周期内，仅有一个单脉冲出现在输出端。

当误差放大器的输出电压低于 1.4V 时，UC3842 的输出端(6 脚)无驱动脉冲，在正常情况下，峰值电感电流 I_{pk} 由管脚 1 上的电压 U_{pin1}(即误差放大器的输出电压)控制，有

$$I_{pk}=\frac{U_{pin1}-1.4}{3R} \tag{2-19}$$

由于电流比较器的门限被内部电路钳位至 1V，因此最大峰值开关电流为

$$I_{pk(max)}=\frac{1.0}{R_S} \tag{2-20}$$

通常在取样电感电流波形的前沿会有一个尖脉冲，这是由于开关变压器匝间电容和输出整流二极管反相恢复时间造成。为了使电源稳定工作，在电流取样输入端应设一个 RC 滤波器，其时间常数约等于尖脉冲的宽度，一般约为 1μs。

（3）输出

单图腾柱输出级是专门设计用来直接驱动功率 MOSFET，能提供高达 ±1.0A 的峰值电流，典型的上升、下降时间为 50ns。

图 2.11 是由 UC3842 组成小型充电器的实用电路，由交流 220V 变换成直流 24V 向 24V 蓄电池充电。开始芯片的电源通过 R_1 提供，电路正常工作以后，芯片的电源由 D_3 引入自馈电源。D_1、R_2、C_3 构成开关管 T_1 的关断缓冲电路，R_4 旁并联 3 个电阻是为了得到小阻值的电流采样电阻，根据 UC3842 的内部结构不难分析电路稳压、限流的工作原理。

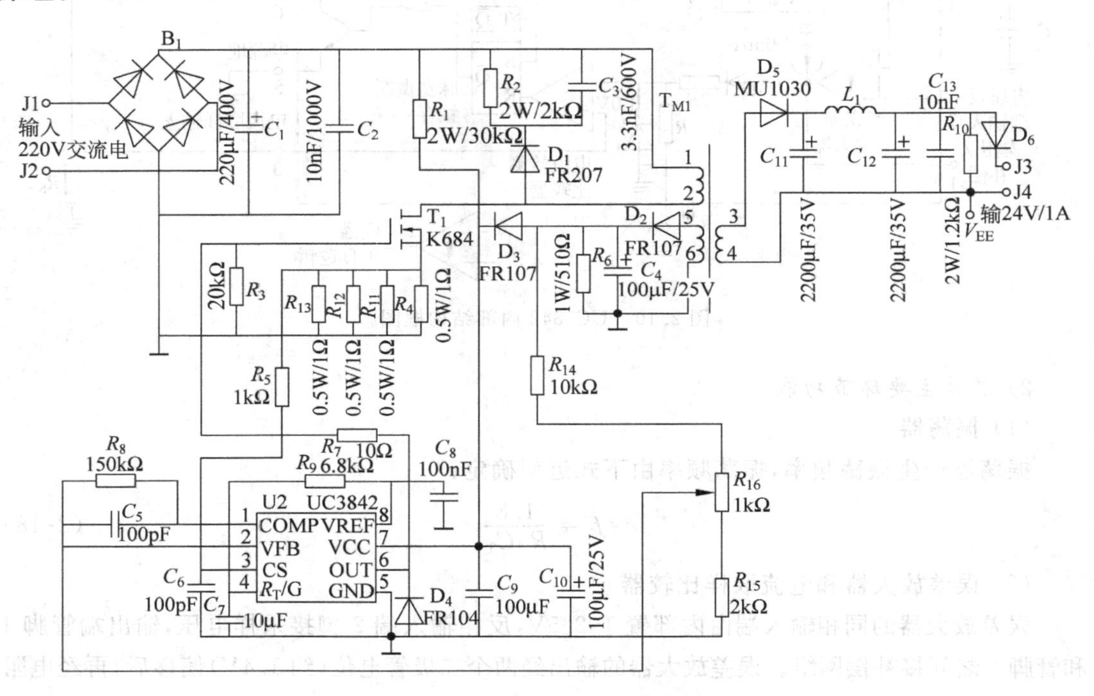

图 2.11　UC3842 组成的小型充电器

*2.3　高频开关变压器

2.3.1　磁性材料的基本术语和定义

磁性材料由铁磁性物质或亚铁磁性物质组成，在外加磁场 H 作用下，必有相应的磁感应强度 B，它随磁场强度 H 的变化曲线称为磁化曲线（B-H 曲线），如图 2.12 所示。磁化曲线一般来说是非线性的，具有两个特点：磁饱和现象及磁滞现象。即当磁场强度 H 足够大时，磁感应强度 B 达到一个确定的饱和值 B_s，继续增大 H，B_s 保持不变；另外外磁场 H

降低为零时，B 并不恢复为零，而是沿 B_s-B_r 曲线变化。材料的工作状态相当于 B-H 曲线上的某一点，该点常称为工作点。

1. 初始导磁率 μ_i

初始导磁率是磁性材料的导磁率（B/H）在磁化曲线起始端的极限值，即

$$\mu_i = \frac{1}{\mu_0} \lim_{H \to 0} \frac{B}{H} \tag{2-21}$$

式中 μ_0 为真空导磁率，单位为 $4\pi \times 10^{-7}$ H/m；H 为磁场强度，单位为 A/m；B 为磁通密度，单位为 T。

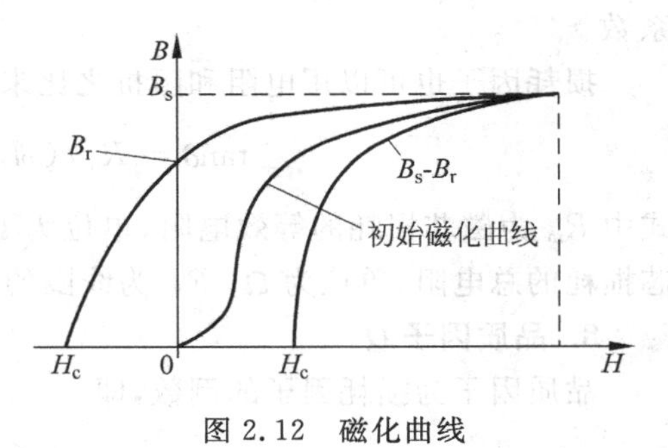

图 2.12　磁化曲线

2. 有效导磁率 μ_e

为了绕制线包的方便，变压器或电感磁芯通常制成非闭合 E 形、U 形或其他类型配对磁芯，其磁路的结合面不可避免有气隙，因此必须用有效导磁率 μ_e 来表示磁芯的磁性能：

$$\mu_e = \frac{L}{\mu_0 N^2} \cdot \frac{L_e}{A_e} \tag{2-22}$$

式中 L 为带磁芯线圈的电感量，单位为 H；N 为线圈匝数；L_e 为有效磁路长度，单位为 m；A_e 为磁芯有效截面积，单位为 m^2。

3. 增量磁导率 $\Delta\mu$

增量磁导率定义为

$$\Delta\mu = \Delta B / \mu_0 \Delta H \tag{2-23}$$

式中 ΔH 为磁场强度变化的峰峰值；ΔB 为相应于 ΔH 作用下磁通密度增量；μ_0 为真空磁导率。

4. 饱和磁通密度 B_S

饱和磁通密度是磁化到饱和状态的磁通密度（在磁场强度为 1194A/m＝15O_e 下测试）。

5. 剩余磁通密度 B_r

剩余磁通密度是从饱和状态下去除磁场后剩余的磁通密度。

6. 矫顽力 H_C

从饱和状态去除磁场后，磁芯继续被反向磁场磁化，直至磁通密度减为零，此时的磁场称为矫顽力。

7. 损耗因子 $\tan\delta$

损耗因子是磁滞损耗、涡流损耗和剩余损耗三者之和，即

$$\tan\delta = \tan\delta_h + \tan\delta_e + \tan\delta_r \tag{2-24}$$

式中 $\tan\delta_h$ 为磁滞损耗因子；$\tan\delta_e$ 为涡流损耗因子；$\tan\delta_r$ 为剩余损耗因子。

损耗因子还可表示为

$$\tan\delta = h_1 i (L/V)^{1/2} + e_1 f + r_1 \tag{2-25}$$

式中 h_1 为磁滞损耗因子；L 为装有磁芯线圈的自感量，单位为 H；V 为磁芯体积，单位为 m^3；i 为电流，单位为 A；f 为频率，单位为 Hz；e_1 为涡流损耗系数；r_1 为剩余损耗系数。

损耗因子也可以用电阻和阻抗之比来表示，即

$$\tan\delta = R_m/(\omega L) = (R_{eff} - R_W)/(\omega L) \tag{2-26}$$

式中 R_m 为磁芯损耗的等效电阻，单位为 Ω；ω 为角速度，$2\pi f$，单位为 rad/s；R_{eff} 为包括磁芯损耗的总电阻，单位为 Ω；R_W 为线圈的电阻，单位为 Ω。

8. 品质因子 Q

品质因子为损耗因子的倒数，即

$$Q = 1/\tan\delta \tag{2-27}$$

装有磁芯线圈的品质因子可以表示为

$$Q_e = (\omega L) / R_{eff} \tag{2-28}$$

9. 电感因子 A_L

电感因子为带磁芯的线圈电感与线圈匝数平方的比值，即

$$A_L = L/N^2 \tag{2-29}$$

式中 L 为装有磁芯线圈的自感量，单位为 H；N 为线圈匝数。

10. 居里温度 T_C

在该温度下材料由铁磁性(或亚铁磁性)转变为顺磁性，如图 2.13 所示。

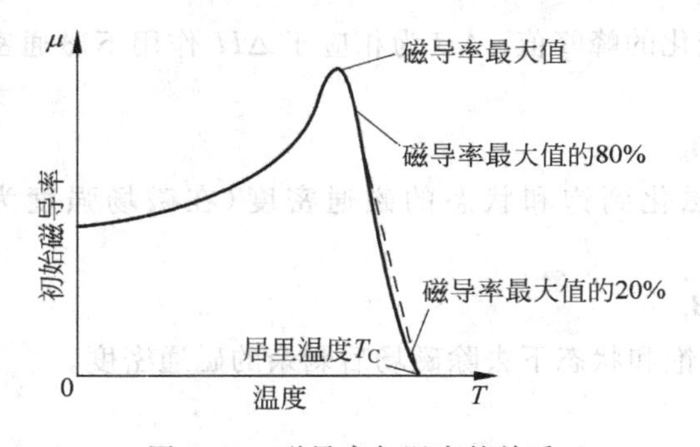

图 2.13 磁导率与温度的关系

11. 电阻率 ρ

电阻率是单位截面积和单位长度的磁性材料电阻，单位为 Ω/m。

2.3.2 开关变压器常用的磁性材料

开关电源通常工作在 20kHz 以上甚至更高的频率下，它要求磁性材料在高频下的功率损耗尽可能小，这样饱和磁感应强度高，温度稳定性好，常用的软磁材料通常由铁、钴、镍 3 种基本铁磁性元素构成。

1. 磁粉芯

磁粉芯是由铁磁性粉粒与绝缘介质混合压制而成的一种软磁材料。由于铁磁性颗粒很小(高频下使用的颗粒直径为0.5μm～5μm),又被非磁性电绝缘膜物质隔开,因此一方面可以隔绝涡流;另一方面由于颗粒之间的间隙效应,导致材料具有低导磁率及恒导磁特性;并且基本上不发生集肤现象,磁导率随频率的变化也就较为稳定,主要用于高频电感。常用的磁粉芯有铁粉芯、坡莫合金粉芯及铁硅铝粉芯3种。

2. 软磁铁氧体(ferrites)

软磁铁氧体是以Fe_2O_3为主成分的亚铁磁性氧化物,有Mn-Zn、Cu-Zn、Ni-Zn等几类。磁芯形状种类丰富,有E、I、U、EC、ETD形、方形(RM、EP、PQ)、罐形(PC、RS、DS)及圆形等。由于软磁铁氧体不使用镍等稀缺材料也能得到高磁导率,粉沫冶金方法又适宜于大批量生产,因此成本低,又因为是烧结物硬度大、对应力不敏感,在应用上很方便。而且磁导率随频率的变化小,在150kHz以下基本保持不变。软磁铁氧体由于价格便宜,磁芯形式多样,得到广泛的应用。

3. 带绕铁芯

1) 硅钢片铁芯

硅钢片是一种合金,在纯铁中加入少量的硅(一般在4.5%以下)形成的铁硅系合金称为硅钢。该类铁芯具有最高的饱和磁感应强度值,为20 000Gs,由于它们具有较好的磁电性能,又易于大批生产,价格便宜,机械应力影响小等优点,在电力电子行业中获得极为广泛的应用,如电力变压器、配电变压器、电流互感器等,是软磁材料中产量和使用量最大的材料,也是电源变压器磁性材料中用量最大的材料,特别是在低频、大功率下最为适用。常用的有冷轧硅钢薄板DG3、冷轧无取向电工钢带DW、冷轧取向电工钢带DQ,适用于各类电子系统、家用电器中的中、小功率低频变压器和扼流圈、电抗器、电感器铁芯,这类合金韧性好,可以用冲片、切割等加工方法,铁芯有叠片式及卷绕式。但高频下损耗急剧增加,一般使用频率不超过400Hz。从应用角度看,对硅钢的选择要考虑两方面的因素:磁性和成本。小型电机、电抗器和继电器,可选纯铁或低硅钢片;大型电机,可选高硅热轧硅钢片、单取向或无取向冷轧硅钢片;变压器常选用单取向冷轧硅钢片;在工频下使用时,常用带材的厚度为0.2mm～0.35mm;在400Hz下使用时,常选0.1mm厚度为宜,厚度越薄,价格越高。

2) 坡莫合金

坡莫合金常指铁镍系合金,镍含量在30%～90%范围内,是应用非常广泛的软磁合金,常用的合金有1J50、1J79、1J85等。1J50的饱和磁感应强度比硅钢稍低一些,但磁导率比硅钢高几十倍,铁损也比硅钢低2～3倍,做成较高频率(400Hz～8000Hz)的变压器,空载电流小,适合100W以下小型较高频率变压器。1J79具有好的综合性能,适用于高频低电压变压器,漏电保护开关铁芯、共模电感铁芯及电流互感器铁芯。1J85的初始磁导率可达10万(10^5)以上,适合于作弱信号的低频或高频输入输出变压器、共模电感及高精度电流互感器等。

2.3.3　高频开关电源变压器的设计原则

1. 磁性材料的选用

开关电源变压器是开关电源的重要部件。如前所述，高频开关电源变换器的种类和形式很多，通常根据输入电压的不同，负载功率的大小，不同的使用要求，及成本经济的要求，采取不同形式的变换拓扑结构。对于不同的变换器电路，高频变压器的工作特点不同，工作波形也不相同，按照变压器磁芯磁化曲线的工作范围，可以分为两类：双极性开关电源变压器和单极性开关电源变压器。属于双极性的有全桥、半桥、推挽等电路中的开关变压器，这类变压器的初级绕组在一个周期的正、负半周中加上一个幅值和导通脉宽相同而方向相反的方波电压，使变压器初级绕组在正、负半周的激磁电流大小相等，方向相反，因此变压器磁芯中产生的磁通沿交流磁滞回线对称地上下移动，磁芯工作于整个磁滞回线。在一个周期中，磁感应强度从正最大值到负最大值，磁芯中的直流磁化分量基本抵消。如图 2.14 实线部分所示。

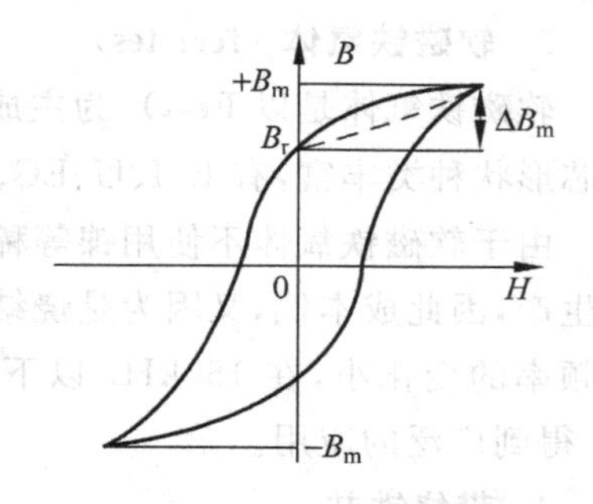

图 2.14　开关电源变压器磁滞回线

属于单极性的有单端正激式、单端反激式等电路的开关电源变压器。变压器在一个周期内加上一个单向的脉动方波电压。因此，变压器磁芯中的磁通沿着交流磁滞回线的第一象限上下移动，磁感应强度在最大值到剩余磁感应强度之间变化。如图 2.14 虚线部分所示。

对应不同工作状态的开关电源，由于磁芯工作在磁化曲线不同区域，应选用相应磁特性的磁性材料。双极性开关电源变压器要求磁性材料具有高的磁感应强度和动态磁导率、较低的高频损耗，因此常用的材料有：

(1) 坡莫合金，如 1J51、1J79、1J86、1J85-1 等。

(2) 铁氧体磁芯，如 R2KD、R2KS 等。

(3) 非晶态合金。

单极性开关电源变压器要求磁性材料具有高的磁感应强度和较低的剩余磁感应强度，也就是要求磁性材料具有较大的脉冲磁感应增量。

$$\Delta B_m = B_m - B_r \tag{2-30}$$

式中 ΔB_m 为脉冲磁感应增量，单位为 T；B_m 为最大工作磁感应强度，单位为 T；B_r 为剩余磁感应强度，单位为 T。

为了使磁性材料在直流磁场下工作不饱和，通常采用恒导磁材料或在磁芯中加气隙来降低剩余磁感应强度并使磁化曲线倾斜，提高直流工作磁场。常用的磁性材料有：

(1) 莫合金，如 1J512、1J67h、1J31h、1J34h 等。

(2) 金属磁粉芯，如 FeNi50、Fe-Ni81-M02。

(3) 铁氧体磁芯，如 R2KD、R2KS 等。

(4) 非晶态合金。

2. 磁芯结构形式

磁芯结构形式选用应考虑下列因素：

(1) 漏磁要小，以便能获得小的绕组漏感。

(2) 便于绕制，引出线及整个变压器安装方便，这样有利于生产维护。

(3) 有利于散热。

铁氧体磁芯由制造厂家提供标准规格，如U形、EE形、EI形、EC形及环形、罐形等。希望漏感小可以用环形和罐形磁芯，要求低成本则可选用U形或E形磁芯，尤其是EC形磁芯，圆柱形的中心柱形线圈绕制方便，漏感比方形小，两个外腿带有固定用螺钉孔，整个变压器可用压板和螺钉固定在底板或框架上，因此，EC形磁芯优点甚多。

3. 漏感和分布电容

开关电源变压器传递的是高频方波电压，在瞬变过程中，漏感和分布电容会引起浪涌电流和尖峰电压及脉冲顶部振荡，造成损耗增加，严重时会损坏开关管，因此必须加以控制。对同一个变压器同时减少分布电容和漏感比较困难，因为两者是矛盾的，应根据不同的工作要求，保证合适的分布电容和漏感。

1) 漏感

变压器漏感是由于初、次级绕组之间，匝与匝之间磁通没有完全耦合造成的。通常采用初、次级绕级交替分层绕制来降低变压器的漏感。但交替分层使线圈结构复杂，绕制困难，分布电容增大。通常采用"三明治"绕法，即初级线圈分为两组，将次级绕组夹在中间。

2) 分布电容

任何金属件之间都有电容存在，如果这两金属之间电位差处处相等，这样形成的电容为静电容。在变压器中，绕组线匝之间，同一绕组上下层之间，不同绕组之间，绕组对屏蔽层之间沿着某一线长度方向的电位分布是变化的，这样形成的电容就不同于静电容，称为分布电容，变压器各部分分布电容示意图见图2.15。

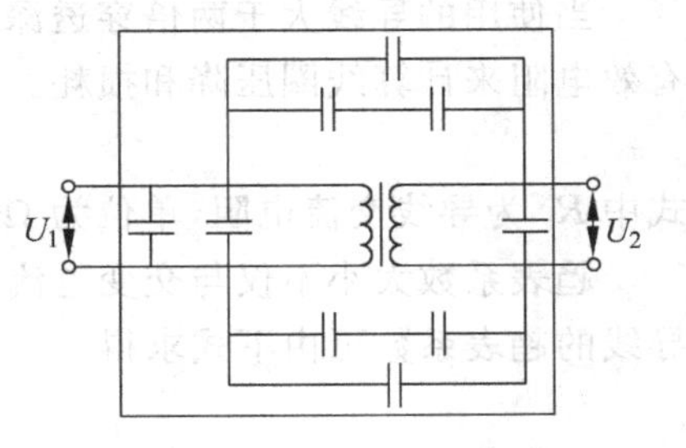

图2.15　变压器的分布电容

分布电容由以下部位构成：

(1) 绕组对磁芯(或对屏蔽层)分布电容。

(2) 各绕组间分布电容。

(3) 绕组与绕组间分布电容。

(4) 绕组匝与匝之间的电容。开关电源变压器通常每层绕组有较多匝数，每层匝间总电容串联，远小于层间电容，故匝间电容可忽略不计。

3) 减小分布电容的措施

(1) 降低静态电容。采用介电常数小的绝缘材料，适当增加绝缘材料厚度，减少对应面积，尤其应注意减少高压绕组的电容。

(2) 绕组分段绕制。

(3) 正确安排绕组极性，减少它们之间电位差。

(4) 采用静电屏蔽。屏蔽的作用是为了消除绕组间分布电容的产生和电耦合，防止外界高频信号对变压器工作信号和负载的干扰，必要时还可采用磁芯屏蔽、接地及变压器加金属罩等措施。

4. 趋肤效应和穿透深度

导线中通过交流电时，因导线内部和边缘部分所交链的磁通量不同，致使导线截面上的电流产生不均匀分布，相当于导线有效截面的减少，这种现象称为趋肤效应。开关电源变压器工作频率一般在 20kHz 以上，随着工作频率的提高，趋肤效应影响也越大。因此，在设计绕组选择电流密度和线径时必须考虑趋肤效应所引起有效截面积的减小。交变电流沿导线表面开始能达到的径向深度，称为穿透深度。导线通有高频交变电流时，有效截面的减小可用穿透深度来表示。穿透深度与电流的频率、导线的磁导率及电导率的关系为

$$\Delta=\sqrt{\frac{2}{\omega\cdot\mu\cdot\gamma}}\cdot 10^{-3} \tag{2-31}$$

式中 Δ 为穿透深度，单位为 mm；ω 为角频率，$\omega=2\pi f$，单位为 rad/s；μ 为导线的磁导率，单位为 H/m；γ 为导线的电导率，单位为 s/m。

当导线为圆铜导线时，则

$$\Delta=\frac{66.1}{\sqrt{f}} \tag{2-32}$$

式中 Δ 为穿透深度，单位为 mm；f 为电流频率，单位为 Hz。

5. 导线选择原则

在选用开关电源变压器初、次级绕组线径时，应遵循导线直径小于两倍穿透深度的原则。当导线要求的直径大于由穿透深度决定的最大直径时，可采用小直径的导线并绕，或采用多股线、扁铜带绕制。

6. 交流电阻计算

当使用的导线大于两倍穿透深度时，由于趋肤效应引起电阻增加，此时应用导线的交流有效电阻来计算线圈压降和损耗。

$$R_a=K_r\cdot R_d \tag{2-33}$$

式中 R_a 为导线交流电阻，单位为 Ω；R_d 为导线直流电阻，单位为 Ω；K_r 为趋表系数。

趋表系数大小不仅与交变电流的频率有关，而且与材料性质、导线形状有关。实心圆铜导线的趋表系数可由下式求得

$$K_r=\frac{\left(\frac{d}{2}\right)^2}{(d-\Delta)\cdot\Delta} \tag{2-34}$$

式中 d 为圆导线直径，单位为 mm；Δ 为穿透深度，单位为 mm。

7. 电流有效值的计算

在开关电源变压器中，变压器绕组流过的电流一般为矩形波、梯形波或锯齿波，计算损耗时应用电流的有效值(均方根值)，各种电流波形的有效值计算方法如表 2.2 所示。

表 2.2　各种电流波形的有效值计算方法

波　形	电流有效值 I
T_{on}　I_P　T	$I=I_P\sqrt{2\frac{T_{on}}{T}}$
T_{on}　I_P　T	$I=I_P\sqrt{\frac{T_{on}}{T}}$

续表

波　形	电流有效值 I
I_P	$I=\frac{I_P}{\sqrt{3}}$
T_{on}　T　I_P	$I=I_P\sqrt{\frac{T_{on}}{3T}}$
T　T_{on}　I_P	$I=I_P\sqrt{\frac{T_{on}}{2T}}$
I_P	$I=\frac{I_P}{\sqrt{2}}$
I_P	$I=\frac{I_P}{\sqrt{2}}$
I_P	$I=I_P$
I_P　T_{on}　T	$I=I_P\sqrt{\frac{T_{on}}{3T}}$
I_Φ　I_P　T_{on}　T	$I=\sqrt{\left(I_P^2-I_P I_\Phi+\frac{I_\Phi^2}{3}\right)\frac{T_{on}}{T}}$

2.3.4　单端反激式开关电源变压器计算

1. 单端反激式开关电源等效电路及临界电感的概念

图 2.16 为单端反激式变换器忽略变压器绕组漏感的等效电路。由于在开关管截止期间变压器绕组电感中储存的能量向负载释放，所以变压器初级绕组电感值不同，将直接影响放电时间常数，并对电路中的电压、电流波形都有很大影响。图 2.17 给出了电感为不同值时的电压、电流波形。开关管导通时，在单端反激式开关电源变压器初级电感中储存的能量，在开关管截止结束时（下一周导通开始时）刚好释放完毕，此时变压器初级绕组所具有的电感称为单端式开关电源变压器的临界电感。图 2.17 (b)所示为临界电感时的波形。

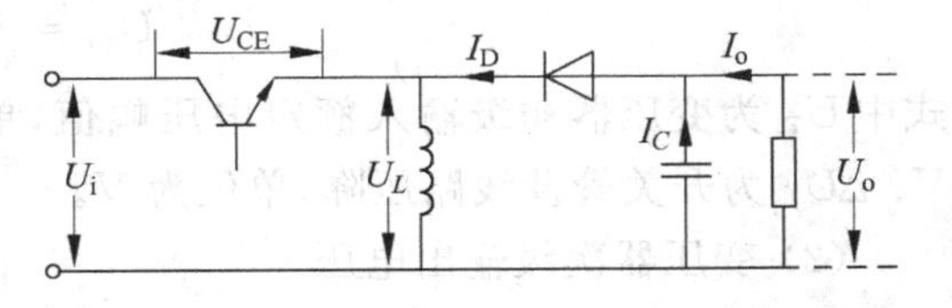

图 2.16　单端反激变换器等效电路

从图 2.17 中可以看出：初级电感的大小，即充放电时间常数的大小，会直接影响峰值电

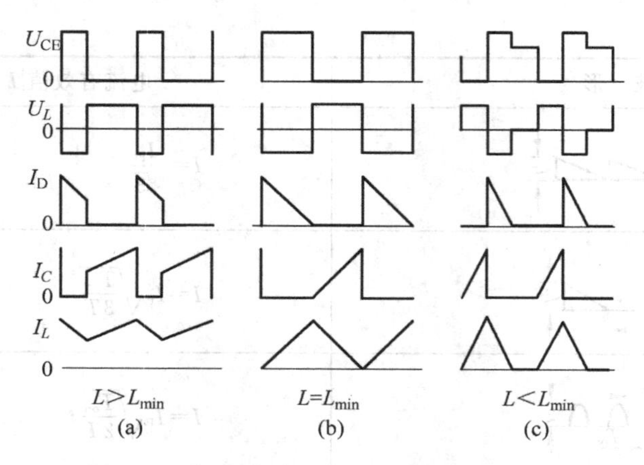

图 2.17 初级电感对电流、电压波形的影响

流的大小。这不仅关系到开关管等组件的选择要求，而且会影响输出电压的纹波。

当单端反激式开关电源变压器初级电感大于临界电感时，在开关管截止期间电感中储存的能量并未完全释放，还储存一部分能量，如图 2.17(a)所示，这时的工作状态即为前面所说的连续工作模式(CCM)，此时峰值电流小，纹波小，但电感过大造成变压器体积增大，漏感上升，成本增加；当单端反激式开关电源变压器初级电感小于临界电感时，如图 2.17(c)所示，这时的工作状态即为前面所说的不连续工作模式(DCM)，此时峰值电流大，纹波大，但变压器体积小。因此要根据负载的要求选择变压器的初级电感，绕制合适的变压器。

2. 单端反激式开关电源变压器计算

1) 计算前应确定的基本条件

(1) 电路形式：指自激式还是他激式，两种电路设计不同。

(2) 工作频率(或周期)。一般选择原则，双极性开关器件工作频率在 50kHz 以内，功率 MODFET 管开关器件工作频率可到 200kHz；自激型单端反激电路工作频率是变化的，应选择最低工作频率作为计算条件。

(3) 变换器输入最高、最低电压。

(4) 输出电压、电流。

(5) 开关管最大导通时间 $t_{on(max)}$，也可以通过最大工作比 D_{max} 来确定，一般来说 D_{max} 应不大于 50%。

(6) 工作环境条件。

2) 输入、输出电压

(1) 变压器初级输入电压为

$$U_{P1}=U_i-\Delta U_1 \tag{2-35}$$

式中 U_{P1} 为变压器初级输入额定电压幅值，单位为 V；U_i 为变压器输入直流电压，单位为 V；ΔU_1 为开关管及线路压降，单位为 V。

(2) 变压器次级输出电压

$$\left.\begin{aligned} U_{P2} &= U_{02} + \Delta U_2 \\ U_{P3} &= U_{03} + \Delta U_3 \\ &\vdots \\ U_{Pi} &= U_{0i} + \Delta U_i \end{aligned}\right\} \tag{2-36}$$

式中 U_{P2},U_{P3},U_{Pi}为各变压器次级输出电压幅值,单位为 V; U_{02},U_{03},U_{0i}为各变压器次级负载直流电压,单位为 V; ΔU_2,ΔU_3,ΔU_i 为各整流管及线路压降,单位为 V。

3) 变压器工作比

开关管导通时间占工作周期的比值称为工作比,表示为

$$D = \frac{T_{on}}{T} \tag{2-37}$$

式中 D 为额定工作状态时工作比; T_{on}为额定输入电压时开关管导通时间,单位为 μs; T 为工作周期,单位为 μs。

4) 匝数比

单端反激式开关电源变压器的匝数比,不仅和输入输出电压有关,而且和工作比有关,可表示为

$$n = \frac{D}{1-D} \cdot \frac{U_{P1}}{U_{P2}} \tag{2-38}$$

或

$$n = \frac{T_{on}}{T_{off}} \cdot \frac{U_{P1}}{U_{P2}} \tag{2-39}$$

式中 n 为单端反激式开关电源变压器匝数比; D 为额定工作状态时工作比; U_{P1}为变压器输入额定电压幅值,单位为 V; U_{P2}为变压器输出额定电压幅值,单位为 V; T_{on}为开关管导通时间,单位为 μs; T_{off}为开关管截止时间,单位为 μs。

由于单端反激式开关电源变压器初级输入电压和初级导通时间乘积是一个常数,计算匝数比时,输入电压应和导通时间(或工作比)相对应。

5) 初级电感

单端反激式开关电源变压器的临界电感为

$$L_{min} = \left(\frac{U_{P1} \cdot nU_{P2}}{U_{P1} + nU_{P2}}\right)^2 \cdot \frac{T}{2P_o} \tag{2-40}$$

式中 L_{min}为单端反激式开关电源变压器的临界电感,单位为 H; n 为匝数比; P_o 为变压器输出直流功率,单位为 W; U_{P1}为变压器输入额定电压幅值,单位为 V; U_{P2}为变压器输出额定电压幅值,单位为 V; T 为工作周期,单位为 μs。

临界电感 L_{min}也可以按下式计算

$$L_{min} = \frac{U_1^2 D^2 T}{2P_o} = \frac{U_1^2 T_{on}^2}{2P_o T} \tag{2-41}$$

6) 初级峰值电流

(1) 开关管截止期间变压器储存能量完全释放时初级峰值电流为

$$I_{P1} = \frac{2P_o}{U_{P1(min)} \cdot D_{max}} \tag{2-42}$$

式中 I_{P1} 为变压器初级峰值电流，单位为 A；P_o 为变压器输出直流功率，单位为 W；$U_{P1(min)}$ 为变压器输入最低电压幅值，单位为 V；D_{max} 为最大工作比。

(2) 开关管截止期间变压器储存能量不完全释放时初级峰值电流为

$$I_{P1} = \frac{U_{P1} + nU_{P2}}{U_{P1} \cdot nU_{P2}} + \frac{T}{2L_{P1}} \cdot \frac{U_{P1} \cdot nU_{P2}}{U_{P1} + nU_{P2}} \tag{2-43}$$

式中 I_{P1} 为变压器初级峰值电流，单位为 A；U_{P1} 为变压器输入额定电压幅值，单位为 V；U_{P2} 为变压器输出额定电压幅值，单位为 V；T 为工作周期，单位为 μs；L_{P1} 为变压器初级电感，单位为 H；n 为匝数比。

7) 绕组有效电流

次级绕组有效电流为

$$I_2 = \frac{I_1 \cdot U_{P1}}{U_{P2}} \tag{2-44}$$

式中 I_1 为初级电流有效值，单位为 A；I_2 为次级电流有效值，单位为 A；U_{P1} 为变压器输入额定电压幅值，单位为 V；U_{P2} 为变压器输出额定电压幅值，单位为 V。

8) 确定导线规格

根据变压器各绕组工作电流和所确定的电流密度来选择导线规格。

$$S_{mi} = \frac{I_i}{J} \tag{2-45}$$

式中 S_{mi} 为各绕组导线所需截面积，单位为 mm^2；I_i 为各绕组电流有效值，单位为 A；J 为电流密度，单位为 A/mm^2。

电流密度的选取不仅与变压器的成本(用铜量)有关，而且直接关系到变压器的损耗、温升和效率。一般根据变压器功率的大小，对于层数和圈数较多的高压线圈，通常可在 $3.5A/mm^2 \sim 4.5A/mm^2$ 范围选择，而对于层数和圈数较少的低压线圈，通常可在 $4A/mm^2 \sim 6.5A/mm^2$ 范围选择。电流密度选择合理，变压器的窗口利用系数高，温升也会在合理的范围内。

由式(2-45)确定的是导线截面积，由下式可直接计算导线直径：

$$d = 1.13 \times \sqrt{\frac{I_i}{J}} \tag{2-46}$$

式中 d 为导线直径，单位为 mm。

9) 确定工作磁感应强度

反激式开关电源变压器的工作磁感应强度取决于所用磁性材料的脉冲磁感应强度增量值，通常在变压器磁路中加气隙来降低剩余磁感应强度和提高磁芯工作的直流磁场强度。铁氧体磁芯加气隙后剩余磁感应强度很小，其脉冲磁感应强度增量一般取饱和磁感应强度的 1/2。

$$\Delta B_m = \frac{1}{2} B_s \tag{2-47}$$

式中 ΔB_m 为脉冲磁感应增量，单位为 T；B_s 为饱和磁感应强度，单位为 T。

10）确定磁芯尺寸

由下式可计算磁芯尺寸

$$A_P = \frac{392 L_{P1} \cdot I_{P1} \cdot d_1^2}{\Delta B_m} \tag{2-48}$$

式中 A_P 为磁芯面积乘积，单位为 cm^4；L_{P1} 为变压器初级电感，单位为 H；I_{P1} 为变压器初级峰值电流，单位为 A；ΔB_m 为脉冲磁感应增量，单位为 T；d_1 为初级绕组导线直径，单位为 mm。

根据磁芯面积乘积 A_P 值选择规格磁芯或自行设计磁芯尺寸。

11）变压器气隙

由式(2-49)可计算磁芯尺寸

$$L_g = \frac{0.4\pi L_{P1} I_{P1}^2}{A_e \cdot \Delta B_m^2} \tag{2-49}$$

式中 L_g 为磁芯中气隙长度，单位为 cm；L_{P1} 为变压器初级电感，单位为 H；I_{P1} 为变压器初级峰值电流，单位为 A；ΔB_m 为脉冲磁感应增量，单位为 T；A_e 为磁芯截面积，单位为 cm^2。

当采用恒导磁材料的磁芯时，磁路中不需要空气隙。

12）绕组匝数计算

（1）初级绕组计算

$$N_1 = \frac{\Delta B_m \cdot L_g}{0.4\pi I_{P1}} \cdot 10^4 \tag{2-50}$$

式中 N_1 为初级绕组匝数；ΔB_m 为脉冲磁感应增量，单位为 T；L_g 为磁芯中气隙长度，单位为 cm；I_{P1} 为变压器初级峰值电流，单位为 A。

当变压器磁芯中不带气隙时，则

$$N_1 = 8.92 \times 10^3 \sqrt{\frac{L_{P1} \cdot L_C}{\mu_e A_C}} \tag{2-51}$$

式中 N_1 为初级绕组匝数；L_{P1} 为变压器初级电感，单位为 H；L_C 为磁芯磁路长度，单位为 cm；μ_e 为磁芯有效磁导率；A_C 为磁芯截面积，单位为 cm^2。

有效磁导率取决于变压器工作状态和材料性能，由工作磁感应强度、直流磁场强度和磁性材料的特性决定。

（2）次级绕组匝数

$$\left.\begin{aligned} N_2 &= \frac{N_1 \cdot U_{P2} \cdot (1 - D_{max})}{U_{P1(min)} \cdot D_{max}} \\ N_3 &= \frac{N_1 \cdot U_{P3} \cdot (1 - D_{max})}{U_{P1(min)} \cdot D_{max}} \\ &\vdots \\ N_i &= \frac{N_1 \cdot U_{Pi} \cdot (1 - D_{max})}{U_{P1(min)} \cdot D_{max}} \end{aligned}\right\} \tag{2-52}$$

式中 N_1 为初级绕组匝数；$N_2,N_3,\cdots,N_i$ 为次级绕组匝数；$U_{P1(min)}$ 为变压器输入最低电压幅值，单位为 V；$U_{P2},U_{P3},\cdots,U_{Pi}$ 为次级输出电压幅值，单位为 V；D_{max} 为最大工作比。

13）核算窗口尺寸

变压器在确定磁芯型号、导线规格、线圈匝数后，按经验校准磁芯窗口尺寸，如果发觉绕不下，则须重新选择磁芯再次计算，直到满意为止。

3. 单端反激式开关电源变压器计算实例

1）给定条件

（1）电路形式：采用 RCC 电路，双极性开关管。

（2）输入电压：350V～640V DC。

（3）输出电压及电流：+20V、0.2A 三组，±12V、0.3A 一组。

（4）输出功率 $P_2=\sum U_2\times I_2=15.6\text{W}$，如效率为 0.75，则 P_o 约为 20W。

（5）开关频率 $f=33\text{kHz}$，取最大导通时间 $T_{on}=12.5\mu\text{s}$，$D_{max}=T_{on}f=0.41$。

2）次级电压幅值

（1）20V 组 U_{21}，考虑整流二极管压降和采用三端稳压器，取 24V。

（2）12V 组 U_{22}，考虑整流二极管压降和采用三端稳压器，取 16V。

（3）辅助绕组 U_{AUX} 取 16V。

（4）正激绕组 U_f 取 5V。

3）临界电感

$$L_{1(min)}=\frac{U_1^2D^2T}{2P_o}=\frac{U_1^2T_{on}^2}{2P_oT}=\frac{350^2\times(12.5\times10^{-6})^2}{2\times20\times\left(\dfrac{1}{33\times10^{-3}}\right)}\text{mH}=15.8\text{mH}\tag{2-53}$$

4）匝比

$$\left.\begin{aligned}n_{11(20V)}&=\frac{D_{max}}{1-D_{max}}\cdot\frac{U_{P1(min)}}{U_{P21}}=\frac{0.41}{1-0.41}\cdot\frac{350}{24}=10.13\\n_{12(12V)}&=\frac{D_{max}}{1-D_{max}}\cdot\frac{U_{P1(min)}}{U_{P22}}=\frac{0.41}{1-0.41}\cdot\frac{350}{16}=15.2\\n_{f(5V)}&=\frac{D_{max}}{1-D_{max}}\cdot\frac{U_{P1(min)}}{U_{P21}}=\frac{0.41}{1-0.41}\cdot\frac{350}{5}=48.6\end{aligned}\right\}\tag{2-54}$$

5）初级峰值电流

按开关管截止期间变压器储存能量完全释放考虑有

$$I_{P1}=\frac{2P_o}{U_{P1(min)}\cdot D_{max}}=\frac{2\times20}{350\times0.41}\text{A}=0.28\text{A}\tag{2-55}$$

6）绕组有效值电流

（1）初级绕组有效值电流为

$$I_1=I_{P1}\sqrt{\frac{T_{on(max)}}{3T}}=0.28\sqrt{\frac{12.5\times10^{-6}}{3\times\left(\dfrac{1}{33}\times10^3\right)}}\text{A}=0.104\text{A}\tag{2-56}$$

（2）次级绕组有效值电流由给定条件给出。

7）确定导线规格

取电流密度为3.5A/mm²，各绕组导线规格由式(2-46)分别计算：

$$\left.\begin{aligned} d_{11} &= 1.13\cdot\sqrt{\frac{I_1}{J}} = 1.13\times\sqrt{\frac{0.104}{3.5}}\text{mm} = 0.19\text{mm} \\ d_{21} &= 1.13\cdot\sqrt{\frac{I_{21}}{J}} = 1.13\times\sqrt{\frac{0.2}{3.5}}\text{mm} = 0.27\text{mm} \\ d_{22} &= 1.13\cdot\sqrt{\frac{I_{22}}{J}} = 1.13\times\sqrt{\frac{0.3}{3.5}}\text{mm} = 0.33\text{mm} \end{aligned}\right\} \tag{2-57}$$

8）工作磁感应强度

可在0.15T～0.20T之间选取。

9）确定磁芯

（1）计算磁芯面积乘积：

$$A_P = \frac{392L_{P1}\cdot I_{P1}\cdot d_1^2}{\Delta B_m} = \frac{392\times15.8\times10^{-3}\times0.28\times0.19^2}{0.2}\text{cm}^2 = 0.313\text{cm}^2 \tag{2-58}$$

（2）选取磁芯，查到EE25/10磁芯，磁芯截面$A_e=37.9\text{mm}^2$，窗口面积为88mm²，$A_P=0.3262\text{cm}^2$，符合要求。但考虑到该变压器绕组很多，绝缘材料占用的窗口面积较大，因此需要选择更大的磁芯，初步选EE26/10/11，磁芯截面$A_e=76.6\text{mm}^2$，窗口面积为82mm²，$A_P=0.627\text{cm}^2$，该磁芯的截面积比前一种大，意味着绕线的圈数少。

10）空气隙

$$L_g = \frac{0.4\pi L_{P1}I_{P1}^2}{A_e\cdot\Delta B_m^2} = \frac{0.4\pi\times15.8\times10^{-3}\times0.28^2}{76.6\times10^{-2}\times0.2^2}\text{cm} = 0.0508\text{cm} \tag{2-59}$$

11）绕组匝数

（1）初级绕组按下式计算：

$$N_1 = \frac{\Delta B_m\cdot L_g}{0.4\pi I_{P1}}\cdot10^4 = \frac{0.2\times0.0508\times10^4}{0.4\pi\times0.28} = 288 \tag{2-60}$$

（2）次级绕组按下式计算：

$$\left.\begin{aligned} N_{21(20\text{V})} &= \frac{N_1}{n_{21(20\text{V})}} = \frac{288}{10.13} = 28 \\ N_{22(12\text{V})} &= \frac{N_1}{n_{22(12\text{V})}} = \frac{288}{15.2} = 19 \\ N_{f(5\text{V})} &= \frac{N_1}{n_{f(5\text{V})}} = \frac{288}{48.6} = 6 \end{aligned}\right\} \tag{2-61}$$

12）核算窗口尺寸(略)

2.4 功率因数为1的高频整流器

电源作为电网的负载，应该采取措施提高电源的输入功率因数，通常功率因数校正有两种方法：无源功率因数校正和有源功率因数校正。

1. 无源功率因数校正

无源功率因数校正是在电源输入端加入电感量很大的低频电感，以便减小滤波电容充电电流的尖峰。这种校正方法比较简单，但是校正效果不理想，功率因数只能达到0.85左右。另外，采用无源功率因数校正用的电感体积很大，增加了设备的体积和重量，系统成本提高，目前这种方法很少采用。

2. 有源功率因数校正

有源功率因数校正(PFC)能使电源的输入功率因数提高到接近1。通常也有两种方法，一种比较被动的方法是采用有源滤波器进行无功和谐波补偿，虽然可以很好地改善输入功率因数，但增加了一套滤波装置，大大增加了电路和控制的复杂性，成本也大幅度提高。另一种比较主动的方法是采用功率因数校正电路，直接提高整流电路的输入功率因数。

目前广泛使用的单相有源功率因数校正装置主要采取Boost电路拓扑；三相大容量整流多采用PWM高频整流器；单相有源功率因数校正装置的控制方法可以分为不连续电流模式(DCM)和连续电流模式(CCM)。

2.4.1 非连续电流模式功率因数校正器

一般而言，不连续电流模式PFC使用峰值电流控制。图2.18是采用ST微电子有限公司的功率因数校正芯片L6561组成电路的PFC电路，是典型的峰值电流控制模式。

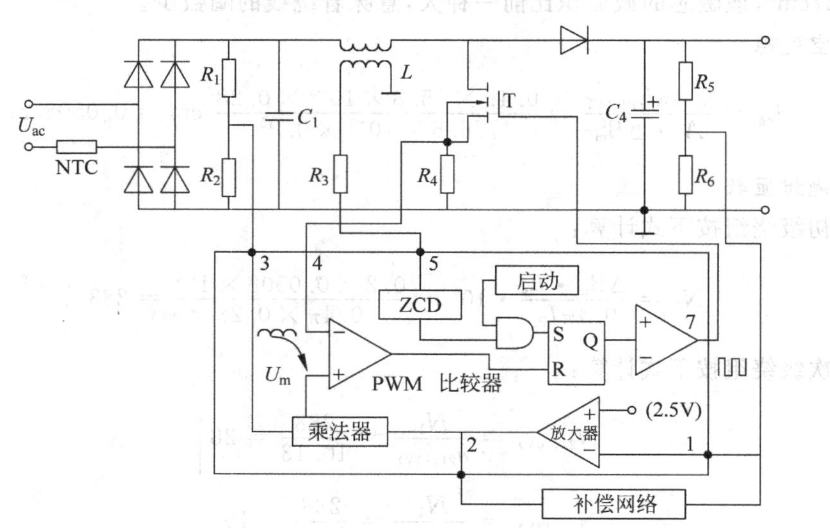

图2.18　峰值电流控制原理

功率因数校正芯片L6561的8端接入控制电源，6端接地(图中未标出)；内部放大器E/A的同相端有2.5V的电压，反相端由芯片1端接入反馈电压，在1、2端之间接入补偿网络调整参数，2 端电压 U_2 是电压环的输出调整值；3 端电压 U_3 是交流输入电压经整流后分压得到，4 端电压 U_4 为开关管电流 i_T 的反馈，5 端为电感电流 i_L 的检测信号，7 端是开关管 T 的驱动信号。乘法器的输出 U_m 与输入电压 U_{ac} 整流后的正方向正弦波同相，它的幅值受控于电压环的输出 U_2，U_m 波形如图 2.19(a)所示。

当电感电流 i_L 值为 0 时，RS 触发器的 S 为 0，触发器输出 Q 为低，U_7 为高，T 导通，整流后的直流电压使 i_L 和 i_T 同时上升并且相等。当 i_T 反馈 U_4 等于乘法器输出电压 U_m 时，触发器的 R 为 0，Q 为高，U_7 为低，开关管截止，$i_T=0$，电感电流 i_L 下降，直到 i_L 为 0，T 再次导通，如此周而复始。实际 i_L 为 0 以后，有一个小的延时，开关管 T 才再次导通。电感电流 i_L 的电流波形如图 2.19(c)所示，它由幅值正比于输入电压瞬时波形的三角波组成，整流电路中通过电容滤除电感电流中的高频成分，使输入电流 i_s 为正弦波。峰值电流控制使得输入电流 i_s 基本为正弦波，并且和输入电压同相，因此，功率因数可近似为 1。

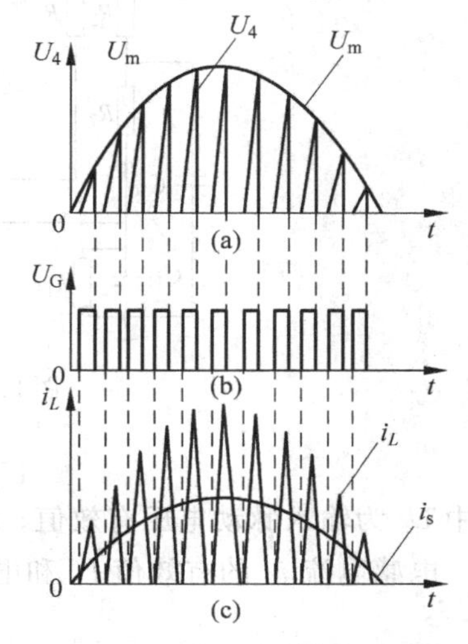

图 2.19　峰值电流控制模式波形

图 2.19(b)中 U_G 是开关管 T 的驱动波形，可以分析，它是一系列等宽的脉冲。

系统稳压原理如下：如果电网电压降低或负载加大，引起输出电压降低；调节器输出端 U_2 会增大，导致 U_m 幅值增大，使每个开关周期的占空比增大，输出电压回升，直到电压恢复到设定值。

2.4.2　连续电流模式功率因数校正器

连续电流模式功率因数校正器(CCM PFC)，常用的是平均电流控制模式，以控制芯片 UC3854 为代表。

采用芯片 UC3854 的平均值电流控制模式 PFC 电路原理如图 2.20 所示。图 2.20 中，反馈电压和芯片内部参考电压经过电压误差放大器调节构成电压外环；电流给定是单方向正弦波，它和电感电流的瞬时反馈构成电流内环；经过电流调节产生单方向正弦波电流调制波，再和 PWM 环节中的三角波比较，产生 T 管的 SPWM 驱动脉冲，T 管开关频率和三角波的频率一致。这种控制使得输出电压大小受控于电压，电感电流受控于电流给定。下面的分析可知，电流给定是单方向正弦波，相位和输入电压相同，因此，输入电流是和输入电压同相的正弦波，实现了功率因数校正功能。

电流给定是由乘法器的输出提供，乘法器有 3 个输入：A 来自电压误差放大器的直流输出；B 是输入电压经过桥式整流器输出的单方向正弦波，相位与输入电网电压相同；C 正比于电网电压有效值，乘法器的输出为 $U_P=A\times B/C^2$。电流给定信号的幅值受控于电压调节输出 A，相位和波形受控于输入电压 B。

乘法器中之所以要除以 C^2，是为了引入输入电压前馈调节，如果输入电压降低，$U_P=A\times B/C^2$，U_P 的幅值立即增大，调节输入电流增大，最终使输入功率不会随着 U_i 信号的大小而改变，UC3854 拥有该项技术的专利，下面分析其原理。

如果不除以 C^2，则乘法器的输出脉动波的有效值为

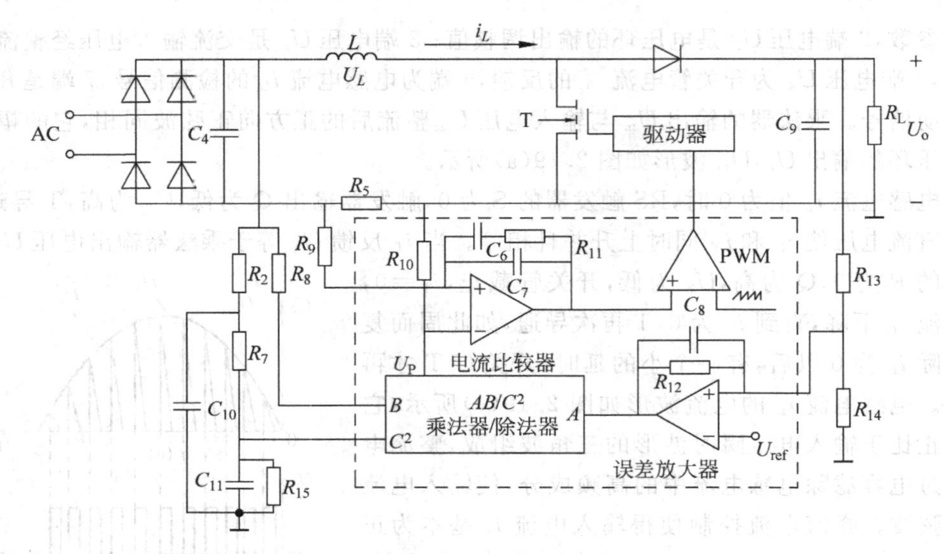

图 2.20 UC3854 的控制模式电路图

$$U_P = A \times B = A \cdot K_i \cdot U_i \tag{2-62}$$

式中 U_i 为输入脉动电压有效值；K_i 表示输入脉动电压缩小的比例；A 是电压调节的输出。

电感电流 i_L 的有效值 I_L 和电流检测电阻 R_S 的电压有以下关系：

$$I_L = -\frac{U_P}{R_S} \tag{2-63}$$

如果 PF=1，效率 $\eta=1$，输入功率 P_i 等于输出功率 P_o，则有

$$P_i = P_o = U_i \cdot I_L = \frac{U_i \cdot K_i \cdot U_i \cdot A}{R_S} = \frac{K_i \cdot U_i^2 \cdot A}{R_S} \tag{2-64}$$

由式(2-64)可知：当 U_o 没有变化，电压调节没有调整 A 时，P_i、P_o 将随 U_i^2 的变化而变化，导致 U_o 变化，系统才可能调节稳定输出电压。

在 UC3854 电路中设计了一个除法运算，情况就不同了。设 C 信号由输入电压 U_i 衰减得到，K_C 为衰减系数，有

$$C^2 = (K_C \cdot U_i)^2 \tag{2-65}$$

如果利用除法器除以 C^2，式(2-64)变成为

$$U_P = A \cdot B/C^2 = A \cdot K_i \cdot U_i/K_C^2 \cdot U_i^2 = A \cdot K_i/K_C^2 \cdot U_i$$

$$P_i = P_o = U_i \cdot I_L = U_i \cdot U_P/R_S = \frac{A \cdot K_i}{K_C^2 \cdot R_S} \tag{2-66}$$

从式(2-66)可见，引入输入电压前馈技术以后，输入电压的变化直接使电流环路的电流给定 U_P 调整，并且输出功率不受输入电压 U_i 变化的影响，维持了输出电压快速稳定。因此，电路容易实现全输入电压范围内的正常工作，并可使整个电路具有良好的动态响应和负载调整特性。而输入 A 信号是考虑若负载变化，引起输出电压变动状况下，仍能借由 U_P 信号的变化，控制电路改变开关管 T 的导通脉宽而达到稳压的效果。

连续式功率因数校正器其输出功率可做到 1kW 以上，且同等输出功率使用的晶体管耐电流值低于不连续式功率因数校正器，由于它在固定频率下工作，在处理电磁干扰(electro magnetic interference，EMI)上也比不连续式的容易，故一般约 250W 以上的有源功率因数

校正电路都会采用此方法。由于连续式的功率因数校正器就控制模式而言，比不连续式的复杂，它必须要具备电压放大器和电流放大器，对 IC 内部设计流程或电路板的布局(layout)而言会较为复杂。UC3854 典型应用电路原理图如图 2.21 所示。

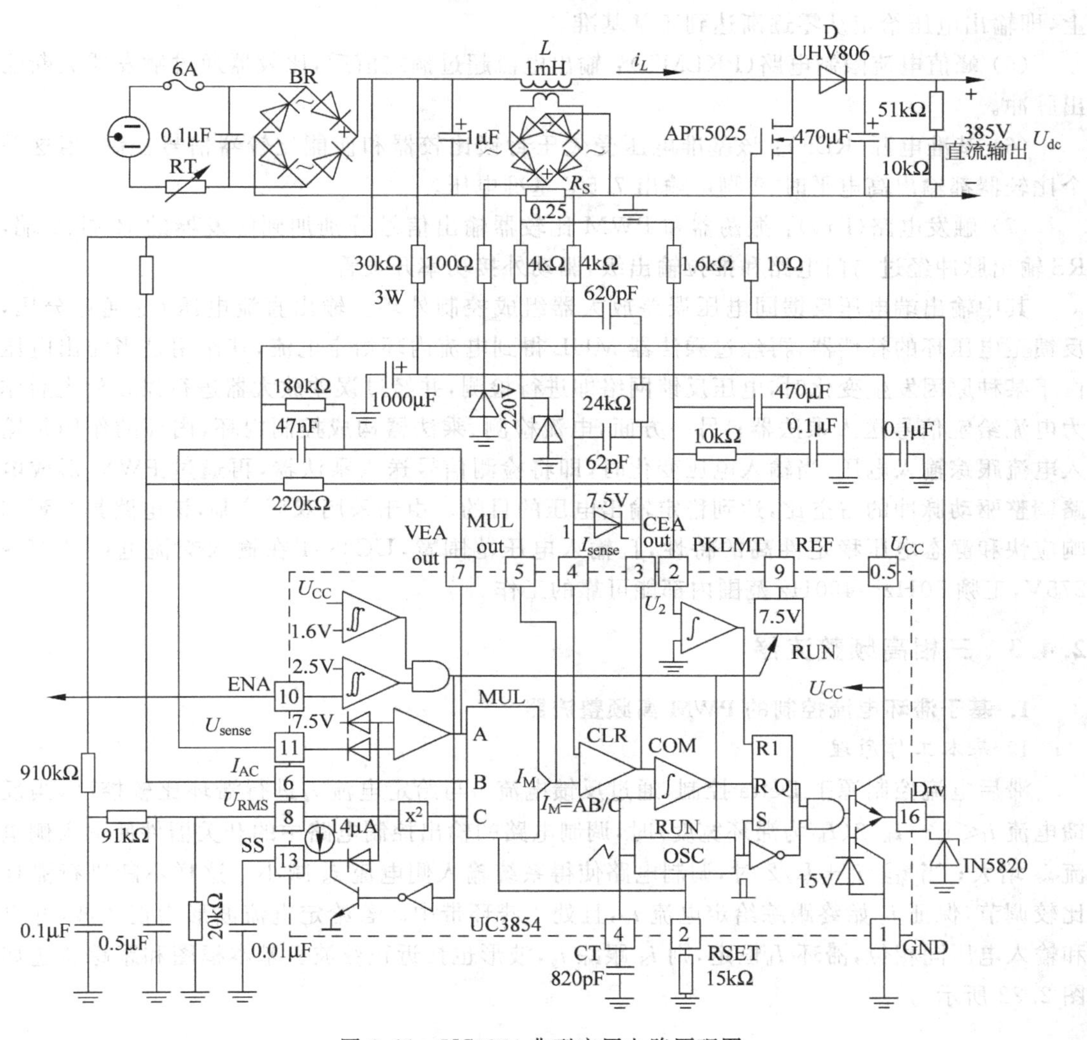

图 2.21　UC3854 典型应用电路原理图

UC3854 的内部结构原理图如图 2.21 中虚线框所示，内置电压误差放大器(VEA)、电流误差放大器(CEA)、乘法器(MUL)、PWM 比较器(PWM COM)等，芯片的一些其他功能如下。

(1) 欠压封锁比较器(UVLC)：电源电压高于 16V 时，基准电压建立，振荡器开始振荡、输出级输出 PWM 脉冲。当电源电压 U_{CC} 低于 10V 时，基准电压中断，振荡器停振，输出级被封锁。

(2) 使能端(ENA)：使能端输入电压低于 2.5V 时输出级关断，两比较器的输出都接到与门输入端，只有两个比较器都输出高电平时，基准电压才能建立，器件输出脉冲。

(3) 振荡器(OSC)：振荡器的振荡频率由14脚和12脚外接电容C和电阻R决定，当内部基准电压建立后，振荡器才开始振荡。

(4) 软启动电路(SS)：当电源正常建立后，软启动端将被内部电流源逐渐充电至3V以上，即输出电压给定从零逐渐达到正常基准。

(5) 峰值电流限制电路(PKLMT)：输出电流超过额定值后，比较器通过触发器关断输出脉冲。

(6) 基准电源(REF)：该基准电压受欠压封锁比较器和使能比较器信号控制，当这两个比较器都输出高电平时，9脚可输出7.5V基准电压。

(7) 触发电路(Drv)：振荡器和PWM比较器输出信号分别加到触发器的R端、S端，RS输出脉冲经过与门电路和推拉输出级，驱动外接功率开关管。

其中输出端电压反馈同电压误差放大器组成控制外环。输出直流电压U_{dc}通过分压，反馈至电压环的补偿器，再经过乘法器MUL得到电流内环给定电流，其作用是当输出电压由于某种原因发生变化时，电压反馈网络即进行检测，并经过误差放大器进行误差放大后作为电流给定信号送入乘法器；另一方面，电流检测、乘法器构成控制内环，内环的作用是输入电流跟踪输入电压，当输入电压变化时，即将检测信号送入乘法器，再通过PWM形成电路调整驱动脉冲的占空比，达到稳定输出电压的目的。由于采用双环控制，该电路具有瞬态响应快和静态电压稳定性高的特性，且输入电压范围宽，UC3854在输入交流电压75V～275V，工频50Hz～400Hz范围内都能可靠的工作。

2.4.3　三相高频整流器

1. 基于滞环电流控制的PWM高频整流器

1) 基本工作原理

滞后电流控制源于Delta控制，通过反馈电流i_f与给定电流i_g进行滞环比较控制，当反馈电流$i_f \leqslant i_g - I_h/2$($I_h$为滞环宽度)时，调制电路的输出控制电路中的开关器件使输入侧电流i_S增大；当$i_f \geqslant i_g + I_h/2$时，调制电路使得系统输入侧电流$i_S$减小。这样不断进行滞环比较调节，保证$i_S$始终跟踪给定电流$i_g$，且处于滞环带中。若给定电流波形为正弦波，并且和输入电压同相位，滞环I_h恒定，则i_S跟踪i_g，波形也接近正弦波。基本框图和跟踪轨迹如图2.22所示。

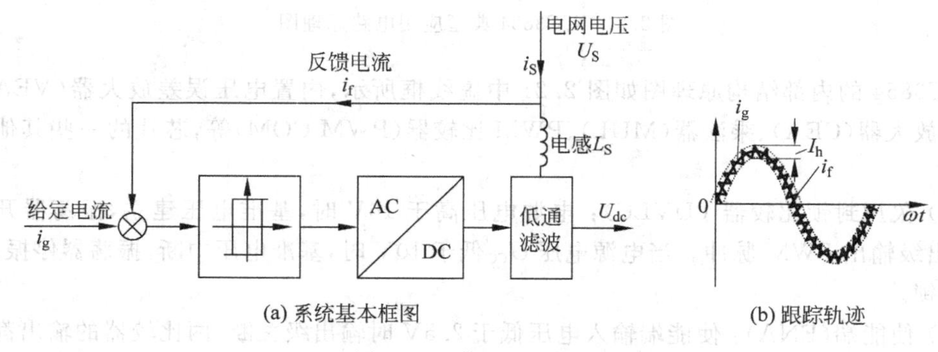

(a) 系统基本框图　　(b) 跟踪轨迹

图2.22　滞后电流控制

以单相半桥 PWM 高频整流器为例，分析其基本工作原理。单相半桥 PWM 高频整流器原理图如图 2.23 所示。图 2.23(a)中单相半桥高频整流器主电路交流侧电感 L_S 起传递能量和平衡电压的作用，直流侧 C_1、C_2 为输出直流滤波电容，T_1、D_1 和 T_2、D_2 分别构成理想开关 S_1 和 S_2。整流器等效电路如图 2.23(b)所示。设公共电网相电压为

$$u_S = \sqrt{2}U_S \sin\omega t \tag{2-67}$$

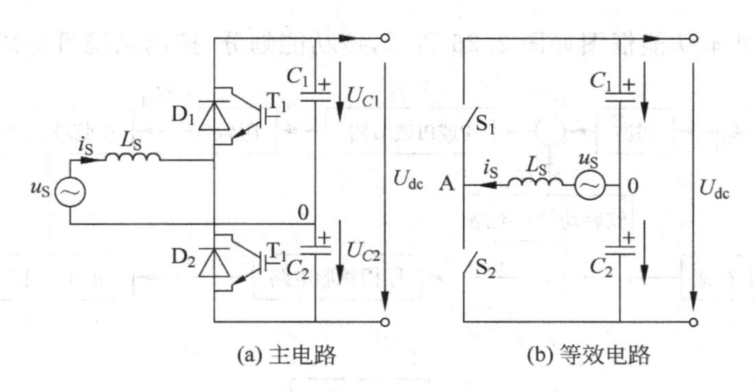

图 2.23　单相半桥 PWM 高频整流器

若交流侧电压 u_S 为正，再设

$$U_{C1} = U_{C2} = U_{dc}/\ 2 > u_S \tag{2-68}$$

u_S 处于正半周时，即 $u_S>0$，则有：

(1) 状态 1，S_1 截止、S_2 导通、i_S 上升，其等效电路如图 2.24(a)所示，且

$$u_S = L_S \cdot \mathrm{d}i_S/\mathrm{d}t - U_{C2} \tag{2-69}$$

(2) 状态 2，S_1 通、S_2 截止、i_S 下降，其等效电路如图 2.24(b)所示，且

$$u_S = L_S \cdot \mathrm{d}i_S\ /\mathrm{d}t + U_{C1} \tag{2-70}$$

u_S 处于负半周时，恰好与上述情况相反。

因此通过对 S_1 和 S_2 按电流跟踪的策略控制，可以实现整流器输入端电流 $\dot{i}_S$ 为正弦波、功率因数为 1 及输出电压可调的目的。

由上分析可知，滞后电流控制使桥臂 A 点电压 u_{A0} 为一系列 PWM 交变方波，幅值为 $\pm U_{dc}/2$。其基波分量 u_{A01} 与 u_S 的关系如图 2.25 所示。

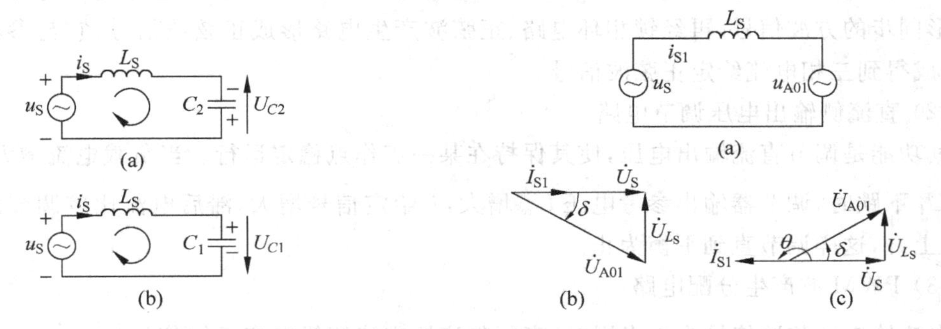

图 2.24　各开关状态下的等效电路图　　图 2.25　电路运行矢量分析

当系统处于整流状态时，电流$\dot{i}_{S1}$矢量与电网电压$\dot{U}_S$矢量同相位，能量从交流侧流向直流侧负载，如图 2.25(b)所示。

当系统处于逆变状态时，电流$\dot{i}_{S1}$矢量与电网电压$\dot{U}_S$矢量相差 180°，负载端的能量经整流器逆变后再回馈到电网，如图 2.25(c)所示。

2) 控制系统

控制系统的基本功能框图如图 2.26 所示，按功能划分，控制系统可分成四个部分。

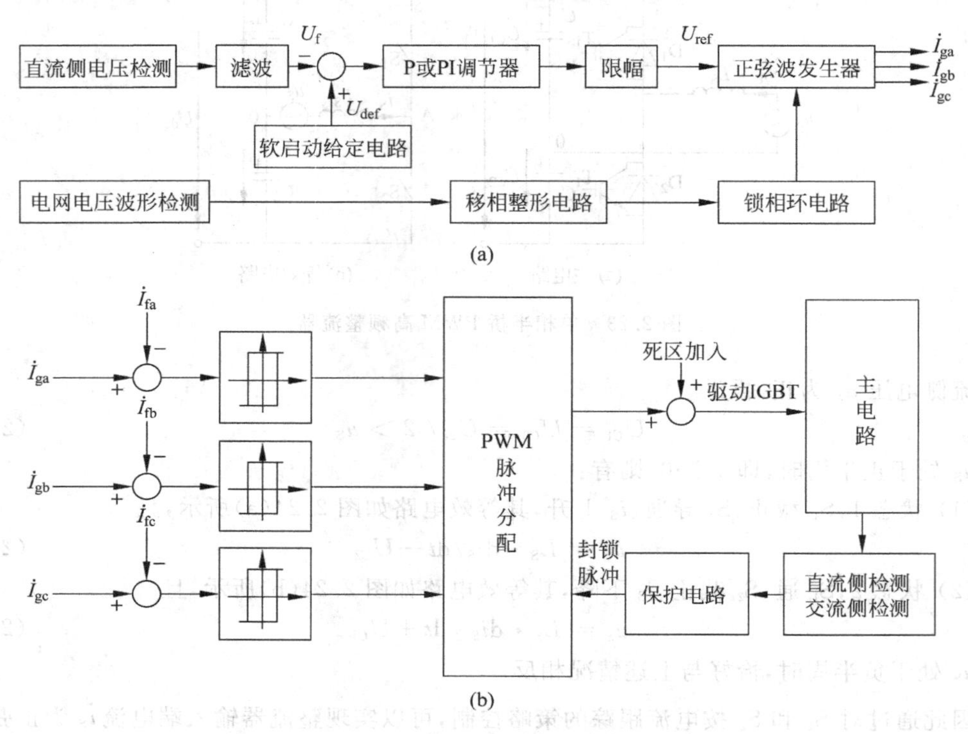

图 2.26 PWM 高频整流器控制系统基本功能框图

(1) 电网电压波形同步锁相电路

其功能是产生给定正弦波信号。通过对电网电压的波形检测，经移相整形为与电网电压波形同步的方波信号，再经锁相环电路、正弦波产生电路形成正弦波信号，它与参考电压U_{ref}合成得到三相电流给定正弦波信号。

(2) 直流侧输出电压调节电路

其功能是调节直流输出电压，使其保持在某一工作点稳定运行。当负载电流增大、反馈电压U_f下跌时，调节器输出参考电压U_{ref}增大，$\dot{i}_g$给定信号增大，滞后电流比较调节的结果使U_f上升，这样调节直到平衡为止。

(3) PWM 波产生分配电路

电流给定正弦波信号为正半周时，高频整流器交流侧线电流反馈信号$\dot{i}_f > \dot{i}_g + I_h/2$，滞环比较器输出低电平信号，桥臂的上管导通；线电流反馈信号$\dot{i}_f < \dot{i}_g - I_h/2$，滞环比较器输出高电平信号，桥臂的下管导通。电流给定正弦波信号为负半周时，上、下管导通情况恰好与

正半周时相反。这样产生的 PWM 波经过死区形成电路，即为驱动电路的逻辑输入信号。

(4) 系统保护报警电路

其功能是检测到电路故障信号（如过流、短路、直流输出电压过高等）后，封锁驱动脉冲，直到系统恢复正常工作为止。

PWM 高频整流器首先工作在不可控整流状态，对直流输出滤波电容进行预充电，然后由于直流侧电压未达到 PWM 整流电压值（在单相高频电路时此电压值高于交流侧输入电压峰值），则控制系统输出信号使交流侧电感电流上升，与此同时电容端电压亦上升，直到满足 PWM 整流条件，此时整流器系统才过渡到 PWM 高频整流状态。

实践证明，与常规的相控晶闸管整流器相比，PWM 高频整流器交流侧线电流波形非常接近于正弦波，仅含少量的谐波分量，且功率因数为 1。三相高频整流器可通过单相电路组合得到，工作原理可以通过将其转化成单相模式来分析。

前述 PWM 滞后电流控制模式的高频整流电路开关频率是随机的，交流侧滤波电路的设计较麻烦，而 SPWM 自然采样控制模式的高频整流电路开关频率是固定的，因而交流侧的滤波器设计较为容易。

2. 自然采样 SPWM 控制原理

在图 2.27(a)所示的电路中，通过对 IGBT 模块 $T_i(i=1\sim6)$进行 SPWM 控制，使得三相桥臂中点电压等效为三相交流电压源，那么，输入电流也是正弦波形，控制合理，也可以达到功率因数为 1 及输出电压可调的目的。

图 2.27(b)所示为 A、B、C 三相参考正弦信号波形 u_{ar}、u_{br}、u_{cr} 与三角载波信号 u_C，图 2.27(c)所示为比较得到的 A 相开关函数 S_A 的波形图，由于桥臂中点电压为正弦调制脉冲序列，其基波等效为交流电压源 u_{Rf}，它与电网电压 u_{Sj} 及电流 i_{Sj} 之间关系如图 2.27(d)所示。设 E_{dc} 为直流侧电压，U_{Sm} 为电网峰值电压，应该有 $E_{dc}\geqslant 2U_{Sm}$。通常三相电网相电压峰值约为 311V，在 SPWM 控制下，为了满足调制比 $m\leqslant1$ 的条件，整流器直流电压 $E_{dc}\geqslant 2\times 311\text{V}=622\text{V}$，否则交流侧的线电流将出现严重畸变。

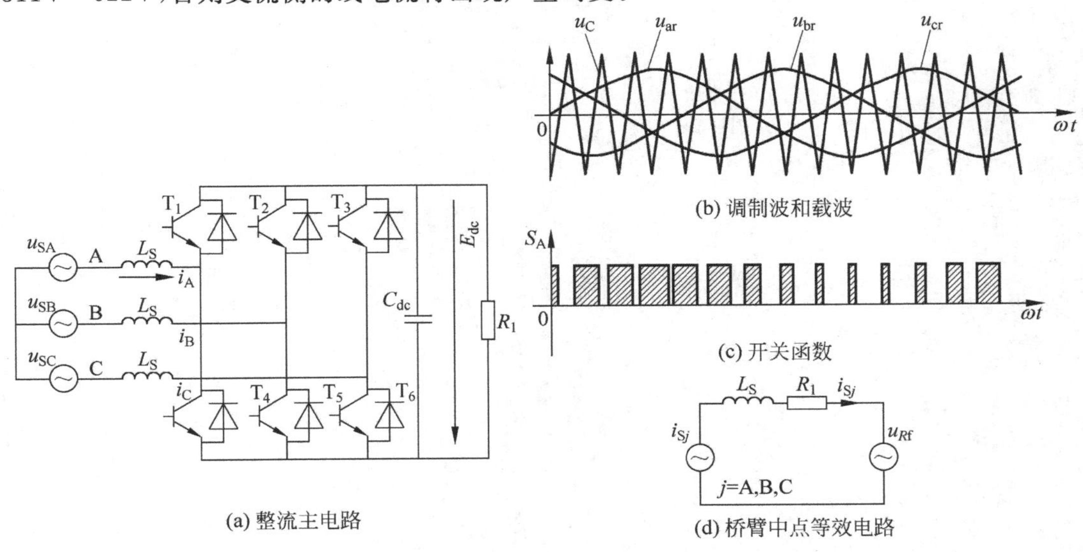

图 2.27　SPWM 高频整流器

3. 基于空间矢量控制

设三相电网电压平衡,忽略高频整流器交流侧中各变量的高次谐波,可参照三相逆变器空间矢量控制思想,制定高频整流的控制算法,由于空间矢量控制算法具有周期性,因此硬件上适用于数字电路。

以上所述各种高频整流电路,交流侧电流畸变都很小,功率因数均接近1,它们都将在绿色整流电源装置中得到广泛的应用。

习题及思考题

1. 说明图2.8自激型单端反激电源的自激和稳压原理。
2. 图2.11是由UC3842组成的开关电源,试分析它的工作原理。
3. 功率因数为1的高频整流器有哪些类型?请说明滞后电流控制方式的控制策略。

第3章 逆 变 器

本章介绍了恒频恒压逆变器、变频调速逆变器、感应加热逆变器几种逆变电源；分析了它们的电路结构和工作原理，讨论了变压器的直流不平衡、数字化控制及输出波形控制等实用问题。并介绍了一个 SPWM 逆变器的原理电路。

3.1 恒频恒压正弦波逆变器

恒频恒压(CFCV)交流逆变电源一般用在对电源质量要求都很高的场合，如通信系统、金融部门、医疗中心、军用设备和 UPS 电源等。

3.1.1 逆变器概论

逆变电源除了满足体积、重量、电磁兼容等基本要求外，对本身的电气性能也要求达到较高的指标，比如要求输出电压稳态精度高，电压波形失真度小，有比较强的过载能力及抗负载冲击能力，动态响应快等。

要达到以上这些要求，应该合理设计主电路和控制系统。逆变电源的大部分性能指标的实现都依赖于控制系统。

1. 逆变器主电路结构

逆变器按照输出的相数分，有单相、三相两种，三相逆变器可由三相半桥结构组成，也可以由 3 个相位互差 120°的单相逆变器组成。因此，单相逆变器的技术也可以应用到三相逆变器中。

单相逆变器主电路拓扑结构如图 3.1 所示，主要有半桥式、全桥式和推挽式 3 种。

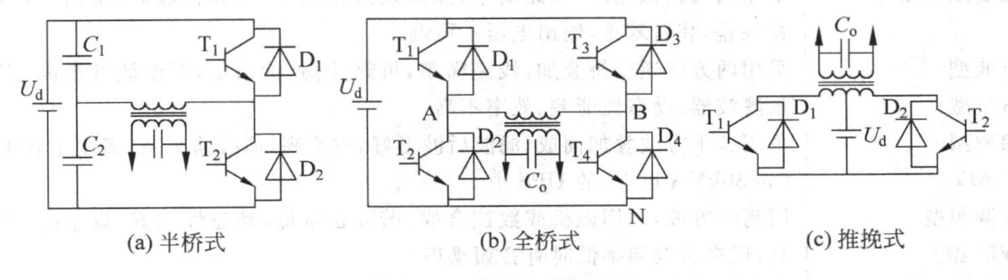

图 3.1 主电路拓扑结构

半桥电路输出端的电压波形幅值仅为直流母线电压值的一半，因此，电压利用率低；但在半桥电路中，可以利用两个大电容 C_1、C_2 自动补偿不对称波形，这是半桥电路的一大优点。

全桥电路和推挽电路的电压利用率是一样的，均比半桥电路大 1 倍。但全桥式、推挽式电路都存在变压器直流不平衡的问题，需要采取措施解决。

推挽电路主要优点是电压损失小，直流母线电压只有一个开关管的管压降损失；此外，两个开关管的驱动电路电源可以共用,驱动电路简单。推挽式比较适合低压输入的场合。低压输入的推挽式变压器原边绕组匝数较少,一般采用并绕方式,以增加两绕组的对称性,工艺上难度较大。

中、大容量逆变器多采用全桥结构,它的控制方法比较灵活,主要有双极性和单极倍频两种。

对于开关器件的选择,小容量逆变器多用电力 MOSFET,大容量正弦波输出的逆变器多用 IGBT,特大容量逆变器则选择 GTO。

2. 驱动电路

驱动电路是主电路与控制电路之间的接口电路。合理的驱动电路可以使开关管工作在较理想的状态,缩短开关时间,减小开关损耗,提高系统的运行效率。另外,有些保护措施往往设在驱动电路中,或通过驱动电路来实现。驱动电路的基本任务是将信息电子电路传来的信号转换为加在器件控制回路中的电压或者电流,应该具有一定的功率,使器件能够可靠地开通或关断。驱动电路往往还需要提供电气隔离环节。

目前,广泛使用的电力电子器件是 MOSFET 和 IGBT,在常用的驱动电路中,变压器隔离驱动的驱动脉冲的占空比必须小于 50%,否则变压器的磁通不能复位。而采用 SPWM 调制方式时,开关管的驱动脉冲不可避免的有超过 50%的情况,因此,小容量逆变器中,电力 MOSFET 多采用高压隔离驱动的集成芯片,而在中大容量逆变器中,IGBT 则采用厚膜集成驱动电路模块。

3. 逆变器控制方法

由于逆变器容量不同,结构形式和控制策略必然会有所差异,表 3.1 比较了不同的脉宽调制方法下逆变器的输出特性。

表 3.1 各类逆变器特性比较

逆变器类型	优 缺 点
方波逆变型	线路简单,但谐波含量高
稳压变压器型	采用铁磁谐振电路,线路简单,波形接近正弦波,可靠性较高,价格低,但动态特性差,装置笨重,输出电压不可调
准方波型(QSW 型)	采用两方波逆变桥叠加,线路简单,可靠性高,价格低,但谐波含量高,需大容量滤波器、动态性能差、效率不高
阶梯波型(SW 型)	采用若干方波叠加而成,滤波后波形好,效率高,但线路复杂,多用于较大功率(如 30kVA 以上)的 UPS 中
脉宽调制型(PWM 型)	用高频方波,利用微机或数控合成,谐波含量低,动态性能好,效率高,可靠性高,但在载波频率低时有音频噪声
脉宽阶梯混合波型(PWSW 型)	具有脉宽调制型和阶梯波型的优点,效率更高,动态性能更好,但线路复杂,可靠性稍差

目前,逆变器广泛采用 PWM 脉宽调制技术实现对输出电压的控制。PWM 技术主要体现在两个方面,一是控制策略,二是实现的手段。调制方式主要有直流脉宽调制和正弦波脉宽调制两种方式。

1) 直流脉宽调制

直流脉宽调制是利用直流调制信号和三角载波比较,可以得到单脉波控制信号,只要改变直流调制信号，就可改变单脉波的脉冲宽度，调节输出电压基波分量的有效值，实现电压控制的目的。图3.2所示为实现直流脉宽调制的一种简单方法，给定电压U_g和反馈电压U_f通过电压调节器得到一个控制电压U_2，U_2和锯齿波电压U_1比较得到脉冲波形U_3，触发器的输出是互补的180°方波U_4、U_5，通过两个与门电路，获得互差180°的脉冲方波U_6、U_7，它们可以分别作为图3.1(a)半桥逆变电路图3.1(c)的推挽电路的开关管T_1、T_2的控制信号，也可以作图3.1(b)全桥式T_1和T_4、T_2和T_3的控制信号。值得注意的是控制信号在给驱动电路送信号的同时，驱动电路还要考虑功率和电气隔离问题。从图3.2不难分析，反馈电压的变化会引起脉冲宽度变化，通过逆变电路，最终可以使得反馈电压和给定电压相等，即逆变器的输出电压基本稳定。此外，如果要求得到50Hz的输出频率，锯齿波的频率应该是100Hz。

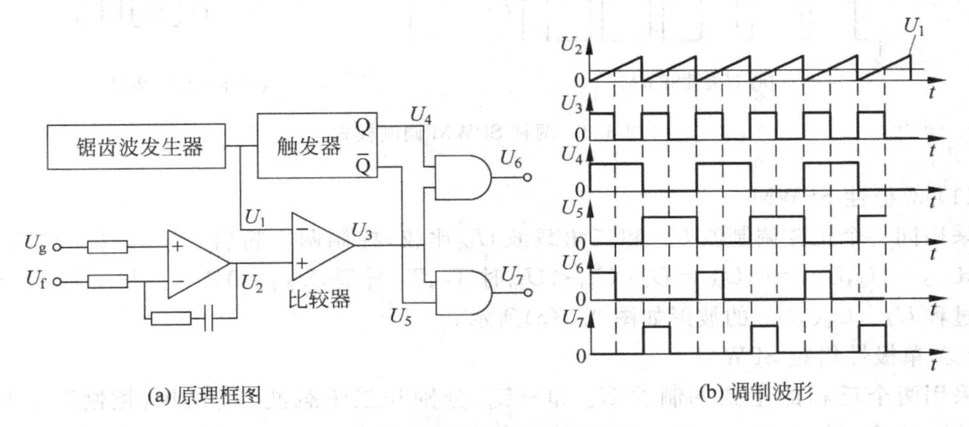

图3.2 直流脉宽调制原理

方波输出电路简单，易于闭环控制，电压输出稳定度也比较高。特别是它可以直接借用直流电源控制技术，很多直流控制芯片都可以应用，因此方波输出具有成本低的优点。但是，方波输出含有大量的低次谐波，波形畸变严重，主要应用在要求不高的场合，为了改善上述缺点，逆变器中广泛采用正弦波脉宽调制技术。

2）正弦波脉宽调制

正弦波脉宽调制技术即SPWM技术，它利用面积冲量等效原理获得谐波含量很小的正弦电压输出。正弦脉宽调制波中谐波分量主要分布在载波频率以及载波频率整数倍附近。在目前使用的中小容量逆变器中，三角波的工作频率在8kHz～40kHz之间。因此，采用SPWM的逆变器输出电压波形中，基本不包含低次谐波，几乎所有谐波的频率都在几千赫兹以上。这样，逆变器所需的滤波器尺寸可以大大减小。

对于单相全桥逆变电路，目前装置中常用SPWM硬开关，SPWM控制策略有双极性SPWM和单极性SPWM两种。

无论是双极性SPWM还是单极性SPWM，都可以采用正弦调制波U_{sin}和三角载波U_{tri}比较进行调制，且逆变桥中同一桥臂的上、下两个开关管(即T_1和T_2，T_3和T_4)的驱动信号总是互补的(忽略死区)。其区别在于两个桥臂调制规律之间的关系不同。现对应图3.1(b)单相全桥逆变电路，说明两种控制规律，波形如图3.3所示。

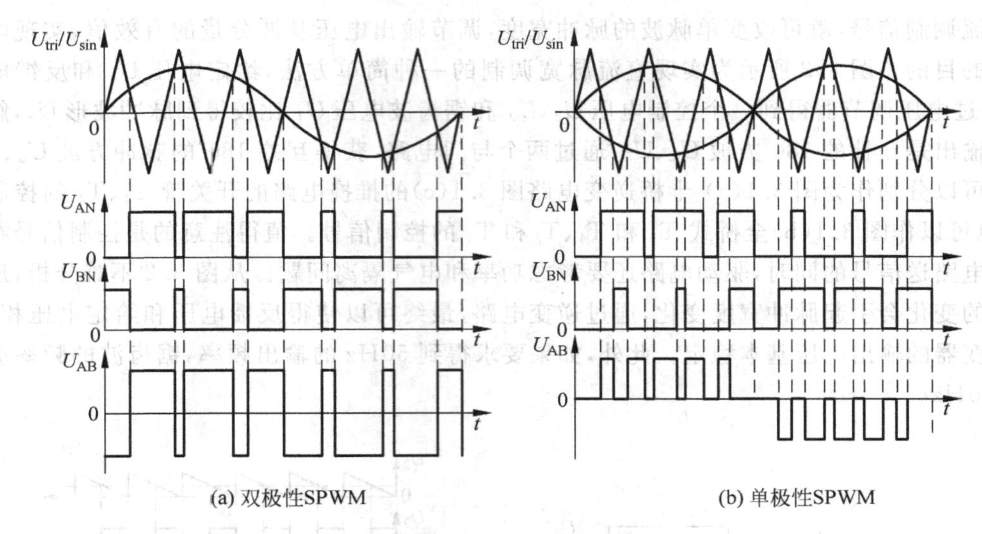

(a) 双极性SPWM　　(b) 单极性SPWM

图 3.3　两种 SPWM 调制模式

（1）双极性 SPWM

采用同一个正弦调制波 U_{sin} 和三角载波 U_{tri} 比较，控制两个桥臂。$U_{sin}>U_{tri}$ 时，T_1、T_4 导通，$U_{AN}=U_d$，$U_{BN}=0$，$U_{AB}=U_d$；$U_{sin}<U_{tri}$ 时 T_2、T_3 导通，$U_{AN}=0$，$U_{BN}=U_d$，$U_{AB}=-U_d$。调制过程 U_{AN}，U_{BN}，U_{AB} 的波形如图 3.3(a)所示。

（2）单极性倍频 SPWM

采用两个反相的正弦调制波 U_{sin} 和 $-U_{sin}$ 分别和三角载波 U_{tri} 比较，控制两个桥臂。$U_{sin}>U_{tri}$ 时，T_1 导通，$U_{AN}=U_d$；$U_{sin}<U_{tri}$ 时，T_2 导通，$U_{AN}=0$；$-U_{sin}>U_{tri}$ 时，T_3 导通，$U_{BN}=U_d$；$-U_{sin}<U_{tri}$ 时，T_4 导通，$U_{BN}=0$。$U_{AB}=U_{AN}-U_{BN}$。其调制过程及 U_{AN}，U_{BN}，U_{AB} 的波形如图 3.3(b) 所示。由图 3.3 可知，在双极性 SPWM 下，输出 SPWM 波 U_{AB} 中只存在两种电平：U_d 和 $-U_d$。而在单极性 SPWM 下，U_{AB} 中存在 3 种电平：U_d、$-U_d$ 和 0。在相同直流电压下，双极性 SPWM 波比单极性 SPWM 波的电压脉动幅度高一倍。此外，在相同开关频率下，单极倍频 SPWM 波的脉动频率较双极性 SPWM 波高一倍。这些特点都有利于后级的滤波。

4. 逆变器的直流不平衡问题

通常讲的逆变器直流不平衡，是指变压器"直流不平衡"，它对系统危害性很大，必须探讨解决的措施。

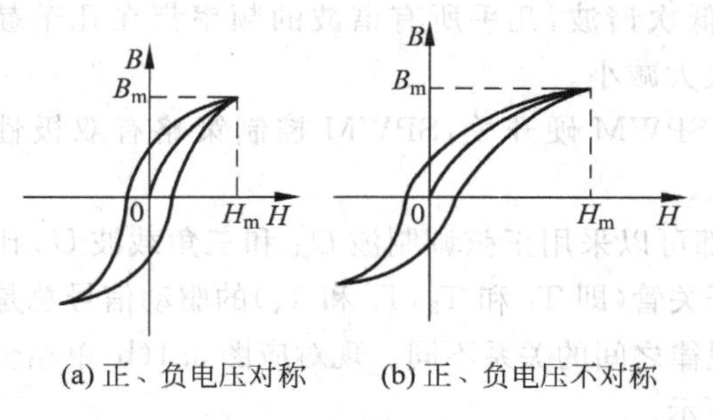

(a) 正、负电压对称　　(b) 正、负电压不对称

图 3.4　变压器的磁滞回线

1）直流不平衡产生的原因

如果主开关器件及其驱动电路特性不一致，一个正弦周波中，正、负半波控制波形不对称，都会使得逆变桥输出电压波形正、负不对称；这样，加在主变压器上的电压波形正、负不对称；使得主变压器发生偏磁现象。图 3.4 是变压器的磁滞回线，图 3.4(a)为正、负电压波形对称时对应的正常轨迹，图 3.4(b) 为正、

负电压波形不对称时对应的偏磁轨迹，从图形看出，变压器铁芯因“偏磁”单方向饱和。如果变压器存在上述现象，则称为变压器“直流不平衡”。

2）直流不平衡的危害

变压器铁芯因“偏磁”单方向饱和，它会使输出电压波形畸变率增加，同时在变压器原边绕组出现极大的励磁电流（电流尖峰可能有近十倍正常电流值），可能使功率开关管因过流而损坏，对系统危害性很大，必须采取措施解决。

3）抗不平衡常用措施

引起不平衡的原因，也可以分为静态和动态两类。静态是指控制电路和主电路参数不一致等系统固有的原因引起的不平衡，应严格挑选电路中的相关元件和功率开关管，注意驱动电路的一致性，尽量减少这些不平衡因素。动态是指参数的温度漂移和负载的变化等随机原因引起的，不太好防止。但是它们都可以采用控制电路进行补偿。图3.5(a)是一个单相逆变器的主电路，下面结合该逆变电路说明两类补偿方法。

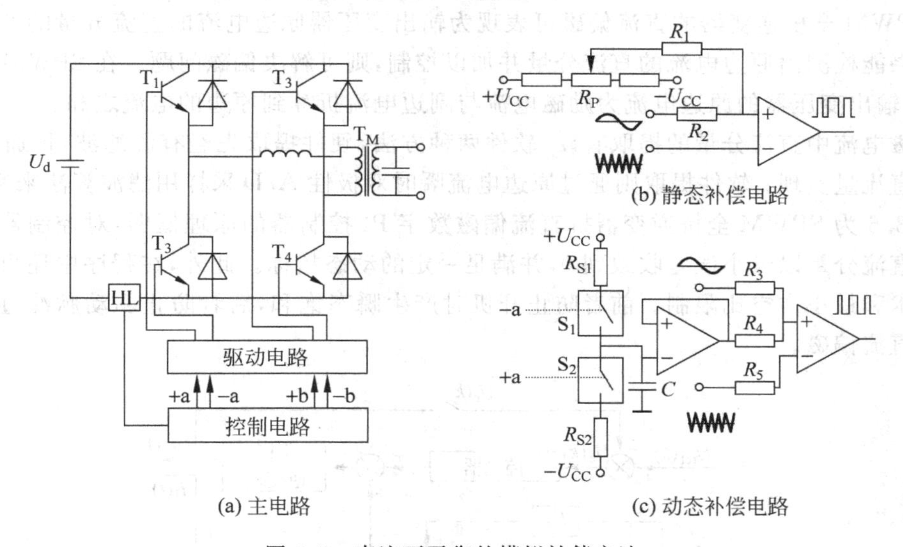

图3.5 直流不平衡的模拟补偿方法

(1) 模拟补偿方法

图3.5(b)是一种静态补偿电路，在SPWM形成电路的正弦调制波输入端增设一个可调的电平偏置电路，以抵消原系统固有的“静态”直流分量。运行时调整该偏置电平，直到变压器原边电流对称。调整方法如下：开始时调整逆变器的输出为低压，以防止直流不平衡引起电路发生故障；观察电流检测HL的输出，它是脉冲波形，它的包络线是类似整流的正弦波形，相邻的包络线分别反映了到变压器的正、负电流；调整静态补偿电路中的R_P，使得HL(霍耳)输出的每个包络线幅值相等。在调整的过程中，逐步增加输出电压，并且使得负载逐步增加到额定值。使得R_P在一个合适的位置，系统在各种工况下，正、负电流包络线幅值基本相等。该方法简单，可以抵消因为参数不一致等固有原因引起的不平衡现象，但有的不平衡现象是随机的动态原因，这种调节方式就不能满足要求。

对于系统中可能出现的各种“动态”直流不平衡现象，比较理想的对策是采用适时反馈进行直流补偿。一种简单的补偿电路如图3.5(c)所示。图中，S_1和S_2是电子开关(1片

DIP14 封装的 4066 芯片就含有 4 个电子开关)，电子开关的控制信号为高电平时，它就导通。R_{S1}，R_{S2} 和 C 组成滤波电路，在 C 上积累的电压大小和方向能够反映两个电子开关在一个调制周期内导通时间的差异。C 上电压通过跟随器输出的直流电平同静态补偿电路一样，参与调制 PWM 波形。如果＋a、－a 分别是对应正、负输出的驱动信号，在一个周波中＋a 的高电平时间比－a 的高电平时间长，输出电压会有正的直流分量，但是，图 3.5(c)中 S_1 的导通时间就比 S_2 短，C 上电压为负，电压跟随器输出一个相应的负电平，对调制波作负偏移，从而可以自适应地抵消由控制系统等引起的直流分量。

这种方法要求图中电阻 R_{S1}、R_{S2} 的数值和正、负电源值 $+U_{CC}$、$-U_{CC}$ 应严格相等；此外，信号的检测来自开关管的控制信号，控制信号的对称并不能保证逆变电路输出的对称，应用下面给出的数字电路就能够解决这些问题。

(2) 数字适时补偿电路

首先探讨直流偏磁的采样。当直流偏磁发生时，输出变压器原边电流的直流分量增大。因此，SPWM 全桥逆变器的直流偏磁可表现为输出变压器原边电流的直流分量的产生和增加。如果能检测出原边电流的直流分量并加以控制，则可解决偏磁问题。在 SPWM 全桥逆变器中，输出变压器的原边电流为励磁电流与副边电流折算到原边的电流之和。

励磁电流中直流分量的提取有硬、软件两种方法，硬件提取先经有源滤波，再通过 A/D 口读入直流量实现；软件提取则通过原边电流瞬时双极性 A/D 采样用滤波算法来实现。

图 3.6 为 SPWM 全桥逆变器抗直流偏磁数字 PI 控制器的原理框图，对控制器要求原边电流直流分量以最小误差收敛到 0，并满足一定的动态指标。此外，在程序中还可采用软启动技术和最小占空比限制。前者防止开机时产生瞬态饱和，后者防止驱动脉冲过窄而丢失造成直流偏磁。

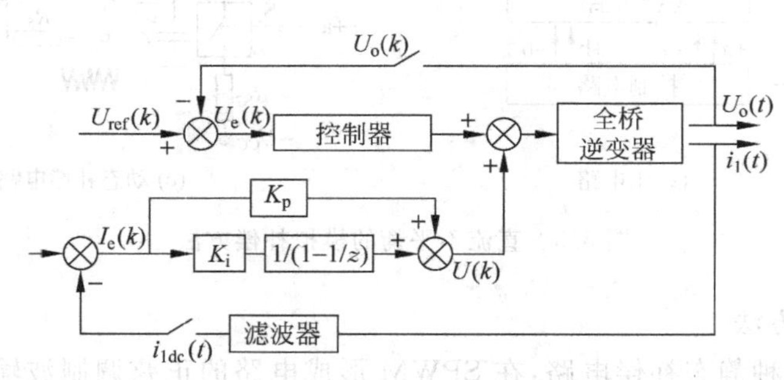

图 3.6 抗直流偏磁数字 PI 控制器

下面简单介绍数字控制器的设计，定义原边电流直流分量的误差量 $I_e(k)=0-i_{1dc}(k)$，式中 $i_{1dc}(k)$ 为所提取的原边电流直流分量。数字 PI 控制器根据 $i_{1dc}(k)$ 来产生所要求的控制量，使 $I_e(k)$ 为一个很小值。

$$U(z)=K_pI_e(z)+K_iI_e(z)/(1-z^{-1})$$

采用增量式 PI 控制算法，其增量表达式为

$$U(k)=U(k-1)+\Delta U(k)$$

$$\Delta U(k)=K_p[I_e(k)-I_e(k-1)]+K_iI_e(k)$$

式中 $U(k)$ 为抗直流偏磁控制器输出偏磁补偿量；K_p、K_i 分别为数字 PI 控制器的比例及积分系数。

输出变压器原边电流采样后，通过数字PI控制器对驱动脉宽进行修正，以减小原边电流中的直流分量，使得变压器的直流偏磁限制在较小范围内。

除了上面的抗直流偏磁方法以外，变压器铁芯设置气隙，改善磁导率的线性度，在变压器原边串联隔直电容，隔离输入到变压器的直流分量，都是比较有效的方法。但是，前者要求特制变压器，后者要求增加主电路的元件，使得装置的成本和体积增加。

5. 输出电压波形控制

随着逆变器的广泛应用，人们对输出电压的质量要求也越来越高。不仅要求逆变器的输出电压稳定、而且要求其输出电压正弦度好，动态响应速度快。与此相适应，逆变器的波形控制技术从开环控制发展到输出电压瞬时反馈的闭环控制。

1) 开环控制

早期的逆变器对波形采用开环控制，它只有电压平均值的反馈闭环控制，没有波形瞬时值的闭环控制。逆变器直接用希望的正弦信号波和三角载波进行比较获得SPWM波。随着单片机等数字器件的发展，波形的开环控制逐渐采用了数字方法，从而出现了几种新型的SPWM技术，如载波调制SPWM、谐波注入PWM以及最优PWM等。新型的PWM方法虽然可以在一定程度上改善逆变器的输出电压质量，减少波形畸变，但开环控制仍不可避免地具有以下局限性。

(1) 输出波形质量差，总谐波畸变率高。虽然在理想情况下，开环控制可以得到正弦度很好的输出电压，但它对各种非理想因素引起的输出电压畸变却无能为力，包括开关死区对输出电压的影响以及非线性整流负载引起的输出电压波形畸变。

(2) 系统动态响应速度慢。当负载突变时，输出电压会出现很大的波动，并且需要很长的时间才能恢复稳定。

2) 闭环控制

为了克服以上缺点，将波形闭环反馈控制策略引入到逆变器的控制中，产生了各种瞬时值反馈控制策略。从而保证了输出电压波形的正弦度，消除了各种非线性因素对输出电压的影响。

与开环控制相比，闭环控制也有不足之处。首先，由于引入了输出量反馈，必须相应地使用各种检测元件，系统成本的增加；其次，如果控制系统设计不好，运行过程中由于各种因素影响，有可能造成逆变器输出电压振荡不稳定，使得系统的可靠性降低。

目前，各种小型逆变器的波形控制既有采用开环，也有采用闭环。对电能质量要求不太高的小容量逆变器多采用开环；中大容量逆变器的用户一般对输出电能的质量要求较高，而检测和控制电路的成本在整个系统中所占比重又非常小，因此，中大容量逆变器多采用波形闭环控制。

3.1.2 单相恒压恒频正弦波逆变器实例

本实例的主要性能指标如下：直流输入180V～320V，交流输出1kW、220V、50Hz，稳压精度小于2%，频率稳定度小于0.5%，正弦交流输出畸变率小于5%。

1. 主电路

逆变电源采用图3.7所示主电路。开关管T_1～T_4是IGBT，其规格为50A /600V。电感L_1是4个IGBT的开通缓冲电路，它还能够抑止二极管反向恢复时间引起的短路电流；

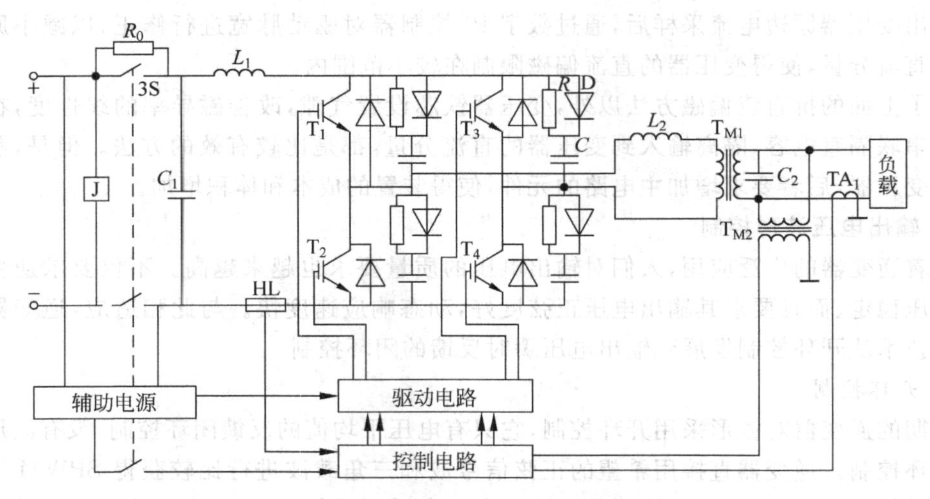

图 3.7　单相逆变器主电路原理图

关断缓冲由电阻 R、电容 C 和二极管 D 并联网络组成；C_2 折算到变压器 T_{M1} 的原边后与 L_2 一起构成交流输出滤波电路；变压器用作电路隔离和升压。

系统的开机、关机控制是利用开关 3S 来实现的。其中开关的两个触头用于切除或置入充电电阻 R_0，一个触头用于启动或关闭控制系统。J 是开关 3S 的欠电压脱扣线圈，当 J 的电压低于其规定值时，开关脱开；如果输入电源断电，欠电压脱扣会使得开关脱开，保证了启动时充电电阻 R_0 的置入。

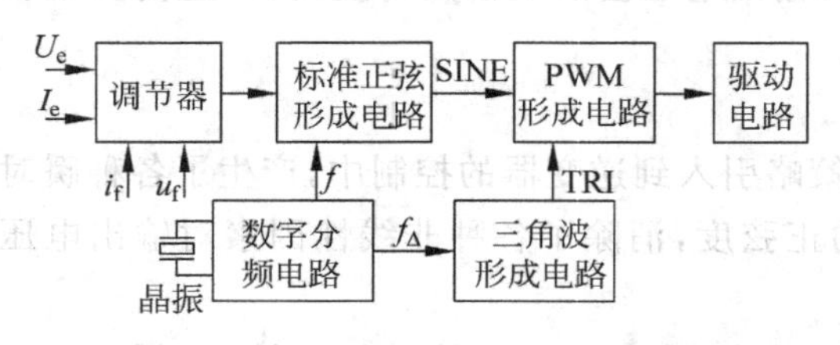

图 3.8　SPWM 控制电路框图

2. 控制系统

该装置采用了一种数模结合的 SPWM 控制电路，其框图如图 3.8 所示，它由数字分频电路、三角波形成电路、调节器、标准正弦波形成电路及 PWM 形成电路等组成。系统的电压调节是为了稳定电压，电流调节是为了限制输出电流。电源的正弦输出畸变率小于 5%，要求不是太高，逆变器的输出功率 1kW 也不大。因此，系统仅采用电压平均值闭环控制，稳定输出电压，对输出波形采用开环控制，即直接将幅值受控的标准正弦波和三角波比较。下面分析各环节的实现电路，逐步了解装置的组成。

1）数字分频电路

图 3.9 是数字分频电路，Y 是石英晶体振荡器，它有稳定的振荡频率，频率稳定度可以达到万分之一。该电路选用振荡频率为 1.8432MHz 的晶振，它和 R_1、C_1、C_2 组成频率信号产生电路，得到 1.8432MHz 频率信号，再经过数字电路 CD4017、CD4040 处理，输出两路频率信号。CD4017 是十进制计数器，第 7 脚的 Q3 计数端引至第 15 脚的复位端可以实现 3 分频。CD4040 是串行二进制计数器，9 脚 Q1 可以得到 2 分频，2 脚的 Q6 可以得到 2 的 6 次方既 64 分频。1.8432MHz 的频率，分频后三角波频率为 9.6kHz，标准正弦的扫描频率为 102.4kHz。

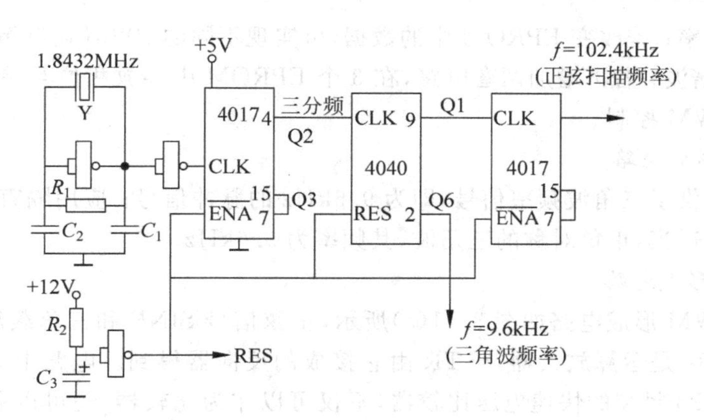

图 3.9 数字分频电路

2) 标准正弦波形成电路

标准正弦波的产生是利用数字电路实现的,电路原理如图 3.10 所示。

在 EPROM(本例为 2732)中存放的数据(十六进制)是这样得到的:将一个周期的单位正弦波分成 N 等分,每一点的数据在计算机上事先离散算好再存放进去,计算这些数据的 BASIC 程序略。由于写入的数据只能是正值,单位正弦波是和图 3.10 中 U_{ref} 的波形一致,幅值为 1 的正弦波。本例中将一个周期的正弦波分成 $N=2048$ 份。

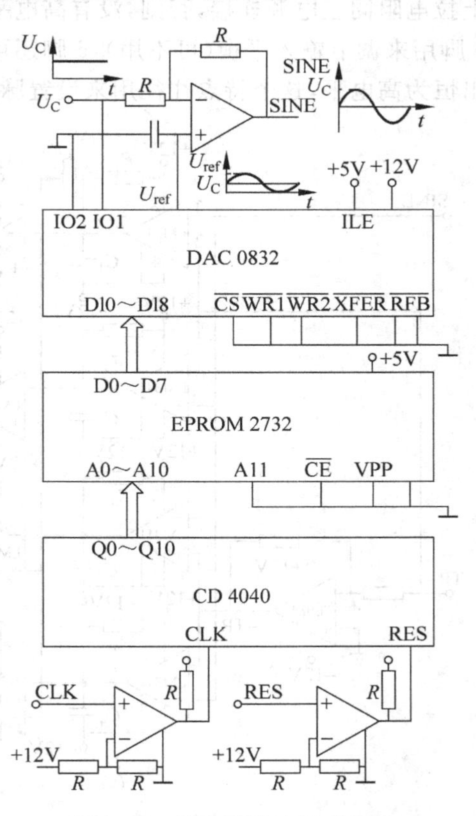

图 3.10 标准正弦波形成电路

正弦扫描频率引入数字电路 CD4040,CD4040 的输出是一组地址扫描信号送到 EPROM 的地址线上,EPROM2732 中存放的数据便依次送到 D/A 转换器 DAC0832,DAC0832 将这些数据转换成断续的模拟信号,经过一个小电容 C_1(0.1μF 以内)滤波,得到连续模拟信号 U_{ref},峰峰值由 IO1 端引入的给定电压 U_C 决定,电路中 U_C 来自调节器的输出。经运放 LF356 处理,可以获得正负对称、幅值为 U_C 的标准正弦波 SINE。要产生的标准正弦波的频率 $f_1=50$Hz,那么扫描频率应为:$f_h=f_1\times N=50\times2048Hz=102.4$kHz,和前面分频电路得到的频率一致。

正弦波的频率由稳定度相当高的晶振分频得到,故正弦波的频率稳定度很高;一个周期的正弦波分成 2048 份计算,故正弦波的波形畸变率很低;正弦波的幅值受控于给定电压。因此,该电路是一个高精度的正弦波发生器。

上述电路具有通用性,对一个已经写好数据的 EPROM,若改变正弦扫描频率,可以改变标准正弦波频率；若改变 EPROM 中的数据，可实现不同的 PWM 调制策略，如梯形波调制、注入特定次谐波；若再增加两套电路，在 3 个 EPROM 中存放相位互差 120°的数据，就可实现三相 SPWM 控制。

3）三角波形成电路

分频电路提供了三角波频率信号，即为 9.6kHz 的脉冲信号；应用隔直、比例和积分电路即可得到幅值适当，正负对称的三角波，其频率为 9.6kHz。

4）SPWM 形成电路

本装置 SPWM 形成电路如图 3.11(a)所示，正弦信号 SINE 和三角载波信号 TR 来自前级电路；TL084 是运算放大器，－TR 由它接成的反向器得到。电路中大量使用了芯片 LM311，它是 DIP8 封装的快速电压比较器，不仅可以作为比较器，还可以利用它的特点作脉冲封锁。下面介绍它的应用：8 脚、4 脚分别接芯片电源的正、负端；2 脚、3 脚分别是同相、反相输入；1 脚是低电平设定(可接电源负或地)，它的电压值决定了 LM311 输出的低电平值；7 脚为输出端，逻辑判断为“高电平”时，集电极开路(OC 门特性)，因此，7 脚必须有上拉电阻同正电源连接，否则，没有高电平输出，图中的 R_1、R_2、R_3、R_4 等都是上拉电阻；5、6 脚用来调节输入平衡(可不用)，6 脚还可以用作选通，如果 LM311 的 6 脚接低电平，其输出恒为高电平，这个特点往往用来设置脉冲封锁。

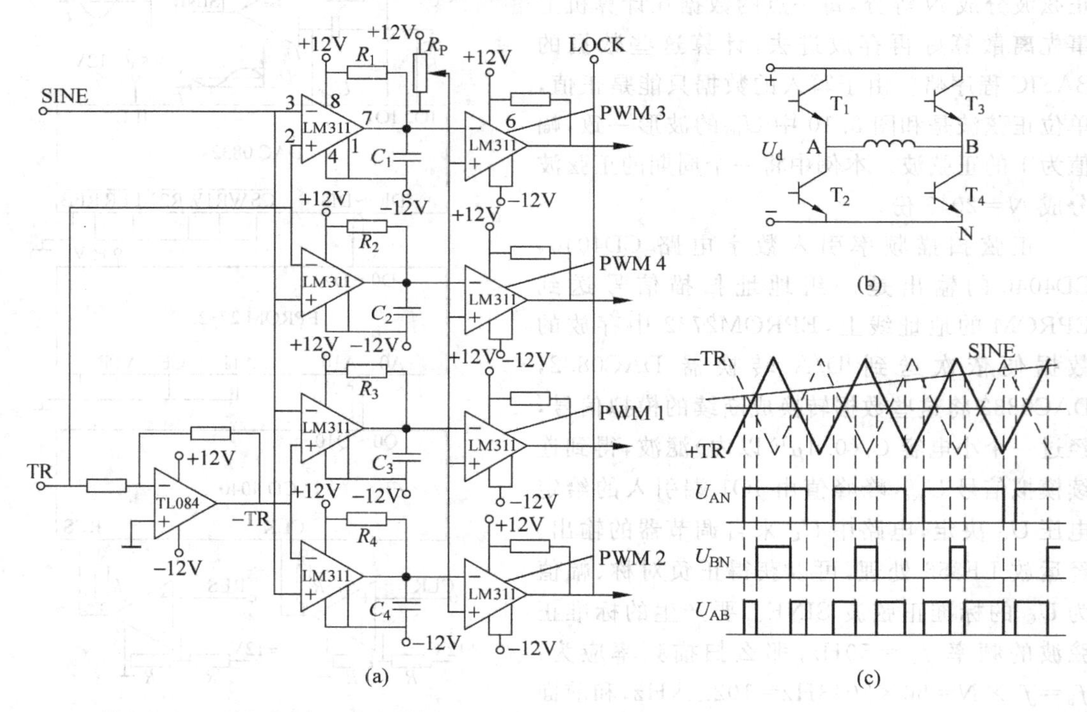

图 3.11 SPWM 波形成电路及其波形

该系统设置 PWM 信号低电平有效，即 PWM 信号为低电平时，驱动电路产生驱动脉冲，IGBT 导通。LOCK 为保护电路输出的脉冲封锁信号；在电路出现故障时，LOCK 的低电平送到后级各个 LM311 的 6 脚，使所有 PWM 为高电平，封锁驱动脉冲。如果不利用 LM311 封锁驱动，也可以设置 PWM 高电平有效，取消后级的 LM311。

图 3.11(a)中 $R_1 \sim R_4$、$C_1 \sim C_4$ 和 R_P 还组成了死区形成电路，参数大小决定死区时间，R_P 可以调节死区大小；IGBT 的开关时间为 2μs 左右，死区时间设为 4μs。

根据图 3.11(a)中各个比较器的输入信号和比较器性能，结合图 3.11(b)，不难得出图 3.11(c)所示的单极倍频电压波形，利用两个反相的三角载波与一个正弦调制波比较，同样实现了单极倍频的 SPWM 调制。

3. 驱动电路

驱动 50A/600V 的 IGBT 可选用东芝公司生产的光电耦合器 TLP250，它是具有驱动能力的快速光耦。TLP250 最大输入电流为 20mA，最大输出电流为 1.5A，可以用它驱动 50A 的 IGBT 或者功率 MOSFET。芯片工作电压 10V～35V，一般取 20V。TLP250 组成的驱动原理电路如图 3.12 所示，TLP250 的 8、5 脚接隔离控制电源，1、4 脚为空脚，6、7 脚并用输出。2、3 脚为控制信号输入端，内部发光二极管导通时，经光电耦合，推挽输出 +15V 驱动信号。当发光二极管阻断时，芯片通过 5V 稳压管 D_Z 的稳压作用，为开关器件门极提供 −5V 反向偏置电压。根据图 3.12 所示的 PWM 形成电路的逻辑关系，低电平时驱动有效。LM311 的输出接到 TLP250 的 3 脚，TLP250 的 2 脚通过电阻 R_1 接地。

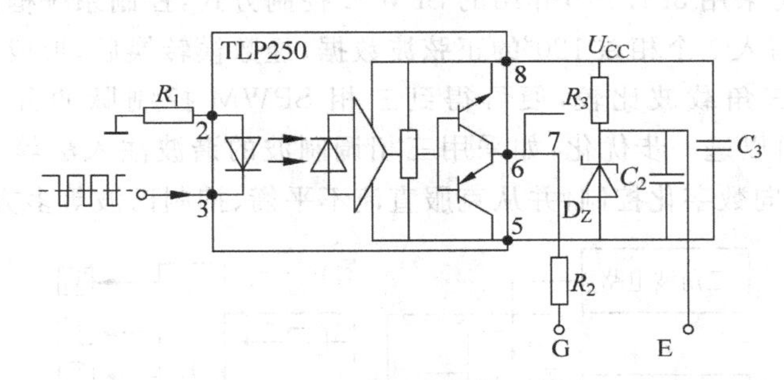

图 3.12 TLP250 组成的驱动原理

4. 辅助电源

在桥式逆变电路中，一个桥臂上下两管驱动电路的电源应各自独立，两个桥臂的上管无共地点，下管可以共地。因此，驱动 4 管时，至少要有 3 路独立电源。采用单端反激式开关电源作为辅助电源提供 3 组 20V 电源和 ±12V 电源。3 组 20V 电源分别作为 4 个 IGBT 的驱动模块电源，±12V 电源给控制系统的芯片供电。

在本例中，只要有直流输入，辅助电源就供电，控制系统就具备控制和保护能力，脉冲封锁，合上开关以后，由开关的辅助触头开放脉冲，逆变器开始软启动。

3.1.3 三相恒压恒频正弦波逆变器

1. 三相逆变器主电路

中、小功率三相逆变器一般采用三相桥式逆变电路，图 3.13 给出了系统组成原理。图中晶闸管 Q 同 R_0 构成预充电网络，滤波电容通过 R_0 充电，充电完成以后，触发晶闸管使其导通，短接电阻。该系统由逆变器输出接一个变压器，经过触发板提供脉冲，即逆变器开始工作以后短接电阻。霍耳元件 HL 提供直流电流取样信号，三相电压检测环节一般用反馈变压器和整流电路组成，二极管 D、电阻 R 及电容 C 组成 IGBT 的母线缓冲电路。逆变桥输出端的 L_0、C_0 是交流滤波网络。

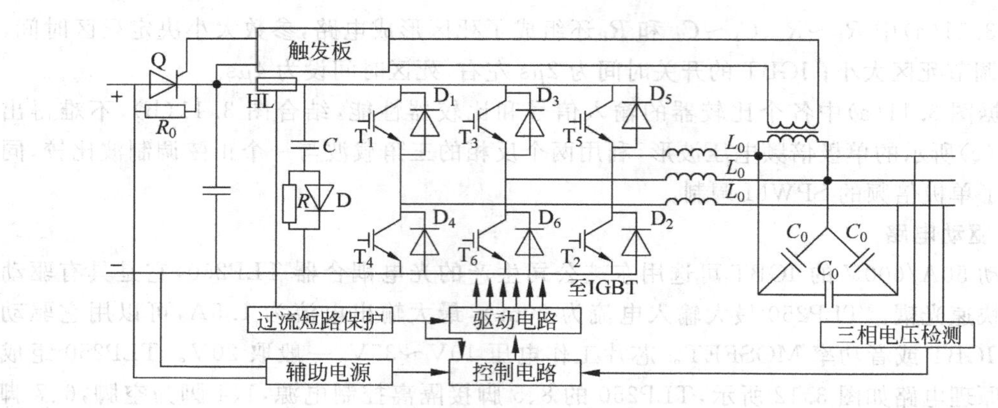

图 3.13 三相逆变系统组成原理图

2. SPWM 三相逆变器

1）系统组成

三相脉冲形成可采用 3.1.1 节介绍的 SPWM 控制方式，控制系统框图如图 3.14 所示。在 3 片 EPROM 内写入 3 个相差 120°的正弦波数据，经数模转换后，形成 3 个互差 120°的正弦波。它们与同一三角载波比较，便可得到三相 SPWM 控制脉冲分别驱动 3 个桥臂。EPROM 内的数据可以进一步优化，如采用三相调制波的谐波注入法等。对三相逆变器的调制方法，目前多趋向数字化控制，并从克服直流不平衡、抑制谐波等多方面考虑。

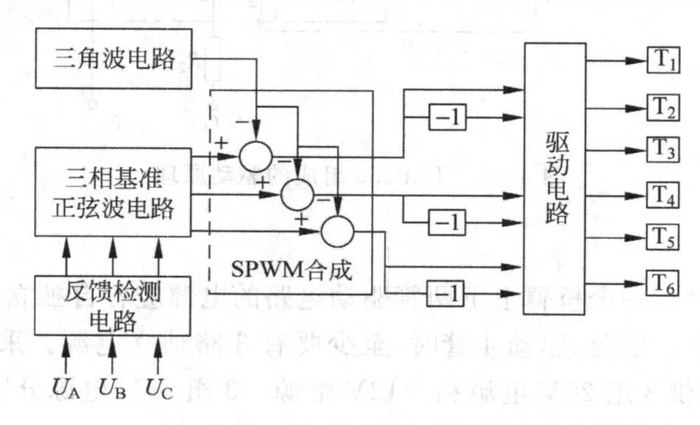

图 3.14 三相 SPWM 系统框图

2）门极驱动

IGBT 的驱动电路型号较多，如富士公司的 EXB 系列、三菱公司的 MPD 系列驱动电路，应用方便、外围元件少，都可以组成三相逆变的驱动电路。但是，每块驱动芯片只能驱动 1 支 IGBT，若用于三相逆变系统需 6 片驱动模块和不少于 4 个互相隔离的独立电源。如果逆变器的功率不大，可以选用国际整流器公司的 IR21 系列驱动电路。

IR21 系列是国际整流器(IR)公司推出的高压驱动器，一片 IR2110 集成电路可同时驱动一个桥臂的两支场控开关管(IGBT 或 PMOSFET)，只需一路控制电源。一片 IR2130 可直接驱动中小容量的 6 支场控开关管，并且也只需一路控制电源。IR2130 是 28 引脚双列直插式集成电路，应用方法如图 3.15 所示。HIN1、HIN2、HIN3 为 3 个高侧输入端，LIN1、LIN2、LIN3 为 3 路低侧输入端，HO1、VS1、HO2、VS2、HO3、VS3 为 3 路高侧输出端，L01、

L02、L03 为 3 路低侧输出，VSS 为电源地，VSD 为驱动地，VB1、VB2、VB3 为 3 路高侧电源端，FALUT 为故障输出端，ITRIP 为电流比较器输入端，CAO 为电流放大器输出端，CA-为电流放大器反向输入端。

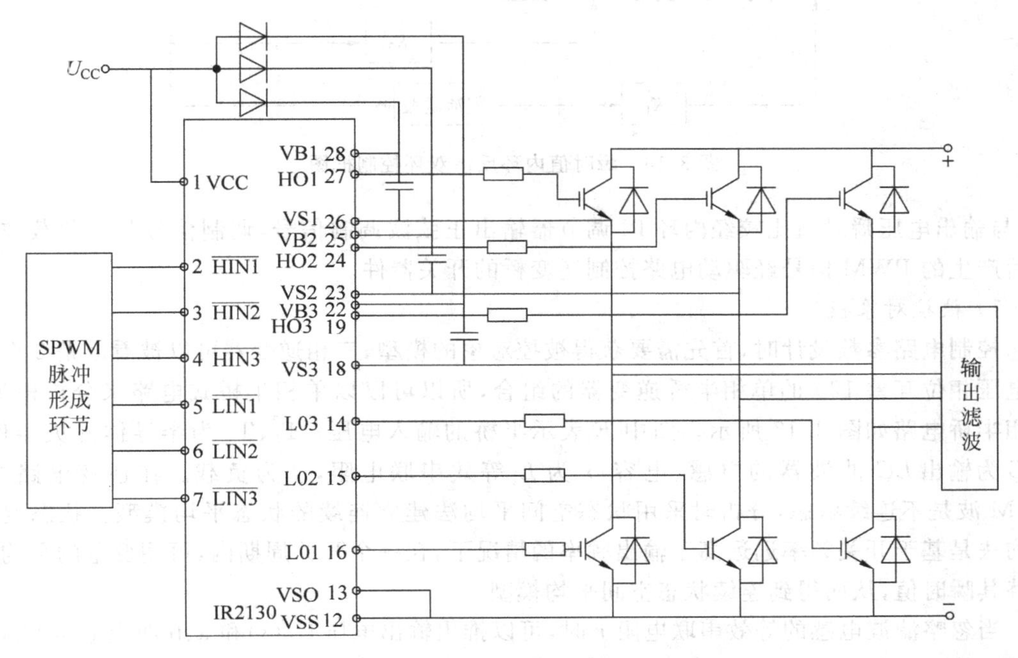

图 3.15　IR2130 结构及应用电路

采用 IR2130 作为驱动电路时，外围元件少，性价比明显提高。它的高压侧的 3 路驱动电源由 U_{CC}采用自举电路得到。自举电路的工作原理是这样的：VCC 脚为芯片输入电源，当下管导通时，芯片电源 U_{CC}通过快速二极管、电容、下管形成回路，向对应的电容充电，电容上的电压达到 U_{CC}，下管断开时，电容上的上电压维持 U_{CC}，它的负端的电位跟随下管的集电极上升，自己将电位举起来，电容上的电压为上管的驱动提供电源，只要电容大小合适，它可以维持一个开关周期时间内电压基本不变，一般取 1μF。3 支快速二极管的阴极电位是浮动的，因此，它的反向耐压值必须大于主电路的母线电压峰值。

IR2130 最大正向驱动电流 250mA，反向峰值驱动电流 500mA；内部设有过流、过压、欠压、逻辑识别保护；故障能自行封锁脉冲，并输出故障指示信号；它的浮动电压最大不超过 400V；上下桥臂间设有 2μs 左右的死区，可直接驱动中小容量的 6 支功率 MOSFET 或 IGBT。

3. 控制器的设计

控制器的参数设计是否合理，关系到系统能否稳定运行。下面以瞬时值内环反馈双环控制为例，介绍 *LC* 滤波器及 PI 控制器的设计方法。瞬时值内环反馈双环控制框图如图 3.16 所示，内环为瞬时值环，用来控制输出电压波形的正弦度，外环采用平均值控制，以保证电压的平均值与参考值一致。如果波形正弦度好，平均值和有效值就有一一对应关系，如果平均值恒定，有效值就恒定，采用平均值反馈可以保证输出电压(有效值)的精度。

平均值外环的 PI 调节器输出控制正弦波幅值，幅值乘以单位正弦波后的信号为内环给

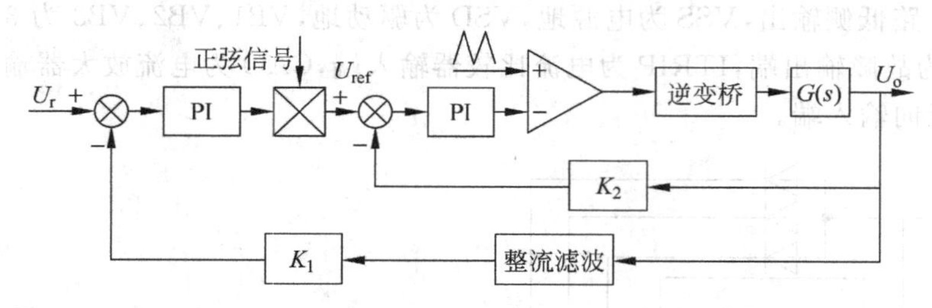

图 3.16 瞬时值内环反馈双环控制框图

定，与输出电压瞬时值比较经内环 PI 调节器输出正弦波调制信号，调制信号与三角载波比较后产生的 PWM 信号经驱动电路控制逆变桥的开关器件。

1）被控对象模型

控制电路参数设计时，首先需要获得被控对象的模型，三相逆变器可以被看成是 3 个输出电压相位互差 120°的单相半桥逆变器的组合，所以可以以单相半桥式电路来分析模型，单相半桥电路如图 3.17 所示。图中 E 表示半桥的输入电压；T_1、T_2 为半导体开关器件，L、C 为输出 LC 滤波器的电感、电容，r 为 L 等效串联电阻，R 为负载。在逆变电路中，PWM 波是不连续状态，分析时采用状态空间平均法建立连续的状态平均模型。状态空间平均法是基于开关频率远远高于输出频率的情况下，在一个开关周期内，可用变量的平均值代替其瞬时值，从而得到连续状态空间平均模型。

当忽略滤波电感的等效串联电阻 r 时，可以推出输出电压 $U_o(s)$ 和 a、b 两点电压 $U_1(s)$ 之间的传递函数 $G(s)$ 为

$$G(s) = \frac{1}{CLs^2 + \frac{L}{R}s + 1} \tag{3-1}$$

双极性 SPWM 调制时，U_1 可表示为

$$U_1 = E \cdot (2S - 1) \tag{3-2}$$

式中，S 为开关函数。当 T_1（或 D_1）导通时，$S=1$；当 T_2（或 D_2）导通时，$S=0$。显然由于开关函数的存在，U_1 不连续，对其求开关周期平均值，得到

$$\overline{U}_1 = E \cdot (2\overline{S} - 1) \tag{3-3}$$

S 的开关周期平均值 $\overline{S}$ 即为上桥臂导通的占空比 D，由图 3.18 得

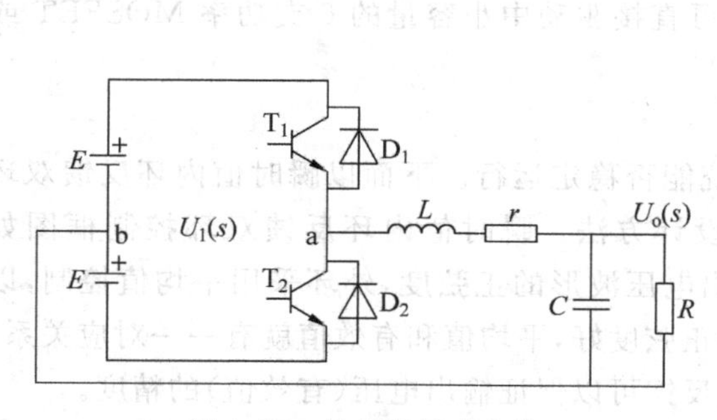

图 3.17 单相半桥式电路

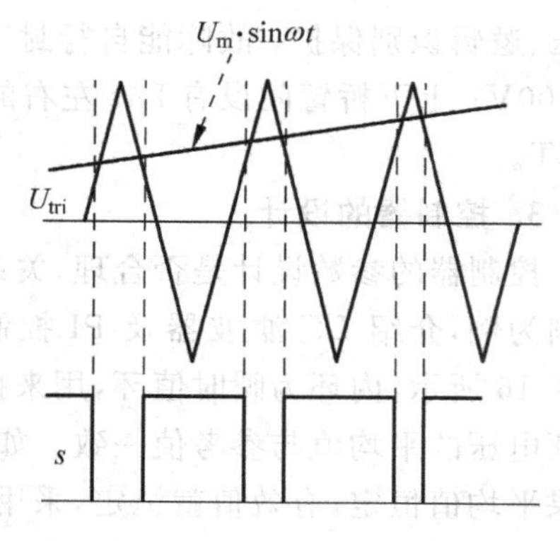

图 3.18 SPWM 调制形成

$$D = \frac{1}{2}\left(1 + \frac{U_m}{U_{tri}}\right) \tag{3-4}$$

式中 U_m 为参考正弦波信号，U_{tri}为三载波峰值。将式(3-4)代入式(3-3)中得

$$\overline{U}_1 = E\frac{U_m}{U_{tri}} \tag{3-5}$$

因此，从调制信号输入至逆变桥输出的传递函数为

$$K_{pwm} = \frac{U_1(s)}{U_m(s)} = \frac{E}{U_{tri}} \tag{3-6}$$

从式(3-6)可以看出，在 SPWM 中，当载波频率(开关频率)远高于输出频率时，逆变桥部分可以看成是一个比例环节，比例系数即为 K_{pwm}，联立式(3-1)和式(3-6)得到逆变器输入输出的传递函数为

$$G_a(s) = \frac{U_o(s)}{U_m(s)} = \frac{U_o(s)U_1(s)}{U_1(s)U_m(s)} = \frac{1}{CLs^2 + \frac{L}{R}s + 1} \cdot \frac{E}{U_{tri}} \tag{3-7}$$

2) 逆变器输出滤波器的设计

SPWM 逆变器中，输出 LC 滤波器主要是用来滤除开关频率及邻近频带的谐波。忽略电感电阻及线路阻抗，滤波器输出电压相对于逆变桥输出电压的传递函数为

$$G(s) = \frac{1}{CLs^2 + \frac{L}{R}s + 1} \tag{3-8}$$

这是一个典型的二阶振荡系统，按照二阶低通滤波器进行设计。影响滤波效果的参数主要是转折角频率和阻尼比，选择 LC 滤波器的转折频率 f_n 远远低于开关频率 f_s，它对开关频率及其附近频带的谐波具有明显的抑制作用，通常取 LC 滤波器的转折频率为开关频率的 1/10～1/5。

3) 逆变器控制参数的设计

(1) 内环控制 PI 参数的设定

由于可将逆变桥看作一个比例环节，因此内环被控系统的开环传函也是一个二阶系统，该系统的转折频率即 LC 滤波器的转折频率 f_n，由于内环采用的是 PI 控制器，其传递函数为$\frac{K_{ip}s + K_{ii}}{s}$，为简化参数设计，通常把 PI 控制器的零点设置在滤波器的转折频率处，即$\frac{K_{ii}}{K_{ip}} = 2\pi \cdot f_n$，补偿示意图如图 3.19 所示。

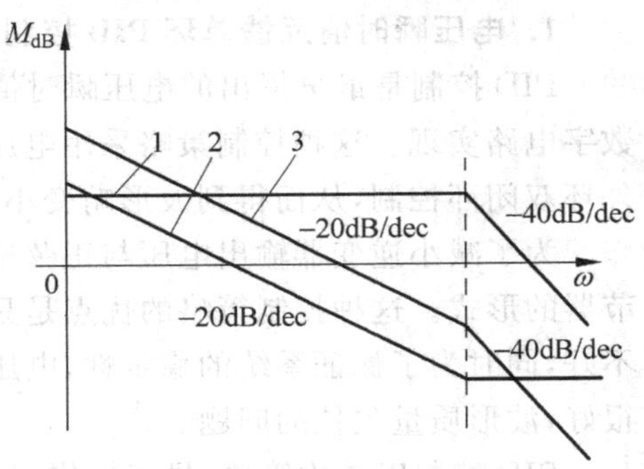

图 3.19 补偿前后幅频特性示意图

其中曲线 1 为补偿前被控系统的幅频特性，曲线 2 为 PI 控制器的幅频特性，曲线 3 为补偿后的幅频特性。从曲线 3 中可以看到，补偿后的幅频特性在低频段以 20dB/dec 下降，过了滤波器的转折频率后以−40dB/dec 下降，保证了对高频段的衰减。

从控制理论知，截止频率往低频靠，可以提高系统的稳定性，但会使快速跟随性能变差；如果截止频率往滤波器转折频率移，可以改善系统的快速跟随性能，但可能会使系统不稳定，因此在确定截止频率时，应在系统稳定性与系统动态响应之间作出一个比较折中的选择。

(2) 平均值外环参数的设定

在设计平均值外环时，把内环闭环作为被控对象，参见图 3.20，由于外环仅调节输出电压的幅值，外环的输出只是改变内环参考正弦波的幅值。从控制的角度看，被控对象的输入是 50Hz 正弦波的幅值，输出也是 50Hz 正弦波的幅值，实际上被控对象的传递函数就是内环闭环传递函数幅频特性上 50Hz 频率处对应的增益。将图 3.20 中内闭环部分 $G_c(s)$ 等效成一个比例系数 $K_w=|G_c(s)|_{s=j2\pi f}$，可以把外环控制框图简化为图 3.20 所示。

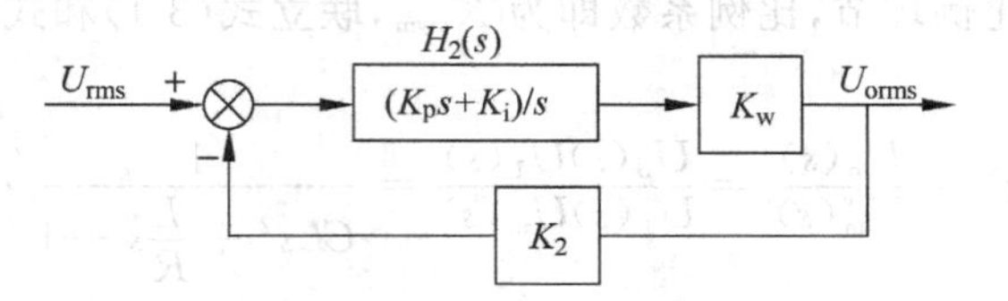

图 3.20 平均值外环控制简化框图

平均值反馈电压是输出整流得到的，整流电压的基波频率为 100Hz，在外环参数设定时，要考虑衰减 100Hz 以上频率的谐波，可以将 PI 控制器的零点设在 100Hz，而将补偿后系统的截止频率设得更低。

*3.1.4 数字化波形控制技术

早期逆变器都采用模拟器件来控制，模拟控制的特性往往受到电路参数漂移的影响，此外一些先进的控制方法无法用模拟电路实现。近年来，随着专用集成电路(ASIC)、现场可编程逻辑器件(FPGA)及数字信号处理器(DSP)技术的发展，逆变器的控制逐渐向数字化方向发展。逆变器实现数字化，各种各样的离散控制方法成为研究的热点，如无差拍控制、重复控制、离散滑模控制及人工神经网络控制等。

目前，适用于逆变器的输出电压波形控制技术主要包括电压瞬时值 PID 反馈控制、电压电流双闭环反馈控制、无差拍控制、重复控制、滑模变结构控制、神经网络控制、模糊控制以及基于遗传算法优化的模糊重复控制等智能控制技术。

1. 电压瞬时值反馈单环 PID 控制

PID 控制是最早提出的电压瞬时值反馈控制策略，可以采用模拟电路实现，也可以采用数字电路实现。这种控制策略采用电压瞬时值单闭环控制或电压瞬时值内环、电压有效值外环双闭环控制，从而得到波形畸变小、电压稳定的正弦波输出。

为了减小逆变器输出电压与正弦给定电压的相位差，电压控制环也可直接采用比例调节器的形式。这种控制策略的优点是只使用了一个电压传感器，缺点是系统动态响应特性不好，同时为了保证系统的稳定性，电压瞬时值环不能设计得太快，以免导致跟踪特性不是很好，波形质量欠佳的问题。

PID 控制以结构简单、易于操作及优良的鲁棒性特点，使之成为迄今为止最通用的控制方法。随着 DSP 的出现，数字 PID 控制成为可能。但是由于数字控制的采样、计算延时的影响，引入了相位滞后，减小了可得到的最大脉宽，结果势必造成稳态误差大，输出电压波形畸变高。采用高速A/D和高速处理器以及提高开关频率可以一定程度上改善数字PID控制的效果，但实现起来有一定困难。

由于PID控制无法实现对正弦指令的无静差跟踪，逆变器系统实际上往往增设外环均值反馈，以保证系统的稳态精度。对于三相逆变器，可以通过坐标变换把对象放在d-q同步旋转坐标系中进行PID控制，在d-q坐标系中原正弦指令变成直流量，可以实现逆变器的无静差调节。

如一台40kVA的三相逆变器，主电路原理图如图3.21所示。电路的主要参数是：直流母线电压680V、输出相电压有效值220V、开关频率16.5kHz、采样频率16.5kHz、输出电压频率50Hz、滤波电感0.6mH、滤波电容50μF、死区时间2μs。

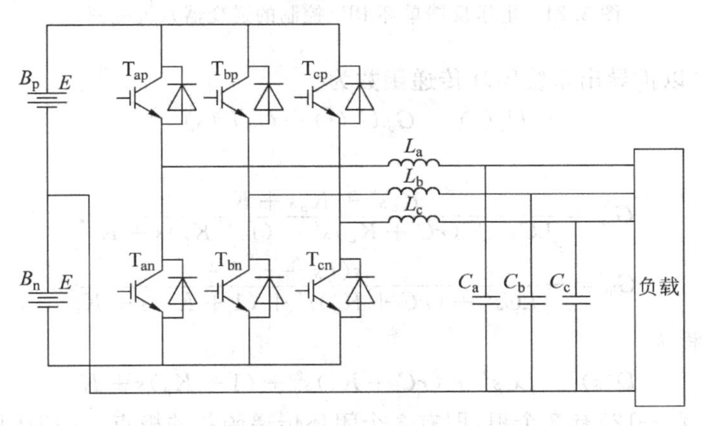

图3.21 40kVA三相逆变器主电路原理图

该逆变器由3个输出电压相位互差120°的单相半桥逆变器组合而成，3相各自独立控制，其中一相逆变器的等效电路模型如图3.22所示，逆变系统控制框图如图3.23所示。图中u_i为逆变桥输出的PWM电压脉冲；i_L为负载电流，可看作系统的一个外部扰动；电阻R_f是滤波电感的等效串联电阻以及逆变器中其他各种阻尼因素的综合；i_f是滤波电感L_f的电流。实验系统采用基于TI的TMS320F2407A DSP的全数字化控制，系统中检测逆变器的输出电压、输出电流和电感电流作为控制器的输入。

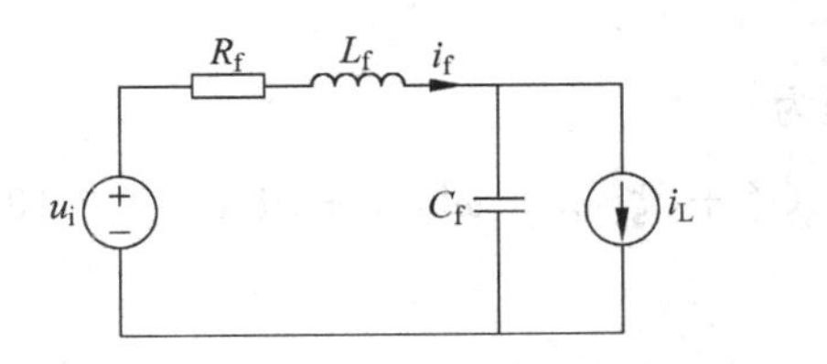

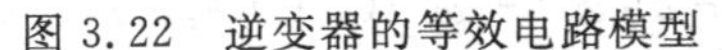
图3.22 逆变器的等效电路模型

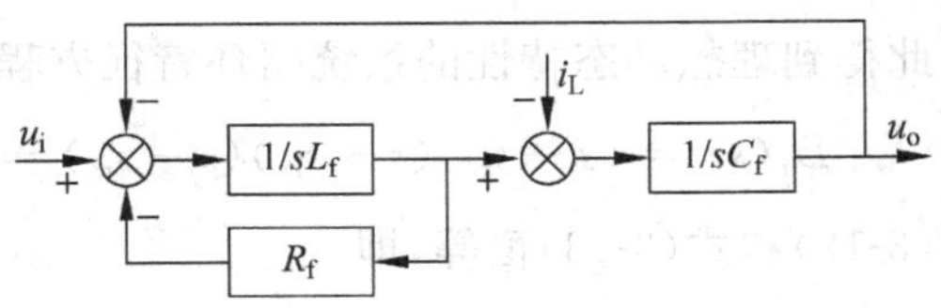

图3.23 逆变器的系统控制框图

系统采用基于极点配置的单环PID控制，其控制算法为

$$u(t) = K_p\left[e(t) + \frac{1}{T_i}\int_0^t e(t)\mathrm{d}t + T_d\frac{\mathrm{d}e(t)}{\mathrm{d}t}\right] \tag{3-9}$$

式中，K_p为比例系数；T_i为积分时间常数；T_d为微分时间常数；$e(t)$为电压误差。

其中 s 域传递函数形式为

$$G_c(s)=\frac{U(s)}{E(s)}=K_p\left(1+\frac{1}{T_i s}+T_d s\right)=K_p+K_i\frac{1}{s}+K_d s \tag{3-10}$$

采用电压反馈单环PID控制的逆变器系统框图如图3.24所示。单环PID控制仅仅需要一套输出电压检测电路，成本低，动态响应快，稳态性能较好。

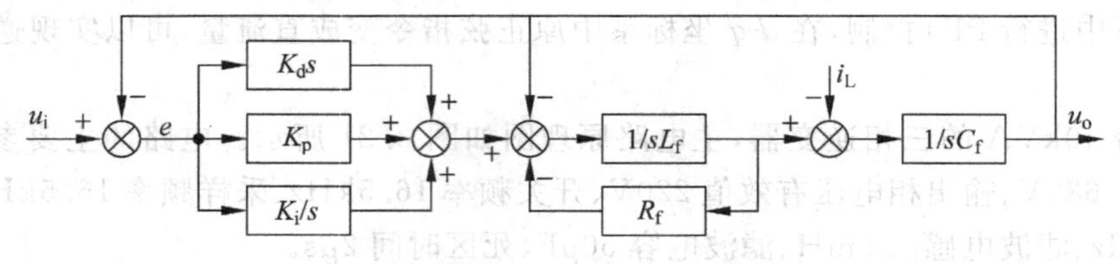

图3.24 电压反馈单环PID控制的逆变器系统框图

由图3.24可以推导出系统闭环传递函数为

$$U_o(s)=G_{ur}U_r(s)+G_{io}I_o(s) \tag{3-11}$$

其中

$$G_{ur}=\frac{K_ds^2+K_ps+K_i}{LCs^3+(rC+K_d)s^2+(1+K_p)s+K_i},$$

$$G_{io}=-\frac{s(Ls+r)}{LCs^3+(rC+K_d)s^2+(1+K_p)s+K_i}$$

闭环系统特征方程为

$$D(s)=LCs^3+(rC+K_d)s^2+(1+K_p)s+K_i \tag{3-12}$$

闭环特征方程(3-12)有3个根，即有3个闭环传递函数的极点。一般闭环系统极点在s平面位置的分布决定了系统稳定性，系统的动态特性决定于系统闭环极点和闭环零点。综合考虑极点和零点的影响，系统的动态性能基本上由主导极点决定，主导极点定义为对整个时间响应过程起主要作用的闭环极点，是既接近虚轴，又不十分接近闭环零点的闭环极点。

根据控制系统的动态性能指标确定了闭环系统主导极点，希望位于 $s_{r1,2}=-\zeta_r\omega_r\pm j\omega_r\sqrt{1-\zeta_r^2}$，其中 ζ_r、ω_r 分别为期望的阻尼比和自然振荡频率，那么闭环非主导极点可以选取 $s_{r3}=-n\zeta_r\omega_r$，n 为正数，取值越大，极点 s_{r3} 对系统影响越小，系统动态特性越接近于由两个主导极点 $s_{r1,2}$ 决定的二阶系统。工程上认为，当取值 $n=4\sim6$，非主导极点的影响可以略去不计。

由此得到理想动态特性的系统闭环特征方程为

$$D_r(s)=(s-s_{r1})(s-s_{r2})(s-s_{r3})=(s^2+2\zeta_r\omega_r s+\omega_r^2)(s+n\zeta_r\omega_r) \tag{3-13}$$

式(3-12)和式(3-13)恒等，即

$$LCs^3+(rC+k_d)s^2+(1+k_p)s+k_i=(s^2+2\xi_r\omega_r s+\omega_r^2)(s+n\xi_r\omega_r) \tag{3-14}$$

可解出获得理想极点的 k_d、k_p、k_i，式(3-14)可以利用计算工具Matlab、Mathematica等求解。

根据系统参数建立Matlab仿真模型，选取期望阻尼比 $\zeta_r=0.8$、期望自然振荡频率 $\omega_r=3500\text{rad/s}$、$n=10$ 的情况下，由式(3-13)计算得到相应PID控制器参数为：$K_p=5.33938$、$K_i=12862.5$、$K_d=0.0012465$。对图3.24进行闭环系统仿真，仿真结果见表3.2。

表 3.2 ζ_r,ω_r,n 对系统动态、稳态性能影响

ζ_r	非线性负载		负载突变 ΔV	ω_r/rad/s	非线性负载		n	非线性负载	
	THD/%	静差/V			THD/%	静差/V		THD/%	静差/V
0.1	27.18	0.2832	110	2000	6.27	−5.4105	1	10.40	−6.4235
0.2	15.60	−0.2574	88	2500	4.73	−2.3825	2	8.40	−3.2066
0.3	10.64	−0.3227	66	3000	3.68	−1.1681	3	6.94	−2.1128
0.4	7.98	−0.4687	54	3500	2.93	−0.6248	4	5.84	−1.5722
0.5	6.03	−0.5234	45	4000	2.35	−0.3582	5	5.03	−1.2518
0.8	2.93	−0.6248	30	4500	1.91	−0.2155	6	4.29	−1.0484
1	2.13	−0.6469	25	5000	1.57	−0.1369	7	3.77	−0.9014
2	0.71	−0.6485	12.4	6000	1.07	−0.0622	8	3.44	−0.7857
4	0.2	−0.5051	6.1	8000	0.55	−0.0151	9	3.16	−0.6958
7	0.067573	−0.3016	3.1	10000	0.31	−0.0045	10	2.93	−0.6248
10	0.0334	−0.1853	2.4	15000	0.1	−0.00006029	12	2.56	−0.5236
20	0.0084	−0.0567	1.3				15	2.15	−0.4125
50	0.0013	−0.0097	0.5				20	1.71	−0.3076
100	0.0003639	−0.0025	0.2				50	0.78	−0.1213

上述的期望主导极点选取时，并没有考虑闭环零点的影响，是针对无零点的二阶系统取的经验参数，而由系统闭环传递函数式(3-11)可知，控制输入 U_r 到输出 U_o 的传递函数项 $G_{ur}(s)$ 是存在两个闭环零点的，且当用上述方法进行极点配置确定 PID 参数后，零点也就被动的确定了，零点决定了系统响应各模态的比重，零点的存在对闭环系统的性能必然会有影响，零点在 s 平面相对极点的位置决定了零点对系统影响的大小。期望极点有可能因零点的存在而使系统动态不能达到期望的性能，因此，有必要对参数阻尼比 ζ_r、自然振荡频率 ω_r、n 对系统动态性能的影响进行更深入的讨论分析。

保持自然振荡频率 $\omega_r=3500\text{rad/s}$，$n=10$ 不变，改变阻尼比 ζ_r，取不同 ζ_r，对闭环系统进行仿真，结果也在表 3.2 中。非线性负载为整流负载，电容为 4000μF，并联电阻为 15Ω，串联电感为 60μH；突加突卸的负载为额定阻性负载。

从表 3.2 可以看到，ζ_r 值越大，系统动态、稳态性能越好，$\zeta_r \geq 7$ 时，非线性负载引起的输出电压畸变几乎完全消除，控制器几乎可以完全消除负载扰动对系统的影响。从闭环系统的波特图图 3.25(a)，可以解释 ζ_r 变化时对系统性能的影响，对式(3-11)，ζ_r 取不同值时，作出控制项 G_{ur} 和扰动项 G_{io} 的波特图族。从波特图中可以看到，当 ζ_r 增大时，扰动项 G_{io} 衰减增大，因此 ζ_r 大到一定程度，可以消除负载扰动的影响，同时，输入控制项 G_{ur} 闭环系统的截止频率增加，系统动态响应速度加快。

类似的，保持 $\zeta_r=0.8$，$n=10$ 不变，改变自然振荡频率，取不同 ω_r，对闭环系统进行仿真，可以得到与 ζ_r 改变时相似的结论，即 ω_r 值越大，系统动态、稳态性能越好。从波特图

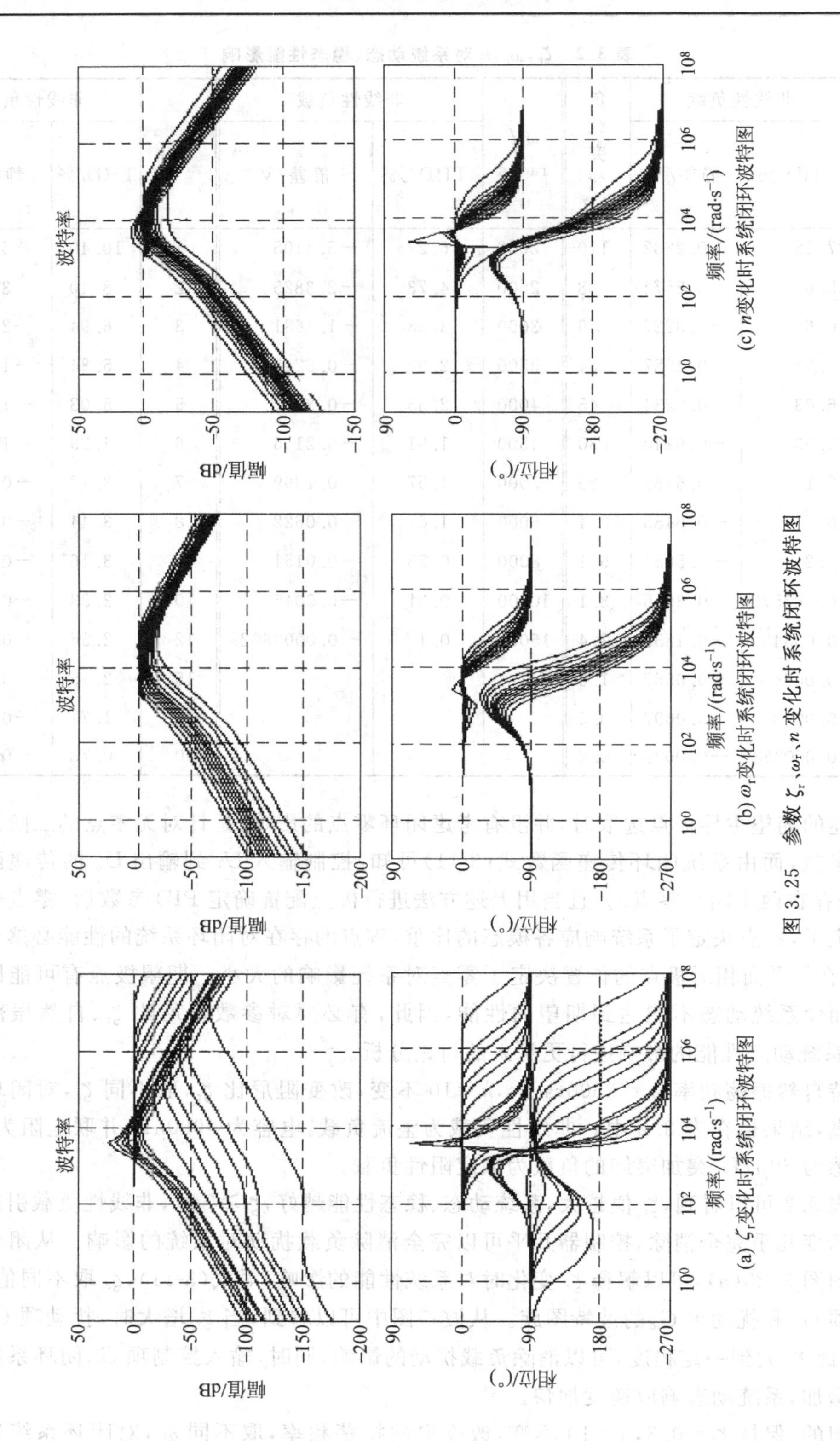

图 3.25 参数 ζ_r、ω_r、n 变化时系统闭环波特图

图 3.25(b)中可以看到，当 ζ_r 增大时，扰动项 G_{io} 衰减增大，因此随着 ω_r 增大，负载扰动的影响越来越弱，同时，输入控制项 G_{ur} 闭环系统的截止频率增加，系统动态响应速度加快。保持 $\omega_r=3500\text{rad/s}$、$\zeta_r=0.8$ 不变，取不同 n 值，对闭环系统进行仿真，可以得到与 ζ_r、ω_r 改变时相似的结论，即 n 值越大，系统动态、稳态性能越好。从图 3.25(c)的波特图中可以看到，当 n 增大时，扰动项 G_{io} 衰减增大，随着 n 增大，负载扰动的影响越来越弱，同时，输入控制项 G_{ur} 闭环系统的截止频率增加，系统动态响应速度加快。

由仿真结果可以知道，ζ_r、ω_r、n 值增大时，系统闭环传递函数输入控制项 G_{ur} 截止频率增大，扰动项 G_{io} 衰减增大，因此，系统的动态响应速度加快，扰动的影响减弱，动态响应性能和稳态性能均提高。

与期望极点 s_{r1}，s_{r2}，s_{r3} 无零点构成的 3 阶系统比较，控制项 G_{ur} 的变化规律是不同的：无零点系统，ζ_r 增大，系统截止频率降低；n 增大到一定值时，对系统截止频率影响不大，符合主导极点定义。

上述的仿真结果均是基于理想模型式(3-11)得出的，动态和静态性能可以做到无限好，而实际的逆变器系统含有非线性 PWM 过程及控制与检测的延时，限制了系统的截止频率不能过高，因此参数 ζ_r、ω_r、n 值均有一定的范围限制，过高增加开关管的开关次数，系统不稳定，过低系统性能差，不能满足要求。考虑上述影响，参数大致范围可取为为 $\zeta_r=0.5\sim1$，$n=5\sim10$，$\omega_r=2000\text{rad/s}\sim4000\text{rad/s}$，使得系统截止频率不大于开关频率的 1/2。采用上述极点配置的方法确定 PID 参数，实验样机参数同仿真参数，取 $\zeta_r=0.83$，$n=6.4$，$\omega_r=3675\text{rad/s}$，A 相带非线性负载时的输出波形如图 3.26(a)所示，电流峰值为 86A，有效值为 27.5A，波峰因子 3.12，输出电压 THD=1.30%。A 相突加阻性负载时波形如图 3.26(b)所示。

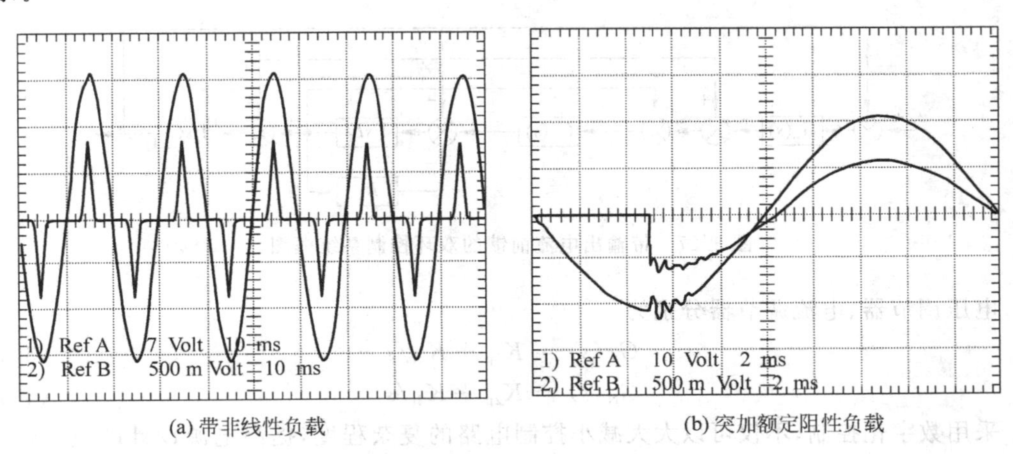

(a) 带非线性负载　　(b) 突加额定阻性负载

图 3.26 单环 PID 控制实验波形

2. 电压电流双闭环反馈控制

从状态空间的角度看，单闭环控制系统性能不佳的原因是只有单纯的输出反馈，没有充分利用系统的状态信息，如果将输出反馈改为状态反馈可以改善控制效果。状态反馈波形控制系统需要多个状态变量反馈，但并不构成分立的多环控制系统，而是在状态空间上通过合理选择反馈增益矩阵来改变对象的动力学特性，以实现不同的控制效果。采用状态反馈可以任意配置闭环系统的极点，从而改善系统的动态特性和稳定性，这是状态反馈控制的最大优点。状态反馈系数的确定大致有两种方法：一是根据系统要求给出期望闭环极点，推算状态反馈增益矩阵；二是应用最优控制原理，使系统的阶跃响应接近理想输出，据此确定状态反馈增益。许多文献中往往将状态反馈作为内环、以其他的控制策略作为外环形成复合控制方案，利用状态反馈改善逆变器空载阻尼比小、动态特性差的不足，与外环共同实施对逆变器的波形校正。采用状态反馈控制时，如果对负载扰动不采取有针对性的措施，则会导致稳态偏差和动态特性的改变。

改善电压源逆变器的动态特性的方法之一就是采用电流控制策略。在这种控制策略中，滤波电容的电流作为一个反馈变量引入到控制系统中，保证滤波电容电流是谐波含量小的正弦波，达到改善输出波形质量的目的。同时，电压瞬时环与电流环配合使用，从而达到调节输出电压和补偿电流环特性的目的。在这种双闭环反馈控制策略中，外环电压环一般采用比例调节器的形式，而内环电流环既可以采用比例调节器的形式，又可以采用滞环电流控制形式。在此，滤波电容的电流相当于输出电压的微分，代表了输出电压的变化趋势，可以提前对输出电压进行校正控制，达到改善系统动态性能的目的。尽管电流反馈控制策略具有良好的稳态和动态性能，但它必须使用一个电流传感器来检测滤波电容的电流，增加了系统的复杂性和成本。

电压电流双闭环反馈控制可采用基于状态观测器的双环控制策略，带输出电流前馈的双环控制系统框图如图 3.27 所示。电感电流内环采用 PI 调节器跟踪电流给定，整个系统工作稳定，并且有很强的鲁棒性。电压外环也采用 PI 调节器，使输出电压波形瞬时跟踪给定值。这种电感电流内环输出电压外环的 PI 双环控制结构可以加快动态响应速度，而且减小静态误差，可以达到电容电流反馈的效果。

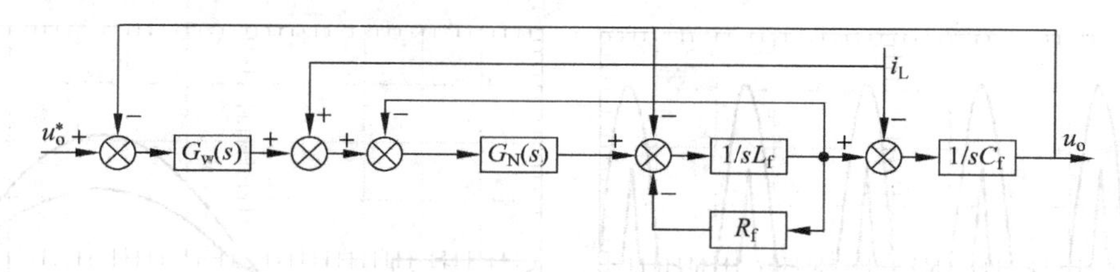

图 3.27 带输出电流前馈的双环控制系统框图

电压调节器、电流调节器分别为

$$G_w(s) = K_{1p} + K_{1i}/s \tag{3-15}$$

$$G_N(s) = K_{2p} + K_{2i}/s \tag{3-16}$$

采用数字化控制，不仅可以大大减小控制电路的复杂程度，提高电源设计的灵活性，而且可以采用先进的控制方法，提高逆变电源的输出电压波形质量和可靠性。但是，采用数字控制方法，因为采样与计算带来的延迟，使得逆变器控制滞后一拍，为了补偿时间上的延迟，那么就需要采用预测算法，使控制量超前一拍。再者，有些物理量不便于测量，或者为了减少一个检测环节，可以由系统模型并根据已知状态观测出来。这里电感电流和输出电压为观测值，减少了一个电感电流采样传感器，控制器与观测器原理框图如图 3.28 所示。

$G(k)$为控制器传递函数。由分离特性，控制器和观测器可以单独设计。观测器也可以通过极点配置的方法设计出反馈矩阵 H。那么，可得观测器动态方程

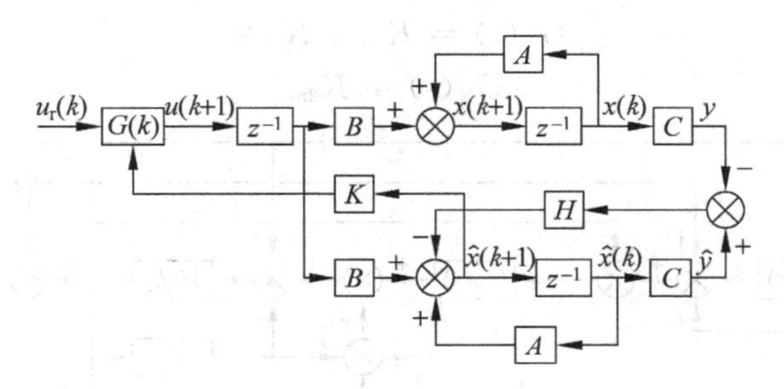

图 3.28 控制器与观测器原理框图

$$\begin{bmatrix} u_o(k+1) \\ i_L(k+1) \end{bmatrix} = (A_d - HC_d)\begin{bmatrix} u_o(k) \\ i_L(k) \end{bmatrix} + B_d\begin{bmatrix} u_i(k) \\ i_o(k) \end{bmatrix} + Hu_o(k) \tag{3-17}$$

软件上，$u_o(k+1)$、$i_l(k+1)$和 $u(k+1)$很容易数字方法实现。

在图 3.21 所示的实验样机上对该方案进行了实验研究，实验波形如图 3.29 所示。空载时，输出电压 THD=0.78%，如图 3.29(a)所示；阻性满载(有效值 44A)时，输出电压 THD=1.35%，如图 3.29(b)所示；带有效值 16A 非线性负载，波峰因子为 2.78 时，输出电压 THD=2.46%，如图 3.29(c)所示；突加阻性满载时，输出电压电流波形如图 3.29(d)所示。

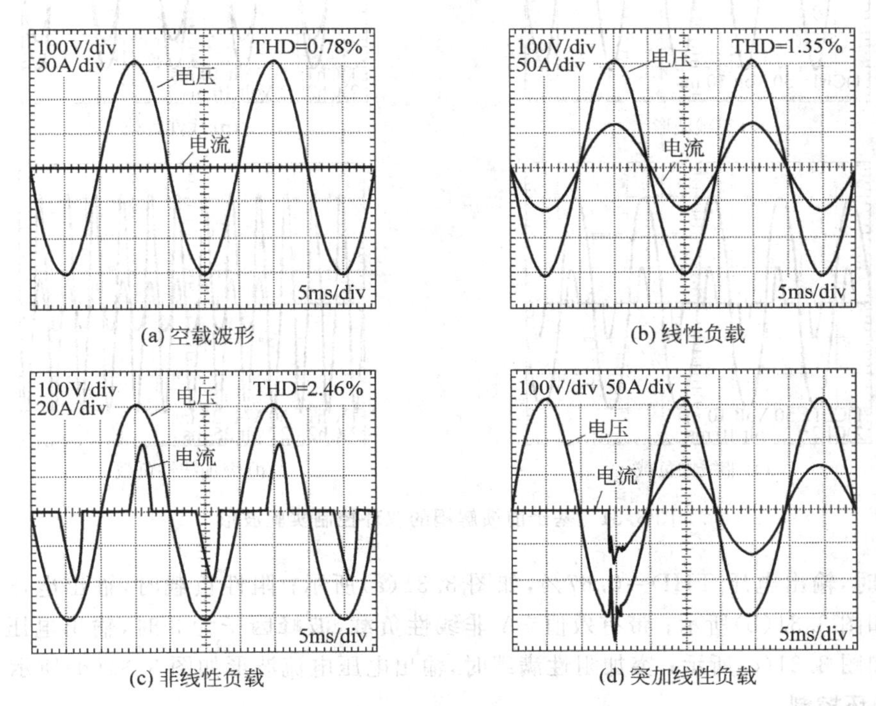

图 3.29 基于状态观测器的双环控制实验波形

为进一步改善系统的动态特性及其稳定性，电压电流双闭环反馈控制可采用基于输出前馈解耦双环控制的控制策略。

控制系统框图如图 3.30 所示。其中

$$G_w(s) = K_{1p} + K_{1i}/s \tag{3-18}$$

$$G_N(s) = K_{2p} \tag{3-19}$$

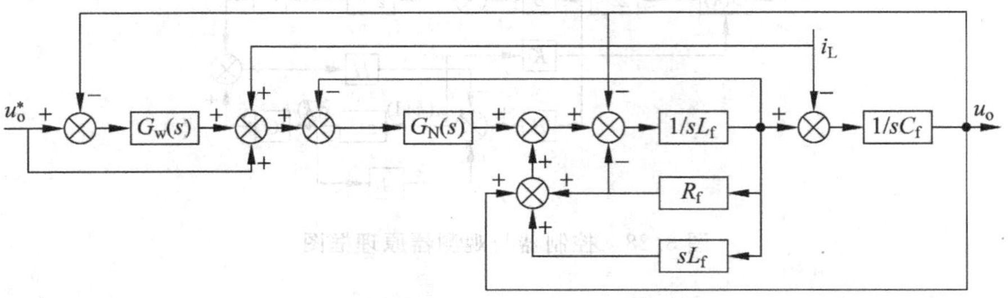

图 3.30　基于输出前馈解耦的双环控制系统框图

在样机上对该方案进行了实验验证，实验波形如图 3.31 所示。

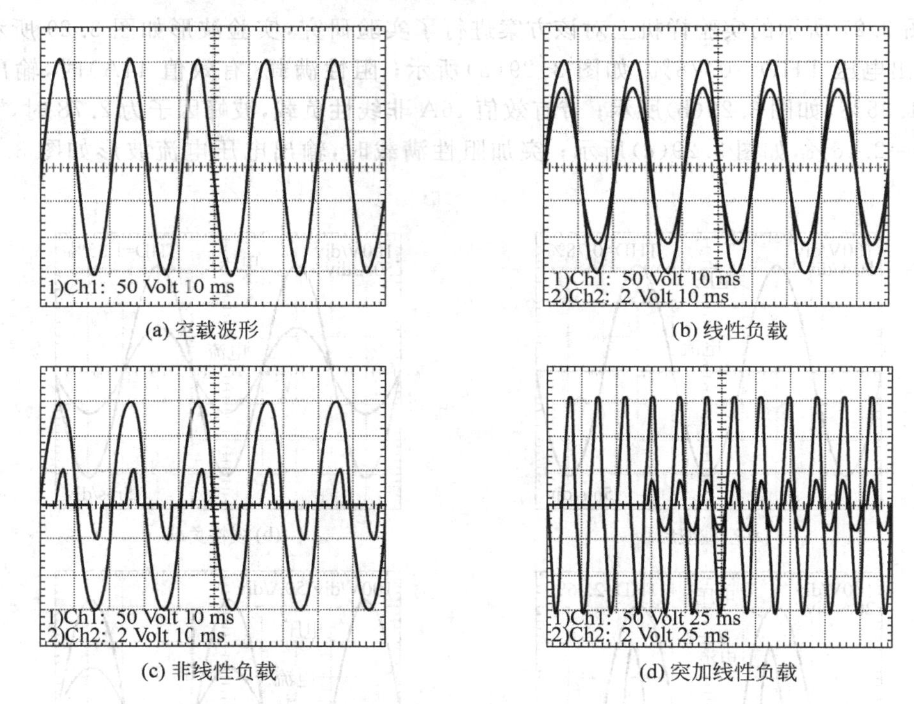

(a) 空载波形　(b) 线性负载　(c) 非线性负载　(d) 突加线性负载

图 3.31　基于前馈解耦的双环控制实验波形

空载时，输出电压 THD＝0.67％，如图 3.31(a)所示；阻性负载时，输出电压 THD＝0.82％，如图 3.31(b)所示；带有效值 7A 非线性负载，波峰因子为 3 时，输出电压 THD＝2.12％，如图 3.31(c)所示；突加阻性满载时，输出电压电流波形如图 3.31(d)所示。

3. 滞环控制

滞环控制的基本思想是将给定信号与检测的实际输出信号相比较，根据误差大小改变逆变器的开关状态，这样实际输出围绕给定波形作锯齿状变化，并将偏差限制在一定范围内。图 3.32 为滞环电压控制框图。这种控制方式的优点是对系统参数和负载的变化不敏感，系统鲁棒性好，动态响应快。

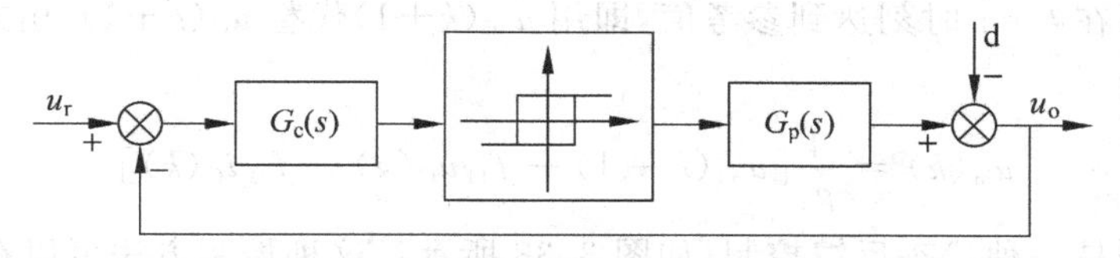

图 3.32　滞环电压控制框图

但它也有明显的缺陷：开关频率不固定，运行不规则，给滤波器的设计带来困难，当开关频率过高时功率开关器件发热严重。针对其缺点，出现了恒频滞环控制、自适应滞环控制等多种方案，其中有些需要更精确的负载模型，有些为使输出电压 THD 低则需要较高的开关频率，有些电路很复杂，因而实用的方案不多。

4. 无差拍控制

无差拍控制是一种基于微机实现的 PWM 方案，是数字控制特有的一种控制方案。无差拍控制系统框图如图 3.33 所示，它根据逆变器的状态方程和输出反馈信号来计算逆变器在下一个采样周期的脉冲宽度，控制开关动作使下一个采样时刻的输出可以准确跟踪参考指令。由负载扰动引起的输出电压偏差可在一个采样周期内得到修正。无差拍控制是根据含滤波器的逆变系统的状态方程和输出反馈信号推算出下一个开关周期的脉冲宽度的。具体地说，每一个采样间隔发出的控制量，即输出脉宽控制量 $\Delta T(k)$ 是根据当前时刻状态矢量和下一个采样时刻的参考正弦值计算出来的。这样，可以保证在每一个采样时刻的输出电压值与参考给定值精确相等，使输出电压在相位和幅值上都非常接近于参考电压。由负载扰动或非线性负载引起的任何输出与给定的偏离，都可以在一个开关周期内得到校正。

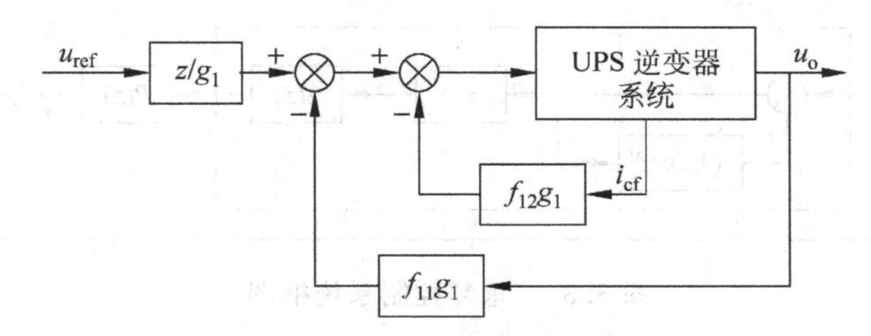

图 3.33　无差拍控制系统框图

取输出滤波电容电压 u_C 和电流 i_C 为状态变量，逆变器系统可用状态方程表示为

$$\begin{bmatrix} \dfrac{\mathrm{d}u_C}{\mathrm{d}t} \\ \dfrac{\mathrm{d}i_C}{\mathrm{d}t} \end{bmatrix} = A\begin{bmatrix} u_C \\ i_C \end{bmatrix} + Bu_{\text{in}} \tag{3-20}$$

式中u_{in}为一个开关周期内逆变桥输出 PWM 脉冲的平均值。

采用状态空间法将上式离散化，得离散化状态方程

$$\begin{bmatrix} u_C(k+1) \\ i_C(k+1) \end{bmatrix} = \begin{bmatrix} f_{11} & f_{12} \\ f_{21} & f_{22} \end{bmatrix}\begin{bmatrix} u_C(k) \\ i_C(k) \end{bmatrix} + \begin{bmatrix} g_1 \\ g_2 \end{bmatrix} u_{\text{in}}(k) \tag{3-21}$$

取上式第一行，可得

$$u_C(k+1) = f_{11}u_C(k) + f_{12}i_C(k) + g_1 u_{\text{in}}(k) \tag{3-22}$$

使输出电压在 $k+1$ 时刻达到参考值，即用 $u_{ref}(k+1)$ 代替 $u_C(k+1)$，由式(3-22)可得无差拍控制规律为

$$u_{in}(k)=\frac{1}{g_1}[u_{ref}(k+1)-f_{11}u_C(k)-f_{12}i_C(k)] \tag{3-23}$$

无差拍控制是一种状态反馈控制，如图 3.33 所示。这种控制方法可以在每个采样点上保证 $u_C(k)$等于 $u_{ref}(k)$，系统的稳态误差为零。因此，理想状态下输出波形与给定正弦波在幅值和相位上完全一致，无波形畸变。并且，任何扰动引起的跟踪误差都可以在一个开关周期内消除，系统动态响应速度非常快，波形畸变率小，即使开关频率不是很高，也能得到较好的输出波形品质；无差拍控制能够通过调节逆变桥的输出相位来补偿 LC 滤波器的相位延时，使输出电压的相位与负载关系不大。

当然，无差拍控制也有其自身的局限性。首先，无差拍控制要求当拍计算当拍输出，由于采样和计算延时的影响，输出脉冲的宽度受到了很大影响，从而造成直流电压利用率不高；其次，无差拍控制是一种基于精确电路模型的控制方式，其控制效果取决于模型估计的准确程度。实际上，无法对电路模型做出非常精确的估计，而且系统参数随着负载不同而变化。因此，实际中并不能保证采样点上电压跟踪无误差。另外，无差拍控制极快的动态响应既是其优势，又导致了其不足，那就是一旦系统模型不准，很容易使系统进入不稳定运行区域，造成系统的强烈振荡，不利于逆变器的稳定运行。

5. 重复控制

为了消除非线性负载对逆变器输出的影响，在逆变器控制中引入了重复控制技术。重复控制也是一种数字控制技术，其控制系统结构如图 3.34 所示。

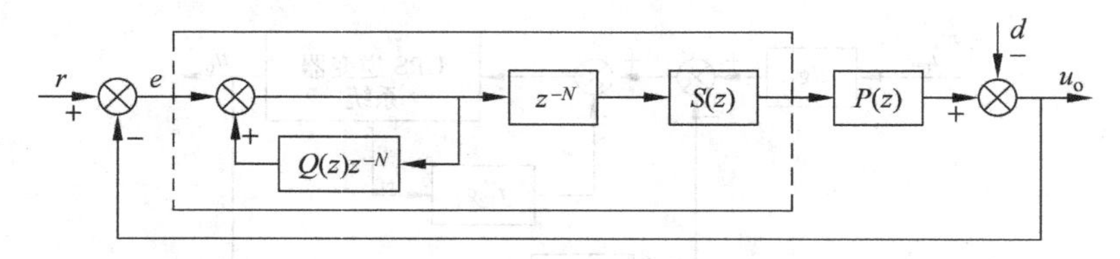

图 3.34 重复控制系统框图

重复控制的基本思想源于控制理论中的内模原理，内模原理是把作用于系统的外部信号的动力学模型植入控制器以构成高精度的反馈控制系统。由内模原理可知，除非针对每一种指令或扰动信号均设置一个正弦函数内模，否则无法实现无静差，重复控制利用“重复信号发生器”内模巧妙地解决了这一问题。重复控制采用数字方式实现。逆变器重复控制的目的是为了克服死区和非线性负载引起的输出波形周期性畸变。其基本思想是假定前一基波周期中出现的畸变将在下一基波周期的同一时间重复出现，控制器根据每个开关周期给定与反馈信号的误差来确定所需的校正信号，然后在下一基波周期同一时间将此信号叠加在原控制信号上，以消除以后各周期中将出现的重复性畸变。

重复控制能使逆变器获得低 THD 的稳态输出波形。但其主要弱点是动态性能差，干扰出现后的一个参考周期内，系统对干扰不产生任何调节作用，这一周期系统近乎处于开环控制状态，消除干扰对输出的影响至少要一个参考周期。为此提出了自适应重复控制、伺服控制器和重复控制器组成的复合控制、状态反馈控制与重复控制组成的双环控制等多种方

案改善系统的动态特性。

6. 滑模变结构控制

滑模变结构控制是 20 世纪 50 年代提出的一种控制策略。20 世纪 80 年代末 90 年代初应用到逆变器的控制中来。同其他几种逆变器的控制技术相比，离散滑模变结构控制的最大优势是对参数变动和外部扰动不敏感，系统的鲁棒性特别强。因此，这种控制方法适用于负载经常变动的逆变电源系统。

滑模变结构控制是一种开关控制策略，它的基本原理是：根据系统的跟踪误差及其导数，求取滑模变结构控制规律，通过这种开关控制迫使系统的跟踪误差及其导数运行于相平面的一条固定的滑模曲线上。这种控制方法中，跟踪误差与逆变器参数变动及外部扰动无关，因此系统有极强的鲁棒性。

早期逆变器采用模拟控制实现滑模变结构控制，存在电路复杂、控制功能有限的弱点。基于微处理器的滑模变结构控制完全不同于常规的连续滑模控制理论，需要离散滑模控制技术，如：通过引入前馈改善离散滑模控制的稳态性能，或通过自矫正措施改善负载扰动的影响。

但是滑模控制存在理想滑模切换面难以选取、控制效果受采样率影响等弱点，它还存在高频抖动现象且设计中需知道系统不确定性参数和扰动的界限，抖动使系统无法精确定位，测定系统不确定参数和扰动的界限则影响了系统鲁棒性进一步发挥。就波形跟踪质量来说，滑模变结构控制不及其他几种控制方式。

7. 智能控制

包括神经网络控制和模糊控制，是随着数字处理器的发展在近几年兴起的逆变器新型控制方式。它们的共同特点是系统稳定性好，鲁棒性强，对非线性负载具有很强的适应能力。

神经网络控制是近几年来兴起的一种智能控制方式，神经网络控制的基本原理是通过离线学习获得逆变器的最佳控制规律，然后，将这一控制规律应用到实际系统中去，实现在线控制。它模仿人的大脑实现对系统的控制，适用于线性及非线性系统。神经网络学习所需的各种实例来自于实验和仿真得到的数据，选择一种学习算法，应用所获实例，通过离线学习获得系统最佳控制规律，应用到实际系统中去实现在线控制。由于其控制规律不依赖于系统模型，而且学习实例包含了各种情况，因此系统控制鲁棒性很强，但由于神经网络的实现技术没有突破，在逆变器控制应用并不多见。

模糊控制，主要是模糊 PID 控制，是为了解决传统 PID 控制鲁棒性差的问题而提出的一种智能控制策略。它首先将输入的精确量(一般为跟踪误差及其导数)转换为模糊量，按根据专家经验总结的语言规则进行模糊推理，根据推理结果确定当前情况下最适合的 PID 控制器参数。模糊控制系统就像一个有经验的专家一样，能根据实际情况变动控制器参数，因此大大提高了控制系统的鲁棒性，改善了逆变器系统对非线性负载的适应能力。装置往往是一个多变量、非线性时变的系统，系统的复杂性和模型的精确性总是存在矛盾，而模糊控制能够在准确和简明之间取得平衡，有效地对复杂事物做出判断和处理。模糊控制属于智能控制，其优点是：不依赖被控对象的精确模型，具有较强的鲁棒性和自适应性；查找模糊控制表只需要占用处理器很少的时间，因而可以采用较高采样率来补偿模糊规则和实际经验的偏差。理论证明模糊控制可以任意精度逼近任何非线性函数，但受到当前技术水平的限制，模糊变量的分档和模糊规则数都受到限制，隶属函数的确定还没有统一的理论指导，带有一定人为因素，因此模糊控制的精度有待于进一步提高。

近年来，专家学者在逆变器的智能控制技术方面进行了多方面的研究，并结合其他的控制策略进行综合调控。如：基于遗传算法优化的模糊重复控制技术，其系统框图如图 3.35 所示，控制器由一个重复控制器和一个模糊控制器并联构成。逆变电源是一个非线性系统，常规的线性控制器的性能往往依赖于系统模型参数，这里引入与对象模型无关的模糊控制技术改善系统动态性能。由于模糊控制器的设计没有完备的理论指导，控制器的设计主要凭经验，由仿真实验进行，难于获得性能最优的参数。这里采用遗传寻优算法离线优化模糊控制器的尺度变换因子，以期获得优异的控制性能，简化模糊控制器的设计过程。

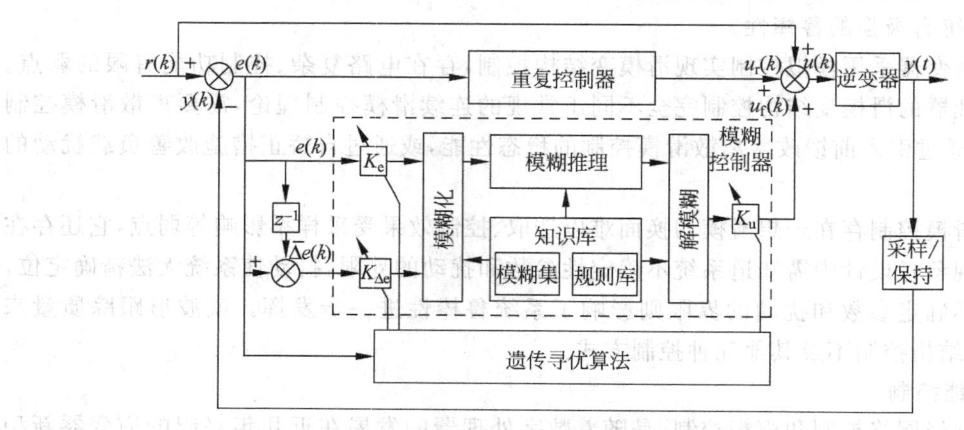

图 3.35 基于遗传算法优化的模糊重复控制框图

由于重复控制器可以获得较好的稳态响应，因此在模糊控制器的数字实现时，加入了误差死区，当误差小于一定范围的时候仅仅重复控制器起作用，当误差超过该范围，模糊控制器才动作，这样既保证了系统的稳态性能，又保证了系统的动态性能。

在样机上对该方案进行实验验证，实验波形如图 3.36 所示。由实验特性可见引入遗传优化设计的模糊控制器后，系统动态性能得到了很大的改善。

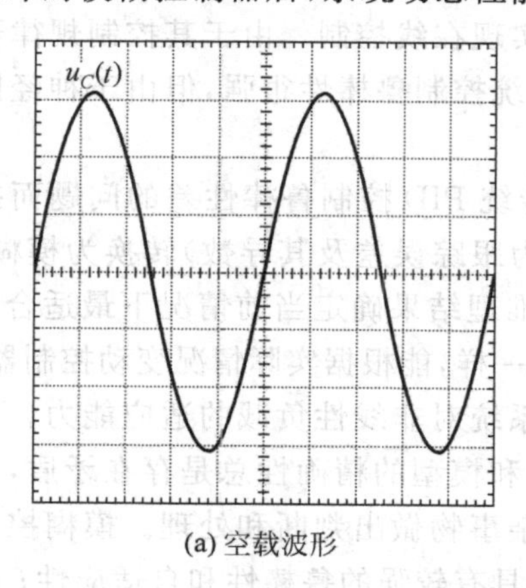

(a) 空载波形

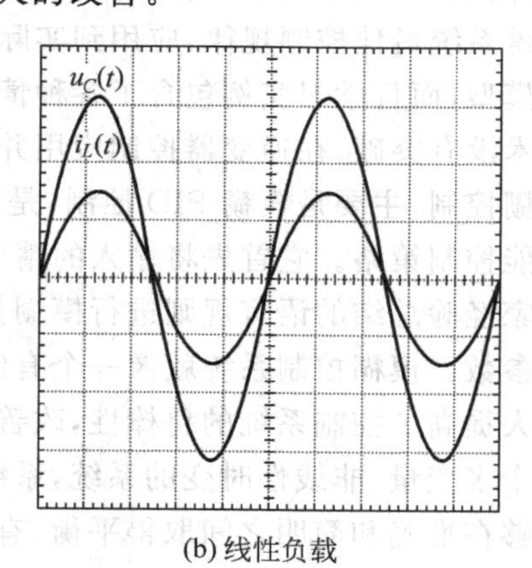

(b) 线性负载

图 3.36 基于遗传算法优化的模糊重复控制实验波形

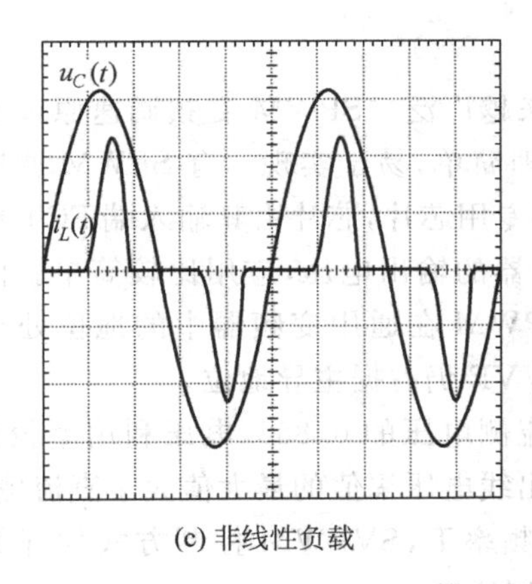

(c) 非线性负载

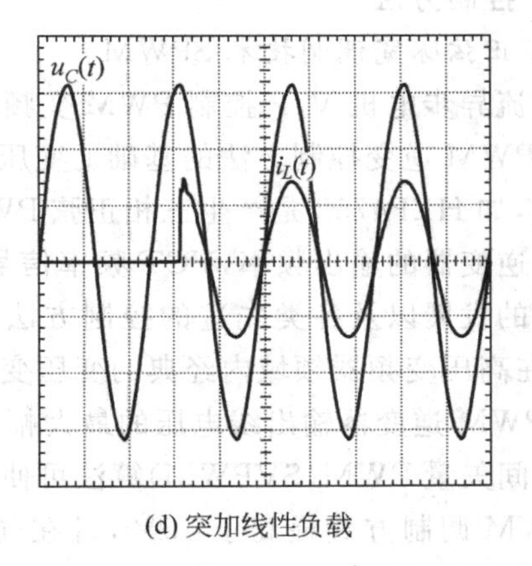

(d) 突加线性负载

图 3.36 (续)

以上只是了解各种控制方式的基本思想，如需实施，必须进一步研究调节对象和控制算法等等。

3.2 交流电动机变频调速系统

3.2.1 变频调速概论

1. 变频调速原理

由电机学可知，异步电机的转速可表示为

$$n=\frac{60f_S}{P}(1-s)$$

如果 s 的变化范围不大，调节定子频率 f_S 时，异步电机的转速 n 随之成正比变化。

为了得到所需要的电磁转矩，则应尽可能地使气隙磁通恒定为额定磁通。由关系式 $E_S=4.44f_S\phi\omega_S$ 可知，要使磁通恒定，应使压频比 E_S/f_S 为常数；在调节定子频率时必须同时改变定子的电压。因此，对电机供电的变频电源一般要求兼有调压和调频两种功能。当电机的工作频率超过同步频率时，若采用恒定压频比方式进行调速，则需增加外加电压 E_S，这在一般情况下是不允许的，所以只能采用类似直流电机弱磁调速的调速方式。

一般将变频电源分为两大类：交-交变频和交-直-交变频。前者由 SCR 组成，应用在特大功率交流电机调速系统中；后者由 MOSFET，GTR，GTO 以及 IGBT 等自关断器件组成，先将公用交流电源转换成直流，再逆变成为频率、电压可变的电源给异步电机供电，改变其转速。逆变一般采用脉宽调制变频方案，通过改变脉冲宽度可控制逆变器输出交流基波电压的幅值，通过改变调制周期可控制其输出频率。

变频调速系统主电路的逆变环节一般是三相逆变器，它同恒频恒压三相逆变器的控制对象不同，因此控制思想有所不同。实现变频调速的控制技术除压频比控制外还有各类矢量控制、直接转矩控制、非线性控制、自适应控制、智能控制以及无速度传感器、无位置传感器的高动态性能等方法。下面介绍两种控制方法，以便读者了解调速系统。

2. 控制方法

1) 正弦脉宽调制技术 SPWM

交流异步电机 V/F 控制 PWM 变频的应用越来越广泛。SPWM 变频调速原理就是在三相 SPWM 逆变控制方法的基础上变压、变频，原理简单，易于实现。有 SPWM 调速的专用芯片，如 HEF4752 是产生三相正弦 PWM 信号的专用芯片，芯片由其输入端 FCT 频率信号决定逆变器的输出频率，VCT 频率信号控制逆变器的输出电压，应用比较简单。由于数字控制的发展以及各类先进的控制方法的出现，SPWM 在通用变频器中的地位处于衰退期，但在高压变频器领域内经典的变压变频算法 VVVF 仍占据主导地位。

SPWM 逆变器输出线电压的最大幅值仅为直流侧电压的 0.866，电压利用率较低；而采用空间矢量 PWM(SVPWM)算法可使逆变器输出线电压幅值的最大值大于直流侧电压，较 SPWM 调制方式提高了 15%，且在同样的载波频率下，SVPWM 控制方式的开关次数少，降低了开关损耗。下面简单阐明 SVPWM 的调制原理。

2) 电压空间矢量脉宽调制技术 SVPWM

矢量控制思想最早在调速系统中提出，现在恒频恒压三相逆变器、高频整流装置中都得到了广泛应用。下面介绍电压空间矢量脉宽调制技术 SVPWM 的基本原理。

3 个相电压可以用图 3.37(b)中的旋转的电压矢量$\dot{U}$($\dot{U}=U_d+jU_q$)表示，它的角速度$\omega=2\pi f$，逆时钟方向旋转；电压矢量$\dot{U}$在 A、B、C 各相轴线上的投影就是 3 个相电压的瞬时值。如$\dot{U}$的幅值是$U_{\rm plm}$，旋转角速度ω；在任意瞬间t，$\dot{U}$的相位角为$\theta=\omega t$，且$\dot{U}$在d-q轴上的分量分别为$U_d=U\cos\omega t$和$U_q=U\sin\omega t$，则在t时刻三相电压的瞬时值可表示为

$$u_{\rm AN}(\omega t)=U\cos\omega t=U_{\rm plm}\cos\omega t=U_{\rm d} \tag{3-24}$$

$$\begin{aligned}u_{\rm BN}(\omega t)&=U\cos(\omega t-120°)=U_{\rm plm}\cos(\omega t-120°)\\&=U_d\cos120°+U_q\sin120°=-\frac{1}{2}U_d+\frac{\sqrt{3}}{2}U_q\end{aligned} \tag{3-25}$$

$$\begin{aligned}u_{\rm CN}(\omega t)&=U\cos(\omega t-240°)=U_{\rm plm}\cos(\omega t-240°)\\&=U_d\cos240°+U_q\sin240°=-\frac{1}{2}U_d-\frac{\sqrt{3}}{2}U_q\end{aligned} \tag{3-26}$$

图 3.37(a)中定义 Q 点电位为零，则 P 点电位为$U_{\rm D}$。每一桥臂的上下两个开关器件的驱动信号都是互补的，如果引入 A、B、C 桥臂的开关变量为$S_{\rm a}$、$S_{\rm b}$、$S_{\rm c}$，定义$S_{\rm a}=\frac{u_{\rm AQ}}{U_{\rm D}}$，$S_{\rm b}=\frac{u_{\rm BQ}}{U_{\rm D}}$，$S_{\rm c}=\frac{u_{\rm CQ}}{U_{\rm D}}$，则每个开关变量有 0、1 两个数值；三相逆变器的输出电压由$S_{\rm a}$、$S_{\rm b}$、$S_{\rm c}$组合的 8 种开关状态决定，各种开关状态的输出电压可以类似图 3.37(c)的等效电路求出。表 3.3 列出 8 种开关状态时的开关变量$S_{\rm a}$、$S_{\rm b}$、$S_{\rm c}$及线电压、相电压大小。

在以上 8 种开关状态中，0 态(000)、7 态(111)两种开关状态分别为下管同时导通、上管同时导通，逆变器输出电压为零，称之为零态；零态对应的矢量$\dot{U}_0$(000)及$\dot{U}_7$(111)称为零矢量$\dot{U}_0=\dot{U}_7=0$，其他 6 种称为非零状态。由图 3.37(d)可知，状态 4(100)，$S_{\rm a}=1$，$S_{\rm b}=S_{\rm c}=0$，相当于空间矢量$\dot{U}$处于$\omega t=0$的位置，即$\dot{U}$位于 A 相轴线上，如果取$|\dot{U}|=2U_{\rm D}/3=U_{\rm plm}$，由表 3.3 可知这时$u_{\rm AN}=2U_{\rm D}/3=U_{\rm plm}$，$u_{\rm BN}=u_{\rm CN}=-U_{\rm D}/3=-1/2\times2U_{\rm D}/3=-U_{\rm plm}/2$。这正好是式(3-24)、式(3-25)、式(3-26)中三相正弦交流相电压在$\omega t=0$时的瞬时值，同理可分析其他状态。

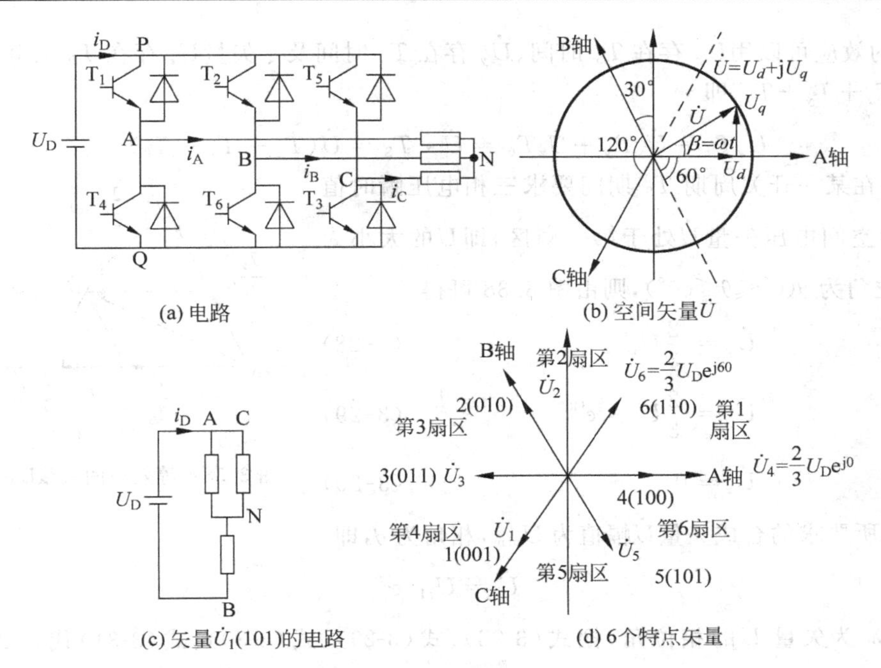

图 3.37　三相逆变器电压空间矢量 PWM 控制原理

表 3.3　开关状态及逆变器输出电压

逆变器状态及输出电压矢量	$S_aS_bS_c$	u_{AB}/U_D	u_{BC}/U_D	u_{CA}/U_D	u_{AN}/U_D	u_{BN}/U_D	u_{CN}/U_D
0 态 $\dot{U}_0$	000	0	0	0	0	0	0
1 态 $\dot{U}_1$	001	0	−1	1	−1/3	−1/3	2/3
2 态 $\dot{U}_2$	010	−1	1	0	−1/3	2/3	−1/3
3 态 $\dot{U}_3$	011	−1	0	1	−2/3	1/3	1/3
4 态 $\dot{U}_4$	100	1	0	−1	2/3	−1/3	−1/3
5 态 $\dot{U}_5$	101	1	−1	0	1/3	−2/3	1/3
6 态 $\dot{U}_6$	110	0	1	−1	1/3	1/3	−2/3
7 态 $\dot{U}_7$	111	0	0	0	0	0	0

三相逆变器 6 种开关状态：4(100)、6(110)、2(010)、3(011)、1(001)以及 5(101)分别等效于它产生了图 3.37(d)中的 6 个电压矢量$\dot{U}_4$、$\dot{U}_6$、$\dot{U}_2$、$\dot{U}_3$、$\dot{U}_1$ 和 $\dot{U}_5$，这 6 个矢量分别位于 $\theta=\omega t=0°$、60°、120°、180°、240°及 300°的空间位置上，它们将空间 360°区域划分成了 6 个 60°的扇区。另外两个零开关状态，0(000)及 7(111)对应零电压矢量$\dot{U}_z=\dot{U}_0=0$，$\dot{U}_z=\dot{U}_7=0$。

改变开关变量 S_a、S_b、S_c，可以获得而且也只能获上述矢量。电压空间矢量 PWM 控制方法是选择两个相邻的矢量与零矢量合成一个等效的旋转空间矢量$\dot{U}$，调控$\dot{U}$的大小和相位，来实现三相逆变输出的调控。

如果某瞬间要求空间矢量$\dot{U}$的相位角 $\theta=\omega t$ 为任意指令值，则可用矢量$\dot{U}$所在扇区的两个相邻的矢量$\dot{U}_x$ 和$\dot{U}_y$ 及零矢量$\dot{U}_z$ 来合成矢量$\dot{U}$。如果开关周期 T_S 很短，则矢量$\dot{U}$存在

T_S 时间的效应可以用$\dot{U}_x$ 存在 T_x 时间、$\dot{U}_y$ 存在 T_y 时间及零矢量$\dot{U}_z$ 存在 T_0 时间来等效，且 $T_S = T_x + T_y + T_0$，即

$$\dot{U}_x T_x + \dot{U}_y T_y + \dot{U}_z T_0 = \dot{U} \cdot T_S = \dot{U}(T_x + T_y + T_0) \tag{3-27}$$

如果在某一开关周期 T_S 期间要求三相电压瞬时值所对应的空间电压矢量$\dot{U}$处于第一扇区，即$\dot{U}$的大小为$|\dot{U}|$，相位角为 $\theta(0°\leqslant\theta\leqslant60°)$，则由图 3.38 可得

$$\dot{U}_x = \frac{2}{3}U_D \tag{3-28}$$

$$\dot{U}_y = \frac{2}{3}U_D \cdot e^{j60°} \tag{3-29}$$

$$\dot{U}_z = 0 \tag{3-30}$$

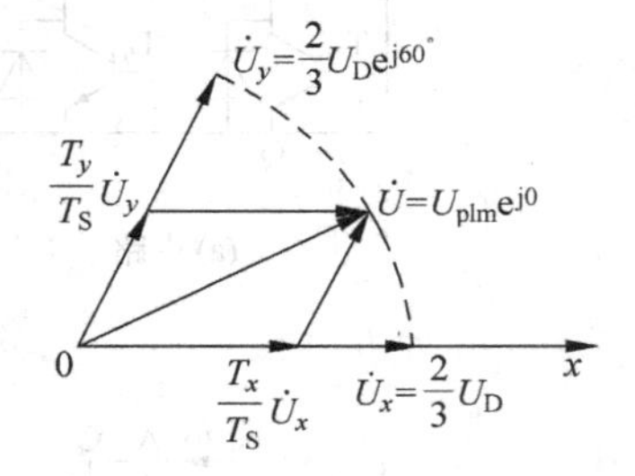

图 3.38　等效空间矢量$\dot{U}$的形成

如果所要求的合成矢量$\dot{U}$幅值为 U_{plm}，相角为 θ，即

$$\dot{U} = U_{plm} e^{j\theta} \tag{3-31}$$

式中 $\theta=\omega t$ 为矢量 $\dot{U}$的相位角，把式(3-28)、式(3-29)、式(3-30)、式(3-31)代入式(3-27)得到

$$\frac{2}{3}U_D \cdot T_x + \frac{2}{3}U_D e^{j60°} \cdot T_y = U_{plm} e^{j\theta} \cdot T_S \tag{3-32}$$

由于

$$e^{j60°} = \cos 60° + j\sin 60° = \frac{1}{2} + j\sqrt{3}/2 \tag{3-33}$$

$$e^{j\theta} = \cos\theta + j\sin\theta$$

由式(3-32)得到

$$\frac{T_x}{T_S} = \sqrt{3}\,\frac{U_{plm}}{U_D}\sin(60° - \theta) \tag{3-34}$$

$$\frac{T_y}{T_S} = \sqrt{3}\,\frac{U_{plm}}{U_D}\sin\theta \tag{3-35}$$

$$T_0 = T_S - T_y - T_x = T_S\left[1 - \frac{\sqrt{3}U_{plm}}{U_D}\cos(30° - \theta)\right] \tag{3-36}$$

已知电源直流电压 U_D 和选定的开关周期 T_S，在 T_S 时期中有 3 个开关状态 x、y、0 存在，如果开关状态 x、y、0 的存在时间 T_x、T_y、T_0 按式(3-34)、式(3-35)、式(3-36)确定，对于 3 个开关状态先后顺序并无限制，那么在周期 T_S 时间段中，3 种开关状态的合成效果，即三相逆变器输出的 3 个特定位置的矢量作用的效果，相当于相位角为 $\omega t=\theta$、长度为 U_{plm} 的空间矢量$\dot{U}$所产生的三相交流电压瞬时值。

采用以上算法，可以设计恒频恒压三相逆变器。在调速系统中，需要改变频率和幅值，只要改变算式中 ω 和幅值 U_{plm}，就可以得到对应时间 T_x、T_y、T_0，这些运算用数字控制就可以实现。

开关周期 T_S 很小，因此，在一个周期中，对 3 种开关状态的切换顺序和零矢量类型没有要求，这就为减少开关动作次数的优化控制提供了可能性。例如在第 1 扇区中安排了两个开关

周期 T_S，如果两个周期 T_S 中都是 4、6、0 开关状态组合方式，第 1 个周期 T_S 按照(100)、(110)、(000)顺序组合，第 2 个周期也按照(100)、(110)、(000)顺序组合，则 A 相开关状态变化是 1→0→1→0，B 相是 0→1→0→1→0，C 相是 0。但是，如果在第一个 T_S 中由 4、6、7 状态组合，第二个 T_S 中是 6、4、0 状态组合；第 1 个周期 T_S 按照(100)、(110)、(111)顺序组合，第 2 周期 T_S 按照(110)、(100)、(000)顺序组合，A 相开关状态变化是 1→0，B 相是 0→1→0，C 相是 0→1→0；开关的动作次数有所减少。显然，通过精心安排适当的零矢量和切换次序，可以减少开关动作次数，降低开关频率，减少开关损耗。

在一个开关周期 T_S 中设置零矢量的作用时间 T_0，可以调控输出电压的大小。U_D 一定时，T_0 大，输出电压将减小，一定的 T_x、T_y、T_0 决定了输出电压 $\dot{U}$ 具有一定的相位角和相应的输出电压大小。最大的输出电压对应于 $T_0=0$，令 $T_0=0$ 由式(3-31)可得到采用空间矢量控制时最大可能输出的相电压幅值 $U_{plm(max)}$ 为

$$U_{plm(max)}=\frac{1}{\sqrt{3}}U_D\frac{1}{\cos(30^\circ-\theta)} \tag{3-37}$$

线电压幅值为

$$U_{lm}=\frac{U_D}{\cos(30^\circ-\theta)}\geqslant U_D(\text{由图 3.38},0^\circ<\theta<60^\circ) \tag{3-38}$$

线电压基波有效值为

$$U_1=\frac{U_{lm}}{\sqrt{2}}=\frac{U_D}{\cos(30^\circ-\theta)\cdot\sqrt{2}}>\frac{U_D}{\sqrt{2}}=0.707U_D \tag{3-39}$$

所以三相逆变电路采用空间矢量控制时直流电压利用率较 SPWM 调制方式有明显提高。

3.2.2 智能功率模块变频调速装置

1. 功率模块 IPM

对应中、小功率的变换电路，采用智能功率模块 IPM(intelligent power module)组成，可以大大减小设计的工作量。现以 PM75RSE120 组成的调速系统为例，了解 IPM 的应用。

IPM 内部的驱动电路紧靠 IGBT 芯片，所以驱动延时小。IPM 还有过流、过热保护，当严重过载或短路时，它会软关断 IGBT，同时送出一个故障信号；基板过热时，它将截止栅级驱动。PM75RSE120 智能功率模块是第 4 代高频 IPM 产品，内置优化后的栅级驱动和保护电路，新型的快恢复二极管具有软恢复特性，适合用于频率高达 20kHz 功率变换场合。它的内部结构如图 3.39 中间的虚线框所示，P 端、N 端分别接输入的直流母线正、负电源，U、V、W 接三相负载，调速系统的负载就是电动机。$V_{UP1}-V_{UPC}$、$V_{VP1}-V_{VPC}$、$V_{WP1}-V_{WPC}$ 为 3 个上管的驱动电源，U_P、V_P、W_P 为 3 个上管的驱动信号，$V_{N1}-V_{NC}$ 为 3 个下管和制动用的开关管的公共驱动电源，U_N、V_N、W_N、B_r 是 3 个下管和制动管的驱动信号。驱动电源要求相互隔离，驱动信号也应由控制信号经过高速光耦隔离获得。

当发生过压、欠压、过流和过热等故障时，能发出各种保护动作，并输出报警信号 F_O。变频调速装置的主电路由整流、滤波电路和逆变环节组成，控制电路以 16 位单片机 80C196MC 为核心组成。图 3.39 是应用 IPM 模块 PM75RSE120 组成的逆变主电路和驱动电路等主要环节。从 80C196MC 的波形发生器产生幅值为 5V 的 PWM 波，要经高速光

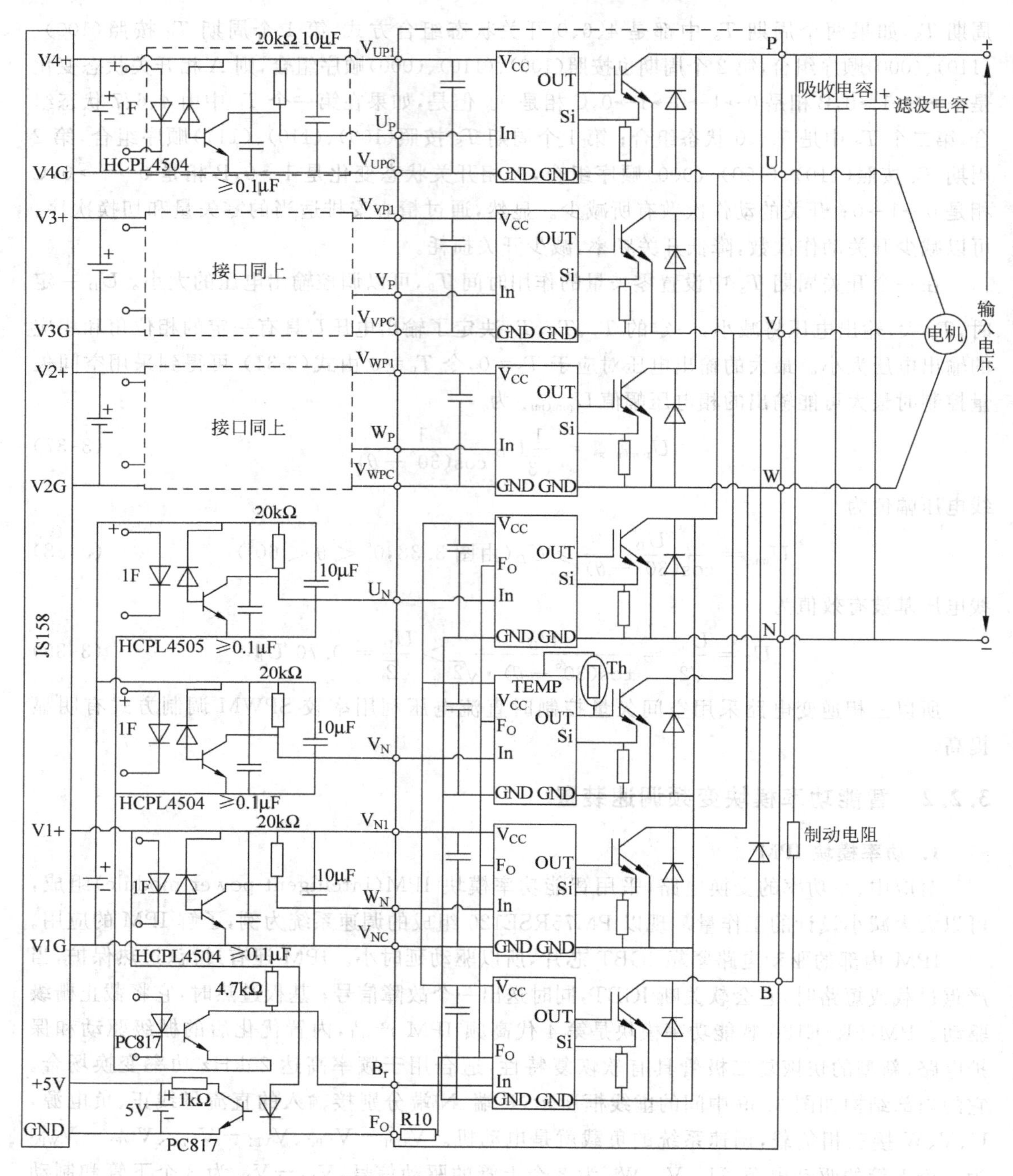

图 3.39　PM75RSE120 内部结构图

耦隔离并转换为 12V 幅值的 PWM 控制信号，才能提供给 IPM，控制三相桥的 IGBT 通、断，在 IPM 的输出端就得到驱动电机的 PWM 电压波形。在电机转轴端接光学角度编码器，它产生了两个相差 90°的脉冲序列，将此脉冲序列接到 80C196MC 的 TIDIR 和 TICLK 引脚，80C196MC 据此可确定电机转动方向及转速，调节 PWM 波以控制速度。JS158 是 8 路隔离反激式 60W 开关电源，HCPL4504 是 IPM 专用的高速光耦，PC817 为通用型低速光耦。IPM 的 B 端外接制动电阻。电机停车或减速时储存在电机和负载的动能将变成电能，对电容器 C 充电而使泵升电压升高。如果电容 C 电压值超过设定值时，驱动制动开关管，使电能消耗在制动电阻上，可以避免过高的泵升电压击穿开关器件。

2. 控制电路

控制电路选用美国 Intel 公司为电机调速控制设计的 16 位单片微处理器 80C196MC（内部结构如图 3.40 所示），它由 1 个 C196 核心、1 个三相波形发生器 WFG、1 个 A/D 转换器、1 个事件处理门阵列（EPA）、两个定时器和 1 个脉宽调制单元及外围事件服务器（PTS）等构成。波形发生器 WFG 能为用户提供 3 对占用 CPU 时间极少的脉宽调制信号 PWM。这 6 个信号中的每一个都是独立可编程的。对于每对 PWM 信号，由于有 WFG 机构具有死区设置和相位转换电路的作用，这种特性简化了交流电机控制电路的硬件设计。80C196MC 不仅提供丰富的接口（6 个 8 位口，1 个 5 位口），同时具备丰富的指令群，使得软件编写成为一件非常容易的事情。其主要作用是生成 SPWM 波，优化电机的控制，同时兼有故障诊断和处理功能。

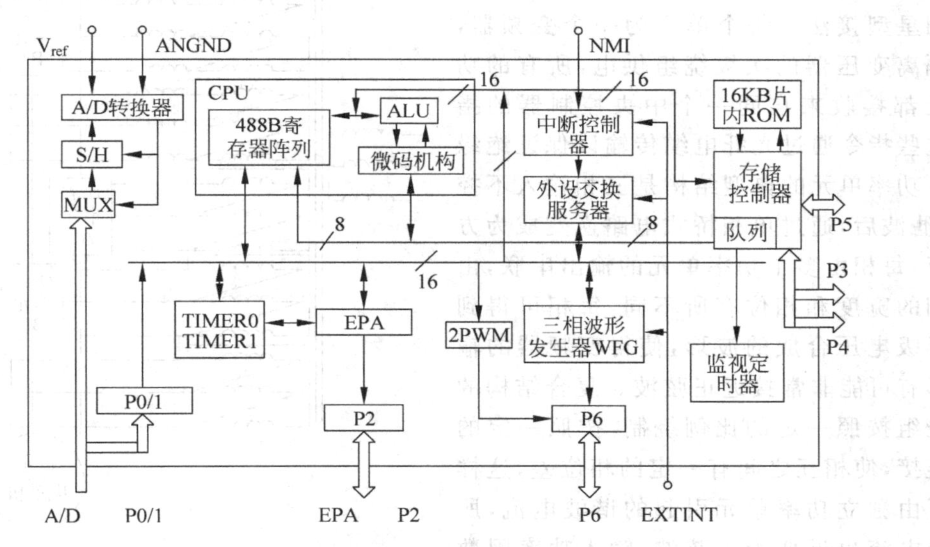

图 3.40 80C196MC 微处理器内部结构图

80C196MC 微控制器在系统初始化过程中，对波形发生器的各工作寄存器进行设置，初始化完成后，在程序中随时重置工作寄存器来改变波形发生器 WFG 产生的波形周期及占空比，从而达到调压、调频的协调控制。由 WFG 的工作方式寄存器、重置寄存器和相比较寄存器控制载波周期及其信号占空比的具体参数。波形发生器通过 P6 口发出的 PWM 波经驱动电路转换为 IPM 智能功率模块所要求的 PWM 波形，进而控制逆变器的 6 个 IGBT 的导通、关断，在 IPM 的输出端就得到用来驱动电机的各种电压波形。通过 P2 口，事件处理阵列 EPA，输入方式时可用于捕捉输入引脚的边沿跳变，输出方式时则用于定时/计数器 T1 与设定常数的比较。EPA 有两个 16 位双向定时/计数器 T1 和 T2，其中 T1 可工作在晶振时钟模式，可以直接处理光码盘输出的两路相位移为 90°的脉冲信号，实现速度闭环变频调速。外设处理服务 PTS 是一种类似于直接存储器存取的并行处理方式，占用 CPU 的时间很少，可用微指令码来代替中断服务程序，设置后可自行执行，不需 CPU 干预。将

A/D 转换以 PTS 方式进行，除去 PTS 初始化需要很少时间外，A/D 转换为 PTS 自动控制完成，CPU 可专门用于电流环的处理，从而提高电流环的快速性。由于 IPM 把功率开关器件和驱动电路集成在一起，同时还内藏过电压、过电流和过热等故障监测电路，并可将监测信号送给 CPU，通过光电隔离电路进入 80C196MC 保护电路监测 EXTINT 输入引脚，使 WFG 输出关断信号，IPM 停止工作，同时通知用户程序对该异常情况进行处理，保证系统的安全运行。

3.2.3　高压变频器

有些领域，如电力系统需要高压变频器，由于器件的耐压能力有限，可以考虑两种方案。一是器件直接串联，二是采用复合结构。器件直接串联，要解决很多器件串联的相关技术，采用复合结构，结构相对复杂，但是工作可靠性高。目前，一般选用图 3.41 所示的高压变频器结构，每相由多个功率单元串联，串联方式采用星型接法。每个单元为一个变频器，它由隔离变压器的次级绕组供电，所有的功率单元都接收来自同一个中央控制器的指令。这些指令通过光纤电缆传输以保证绝缘等级。功率单元的典型结构是三相输入不控整流、滤波后，通过单相桥式电路逆变成为方波交流，每相由多个功率单元的输出串联，由于它们的宽度和相位有所不同，每相可得到不同等级电压合成的波形，使得变频器的输出波形有可能非常接近正弦波。复合结构的次级绕组按照一定的比例绕制，按照一定的方式连接，使相互之间有一定的相位差，这样消除了由独立功率单元引起的谐波电流，所以初级电流也近似为正弦波，输入功率因数能保持较高。

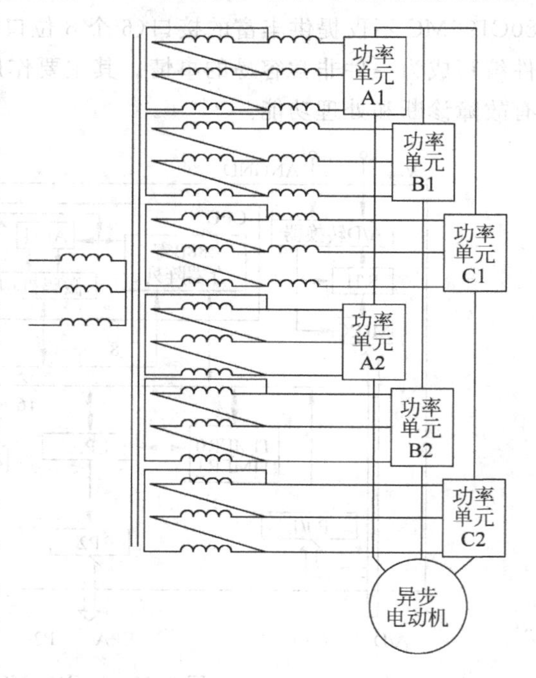

图 3.41　高压变频器结构

3.3　感应加热电源

感应加热是利用电磁感应原理对工件进行加热，工件中功率密度的分布可以方便地予以控制和调节，因而可以提高加热工件的质量，是较理想的一种加热工艺。电磁变换频率越高，发热效率越高，高频感应加热长期以来都由电子管振荡式变换器产生，因电子管固有的缺点，使用很不方便。

20 世纪 70 年代随着大功率半导体开关元件的发展，各国都竞相研制以半导体功率器件为开关元件的逆变式高频感应加热电源。本节对以功率 MOSFET 作开关元件的高频感应加热电源进行讨论。

3.3.1 高频谐振逆变器的工作原理

感应加热电源首先将市电整流，再逆变成为高频交流给感应线圈供电。高频逆变电路有并联和串联两种类型谐振电路，它们组成的结构如下。

1. 并联谐振式逆变电路

图3.42所示为具有并联谐振式电路的结构及其工作波形，市电整流以后串联一个大电感 L_1，属电流源逆变器(CSI)，逆变桥输出电流近似方波，L_r、C_r、R_f 是逆变桥的谐振负载，逆变器工作频率接近于并联谐振负载电路的谐振点，因此，其负载电压接近正弦波。根据电力电子技术已知，电流型逆变器的开关管是不应该有反并联二极管的，在高频逆变器中选用的功率MOSFET存在一个寄生的反并联二极管，因此，每个开关管需增加串联二极管，这就增大了每臂的导通压降及通态损耗，限制了该方案在大容量高频电源中的实现。

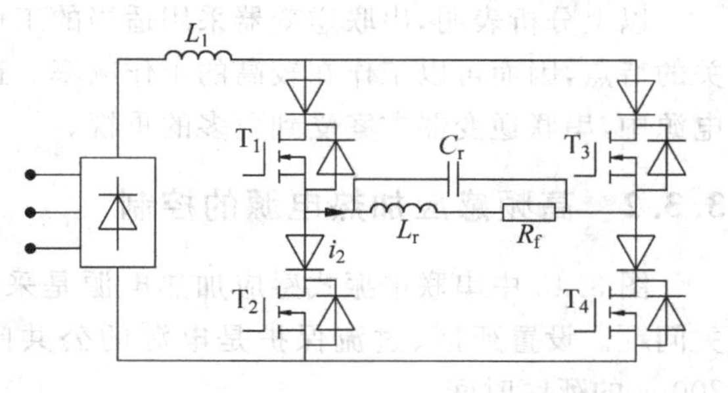

图3.42 并联谐振式电路的结构

2. 串联谐振式逆变电路

图3.43所示为一台串联谐振感应加热电源的结构及工作波形图。加热电源由三相交流供电，经过三相不控整流、滤波后，采用负载串联谐振逆变电路为被加热的工件提供高频电磁场。串联逆变器的电路属电压源逆变器(VSI)，它的控制脉冲宽度始终为180°的方波，逆变桥输出电压近似方波，由于其工作频率接近于负载电路的谐振点，故输出电流接近于正弦波。

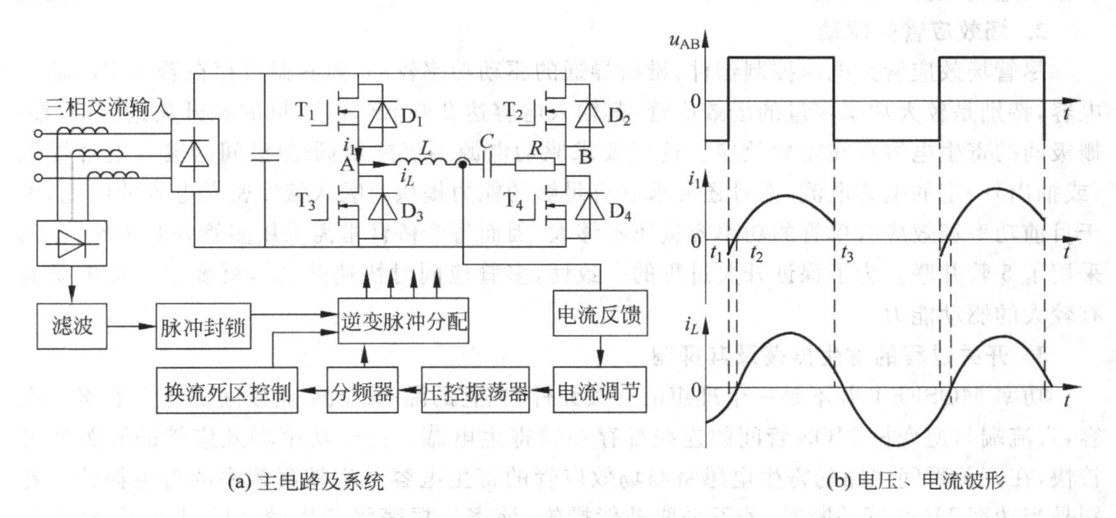

图3.43 串联谐振式感应加热电源

当逆变器的工作频率略高于负载电路的谐振工作点时，负载电路呈电感性，电流过零点滞后于电压过零点。在图3.43中，t_1 时刻以前开关管 T_2、T_3 导通，输出电压和电流为负，在 t_1 时刻关断 T_2、T_3，这时流经负载的电流尚未下降至零，负载中的电感要维持这一电流，这就迫使这一电流经 T_1、T_4 与 T_2、T_3 的反并二极管 D_1、D_4 流通，T_1、T_4 的驱动脉冲是互补的(忽略死区)，因此，在电流自然下降过零前已对 T_1、T_4 加上驱动脉冲，在 t_2 时刻电流就自然地由二极管 D_1、D_4 换至开关管 T_1、T_4，称为自然换流。这种换流方式可使开通损耗降到零。当开关元件采用功率 MOSFET 时，因为存在一个寄生的反并联二极管，这种方式无需增加外接二极管。此外，适当控制逆变器的工作频率使之接近负载电路的谐振频率，则开关元件的关断时刻发生在正弦电流已下降至较小值时，它的关断损耗也可以降低。

以上分析表明，串联逆变器采用适当的工作方式时开关损耗较小，具有负载谐振型软开关的特点，因而可以工作在较高的工作频率。正因为这一原因，目前在半导体高频感应加热电源中，串联逆变器方案受到更多的重视。

3.3.2　高频感应加热电源的控制

图 3.43 中串联谐振式感应加热电源是采用 PFM 控制的，即脉冲频率调制，现讨论相关问题。设置死区、过流保护是电源的公共问题，这里不再介绍。VMOSFET 一般设置 200ns 的死区时间。

1. 逆变电路功率调节

逆变器的工作频率 f_s 始终应接近并大于其谐振频率，负载的谐振频率为 $f_r = 1/2\pi\sqrt{LC}$。若逆变器的工作电压不变，在谐振点附近负载等效阻抗最低、电流最大，因而输出功率亦最大。当提高工作频率时阻抗亦随之增高、电流减小，因此输出功率随之减小。

逆变器的工作频率是由压控振荡器改变的，图 3.43 中，电流互感器检测输出电流，如果输出电流小于设定值，电流调节器的输出就使压控振荡器的工作频率降低，分频以后的逆变器脉冲频率跟随降低，等效阻抗亦随之降低，输出电流就增大。改变电流的设定值就能够改变输出电流，达到改变输出功率的目的。

2. 场效应管的驱动

尽管场效应管是电压控制器件，维持导通的驱动功率较小，但其栅极存在着一定的输入电容，特别是较大功率容量的场效应管，其输入电容达 2000pF 左右，同时在开关过程中，漏-栅极间的寄生电容存在密勒效应。这就要求驱动电源不仅能给栅-源极间的输入电容提供(或抽出)一定的电容电流，而且还要求它有足够的能力提供或吸入流经密勒电容的电流，由于目前功率场效应管单管的功率容量还不够大，因而每个桥臂常需采用多管并联工作，本例采用了 5 管并联。为了保证开关过程的一致性，多管应同时快速开、关，就要求驱动电源具有较大的驱动能力。

3. 开关过程的寄生振荡及其抑制

功率 MOSFET 并不是一个理想的开关元件，在它的漏-源及漏-栅极间都存在着寄生电容，直流端与逆变桥 MOS 管间的连线都存在着寄生电感。由于功率场效应管的开关速度较快，在开关瞬间线路的寄生电感将与场效应管的寄生电容产生较高频率的寄生振荡。特别是当功率 MOS 管关断时，若不采取补偿措施，该寄生振荡将产生较大的过电压，降低场效应管的有效工作电压。

为消除这一寄生振荡，可在逆变器的输入端接上适当的补偿电容，同时在场效应管的漏-源间直接并上适中的阻容吸收电路，经过补偿，场效应管的电压尖锋可基本消除，因而可充分利用场效应管的电压定额。

习题及思考题

1. 用UC3524控制芯片设计方波输出逆变器。
2. 研究直流不平衡问题有什么意义，并说明解决的方法。
3. 说明如何利用50Hz标准正弦波产生电路产生400Hz标准正弦波。
4. 三相恒压恒频的逆变器与变频逆变器在控制和主电路结构上有何差异？
5. 说明调节串联谐振式高频感应加热电源的功率和低损耗的原理。

第 4 章　不间断电源 UPS

本章介绍了 UPS 的基本概念和结构，讨论了 UPS 设计中的特殊问题：UPS 同步锁相技术、逆变电源和市电的切换电路、蓄电池充电和维护等。本章还介绍了当前的研究热点，UPS 的模块化及串并联冗余技术。

4.1　UPS 的功能及原理

4.1.1　概述

UPS(uninterruptible power supply)即不间断电源，主要用于给重要设备提供不间断电能供应。典型的 UPS 的结构图如图 4.1 所示，当市电输入正常时，UPS 将市电整流通过逆变器或直接稳压后提供给负载供电，此时的 UPS 是一台交流稳压器，同时向机内蓄电池充电；当市电发生中断时，UPS 立即将电池的电能通过逆变转换向负载供电，使负载维持正常工作。随着科技的发展和社会的进步，人们对用电质量的要求越来越高，UPS 的功能已经不仅仅是不中断供电，还要求高品质供电。

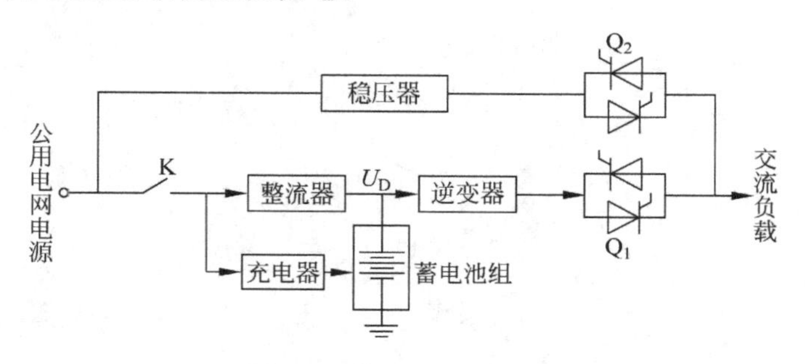

图 4.1　典型 UPS 结构图

随着电力电子技术的不断发展，UPS 的性能也在不断提高，正向小体积、高效率、高可靠性、动态性能好、功能全面、控制灵活的特性发展。如今，UPS 产品种类越来越齐全，包括从几百乏小型单相 UPS 到数兆乏大型三相 UPS 供电系统，以满足生产、生活中不同的需求。

4.1.2　UPS 的类型及其工作原理

UPS 的分类方法很多，按输出波形分有方波、梯形波和正弦波；按有无机械运动分有动态 UPS 和静态 UPS，动态 UPS 是依靠一个大飞轮存储的动能来维持供电不中断，静态 UPS 是以蓄电池储能，应用电力变换技术实现不间断供电；根据 UPS 的电路结构、不间断供电的方式及人们的习惯，UPS 又分为后备式、双变换在线式、在线互动式和双变换电压补偿在线式(Delta 变换式)4 种类型。

1. 后备式 UPS

后备式(offline)UPS,又称离线式 UPS,是静态 UPS 的最初形式,它是以市电供电为主的 UPS,其工作原理如图 4.2 所示。

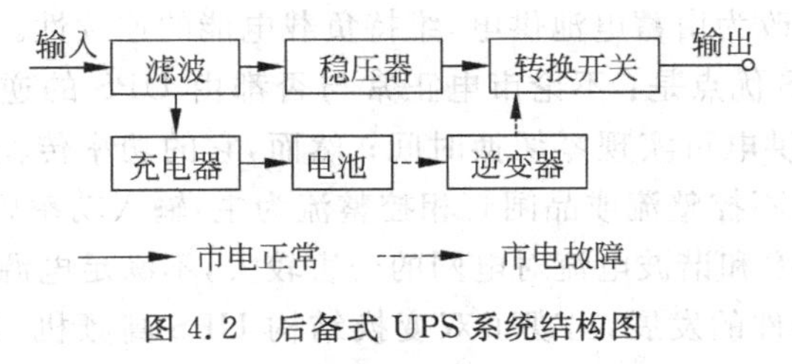

图 4.2　后备式 UPS 系统结构图

当市电电压处于 175V～264V 的正常值时,UPS 首先经低通滤波器对电网高频干扰进行适当的衰减、抑制处理,然后分两路去控制后级电路正常运行。一路到充电器对 UPS 内的蓄电池组进行充电,另一路到交流旁路通道上的简单稳压电路(如变压器抽头调压式稳压电路),经过转换开关向负载供电(转换开关一般由小型快速继电器或接触器构成,转换时间为 2ms～4ms);转换开关是由 UPS 逻辑控制电路控制的。逆变器处于空载运行,不向外输出能量。

当市电供电故障(如市电电压低于 175V 或高于 264V 时)或供电中断时,UPS 将按下述方式运行:充电器停止工作;转换开关在切断交流旁路通道的同时,将负载同逆变器输出端连接;逆变器将蓄电池中存储的备用直流电变换为 50Hz/220V 电压,维持对负载的电能供应。根据负载要求,逆变器输出电压可设计成正弦波、方波或准方波。

后备式 UPS 的优点是:结构简单、可靠性高、效率高、成本低;缺点是供电波形质量较差、频率适应性差、市电转换逆变器工作转换时间较长(4ms～10ms)。一般后备式 UPS 功率多在 2kVA 以下。

2. 双变换在线式 UPS

双变换在线式(online)UPS 工作原理如图 4.3 所示,当市电正常时,由市电经 AC/DC、DC/AC 两次变换后供电给负载,故称它为双变换在线式 UPS。当市电异常时,它由蓄电池经过 DC/AC 变换供电,只有逆变器发生故障,才通过转换开关切换,市电直接旁路给负载供电。是一种以逆变器供电为主的工作方式,以图 4.3 说明它的工作过程。

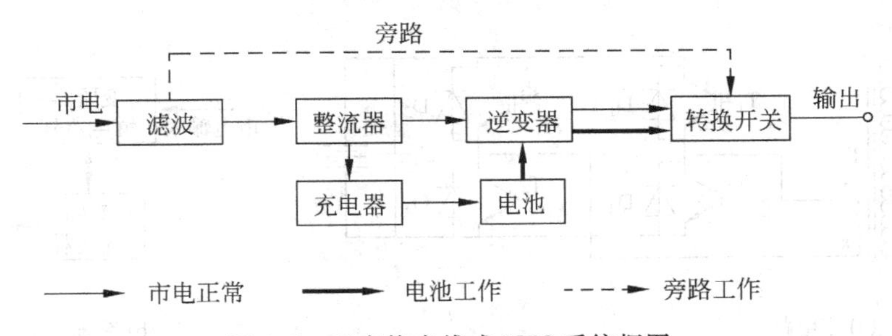

图 4.3　双变换在线式 UPS 系统框图

当市电正常时,经滤波,分 3 路去控制后级电路:第 1 路是交流电整流变换为直流电,经充电器对蓄电池组进行浮充电;第 2 路是经过整流器和大电容滤波变为较为平稳的直流电，再由逆变器变换为稳压稳频的交流电，通过转换开关输送给负载；第3路是转换开关的控制，如果逆变器出现故障，在逻辑控制电路调控下，UPS转为市电直接给负载供电。

当市电出现故障（供电中断、电压过高或过低），UPS工作程序如下：关闭充电器，停止对蓄电池充电；逆变器改为由蓄电池供电，维持负载电能的连续性。

双变换在线式UPS优点是：不论市电正常与否都由UPS的逆变器供电，系统供电质量好，市电转换到电池供电可实现零切换时间；然而，它的功率传输要经过两次转换，系统效率低、成本高，整机以不控整流或晶闸管相控整流为主，输入功率因数较低，输入电流高次谐波可达30%，无功功率和谐波电流对电网的公害较大，不满足电源绿色化的要求。

随着高频技术和器件的发展，出现了双变换结构UPS高频机，系统结构框图如图4.4所示。输入通过高频PWM整流或APFC（有源功率因数校正电路），系统去掉输出变压器，大大降低了成本和系统的体积重量；可单独设计电池充电环节，电池配置灵活，从而提高了UPS的可靠性。解决了传统式UPS结构体积大、效率低和造价贵的问题，具有显著的优点，但是系统没有输出隔离变压器，不能满足对隔离有要求的用户。

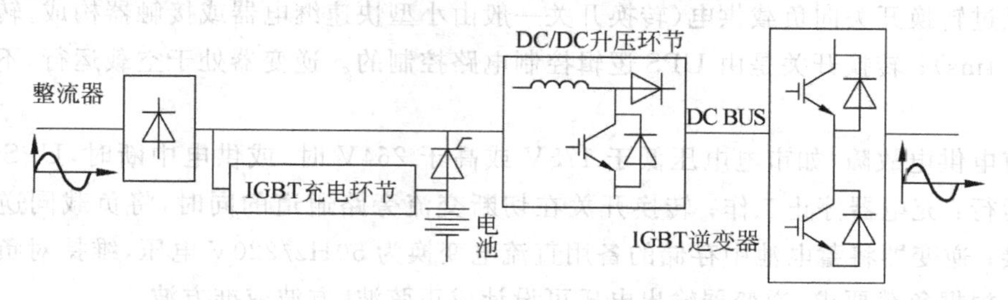

图4.4 UPS高频机系统结构图

3. 在线互动式UPS

在线互动式(line interactive)UPS，在线互动式UPS是一种介于后备式UPS和在线式UPS之间的产品，属于三端口(three-port)范畴。它和后备式UPS主要区别是有一个双向变换器，既可以整流，又可以逆变。系统如图4.5所示，市电输入正常时，它由继电器控制电流通路，向负载供电，继电器的接通点不同，变压器的变比不同，可以做到对输出基本稳压。同时UPS中双向变换器处于整流工作状态，给蓄电池组充电。当市电异常时，双向变换器可立即转换为逆变工作状态，将电池电能转换为正弦交流电输出，这种UPS常被称为准在线式UPS。

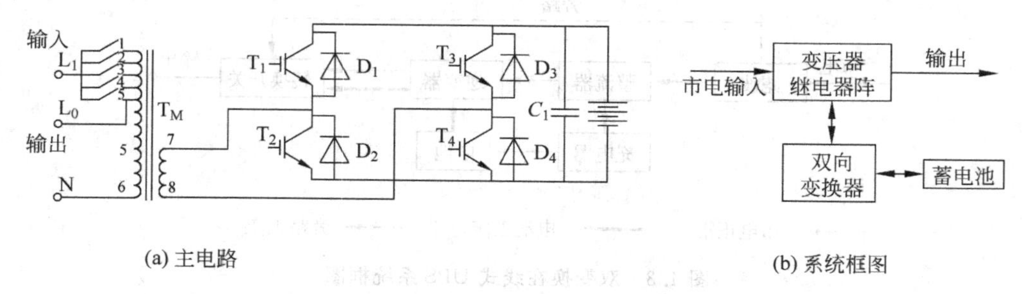

(a) 主电路　　(b) 系统框图

图4.5 在线互动式UPS原理图

在线互动式UPS省去了输入整流器和充电器，而由双向变换器配以蓄电池构成。

在线互动式UPS电路结构简单、成本低、可靠性高，效率可达98%以上。变换器直接接在输出端，处在热备份状态，对输出电压尖峰干扰有滤波作用，比后备式UPS切换时间要短，输出能力强，对负载电流峰值系数、浪涌系数、功率因数、过载等无严格限制，但在市电供电时，仅对电网电压粗略稳压和吸收部分电网干扰，输出电能质量较差，主要应用在对交流电压精度要求不高的场合。

4. Delta变换式UPS

Delta是增量的意思，Delta变换式UPS只对输出电压的差值进行调整和补偿，它的工作原理可以用图4.6说明。

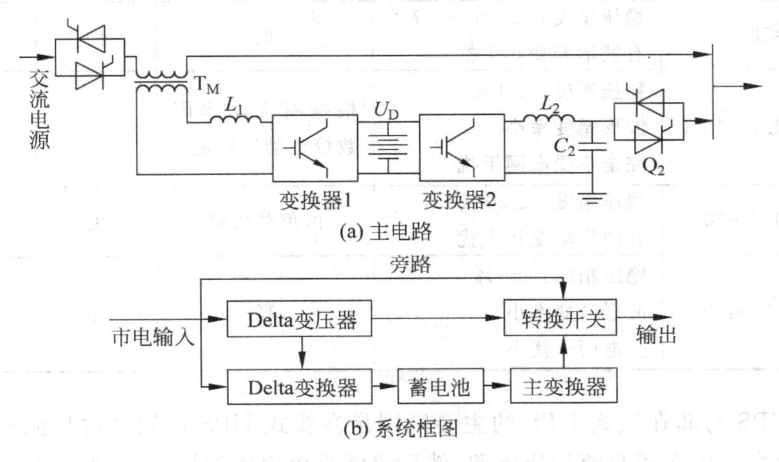

图4.6　Delta变换UPS原理图

图4.6(a)中的变换器1和变换器2都是双向AC↔DC SPWM变换器，两个变换器的直流侧接蓄电池。变压器T串接在电源电压u_S和负载电压u_L之间，市电正常时，它提供的补偿电压Δu既抵消电源中的谐波电压，又补偿基波电压，使负载得到稳定的正弦波电压。它的电压由前端变换器1经电感L_1提供，因此，前端变换器1称为串联补偿变换器(Delta变换器)；后端变换器经L_2C_2滤波后并联接在负载两端，称为并联补偿变换器(主变换器)，对主变换器进行实时、适式控制，使它输出的电压为正弦波电压，并向负载输出电流，补偿负载无功和谐波电流，使交流电源仅向负载输出基波有功电流，功率因数$\cos\Phi=1$，负载有功电流由交流电源与主变换器共同提供。这种UPS通过串、并联补偿变换器共同作用，可使负载电压补偿到与电源电压同相的额定正弦电压，同时电源仅仅输出基波有功电流。一旦市电停电，主变换器从蓄电池获取电能继续不间断的对负载供电。由于交流电网基波电压与额定值的差值一般不超过±15%，所以Delta变换器通常仅需补偿±15%的额定电压，故这种UPS除能获得优良的输入、输出特性外，还可减少变换器总容量，提高运行效率并增强UPS过载能力。

Delta变换式UPS的优点是：市电存在时，主变换器和Delta变换器只对输出电压的差值进行调整和补偿，所以功率裕量大。Delta变换器完成输入端的功率因数校正功能，使得输入功率因数可达0.99，谐波电流下降到3%以下，整机效率可以达到96%。主变换器始终连接在系统输出端，从市电到蓄电池的切换不会产生供电中断。缺点是主电路和控制电路相对复杂，降低了系统的可靠性。

4.1.3　典型 UPS 的性能对比

综上所述，在市电故障时，各种 UPS 的输出电能质量取决于逆变器输出电压质量，差别不会很大，只有在市电正常时，由于电路结构和工作状态不同，各种 UPS 的性能差别较大。各种 UPS 在市电正常时的性能比较如表 4.1 所示。

表 4.1　典型 UPS 主要性能对比

UPS 类型	容量范围 /kVA	输出电压质量	输入功率因数	切换时间	效率和过载能力
后备式	<2	稳压精度：±4%～±7% 有波形畸变和干扰	低	长	高
双变换在线式	0.7～1500	稳压精度：±1% 波形畸变率小 完全不受电网干扰	根据有无功率因数校正措施而定	无	低
在线互动式	0.7～20	稳压精度：±20% 有波形畸变和干扰	由负载决定	短	高
Delta 变换式	10～480	稳压精度：±1% 波形畸变率小 受电网干扰小	高	无	较高

在线式 UPS 与非在线式 UPS 的主要区别是在线式 UPS 首先经过整流和大电容滤波将普通的市电交流电变成直流稳压电源，然后再将直流电源经脉宽调制处理，由逆变器重新转换为稳压稳频的交流电源，因为经过了一级 AC/DC 变换，原来存在于电网上的电压不稳、频率漂移、波形畸变及噪声干扰等不利因素，随着输入交流电被整流成直流电而消除，因此它属于将市电电源进行彻底改造的“再生型”电源；而非在线式 UPS 只对市电电源的电压进行不同程度稳压处理的“改良型”电源，它对除电压之外的其他电源问题改善程度相当有限，同时市电供电正常时，它们的输入与 UPS 输出处于非电气隔状态。

不同电路结构的 UPS 的主要技术指标如表 4.2 所示。如果按技术性能的优劣来排序，其顺序为：在线式、Delta 变换器式、在线互动式、后备式，而就价格高低排序，则正好相反。

表 4.2　不同电路结构的 UPS 主要技术指标对比

项目	类型 指标	国家标准	后备式	在线互动式	双变换在线式	Delta 变换式
输入指标	输入电压范围	+10%～−15%	+15%～−25%	+15%～−25%	+10%～−20% +15%～−30%	+15%～−15%
	输入功率因数	0.8	取决于负载	取决于负载	0.7～0.95 (0.99)	0.99
	输入频率	50Hz±2.5Hz	电网同步	电网同步	±1%～±8%	±1%～±8%
	输入电流谐波	未规定	取决于负载	取决于负载	≤30%(<3%)	<3%

续表

项目	类型 指标	国家标准	后备式	在线互动式	双变换在线式	Delta 变换式
输出指标	电压稳定度	±5%～±10%	±5%～±10%	±5%～±10%	±2% (±1%)	±1%
	波形失真度	＜5%	与电网和 负载有关	与电网和 负载有关	＜(3%～5%) (＜2%)	＜3%
	负载功率因数	0.8	市电不限 (0.7)	市电不限 (0.7)	0.7～0.8(0.9)	0.8～0.9
	电流峰值系数	未规定	市电不限 (电池3∶1)	市电不限 (电池3∶1)	5∶1	市电不限 (电池3∶1)
	动态电压瞬变范围	±10%	＜5%	＜5%	＜5% (＜2%)	＜5%
	瞬变响应时间	≤100ms	＜20ms	＜20ms	＜20ms (＜5ms)	＜20ms
	负载不平衡度	≤±2.5%			＜±2.5% (＜±1%)	＜±2.5%
	总效率	＞80%	市电98% (逆变＜80%)	市电98% (逆变＜80%)	82%～92%	市电96% 逆变＞90%
	过载	10min	市电不限	市电不限	满足	满足
	旁路开关切换时间	＜5ms	＜8ms	＜1ms	＜1ms	＜1ms
	附注：国家标准指GB/T 14715—93；括弧内数字指有些品牌UPS能达到的指标。					

4.1.4 UPS的发展方向

随着IT业数据处理量的加大以及应用范围的扩大，对供电质量提出了更高的要求，同时各用电系统对UPS也提出了更高的要求。目前UPS技术的发展方向主要有：提高逆变器的开关频率，应用新型开关器件实现高效率、小型化；采用微机控制实现UPS的智能化和网络化；采用全数字控制手段，满足各种负载(如非线性负载、三相不平衡负载)的要求、减少谐波、提高可靠性；在UPS输入侧设置必要的功率因数校正装置，实现UPS的绿色化；采用冗余并机技术，提高UPS的容量和可靠性，即实现UPS的大容量单机冗余化。

1. 控制系统的全数字化

早期的UPS逆变器都采用模拟器件来控制，传统模拟控制的特点是：

(1) 控制电路复杂，使用元器件多，器件特性差异使得电源一致性差。

(2) 变动控制方法，必须修改硬件控制板，工作量大，设计周期长。

(3) 因硬件实现的局限性，控制上仅能采用PID调节等方法。一些先进的控制方法无法实现或实现起来非常困难而不能采用。

近年来，随着专用集成电路(ASIC)、现场可编程逻辑器件(FPGA)及数字信号处理器(DSP)技术的发展，UPS的控制逐渐由模拟控制转向数字控制，即向数字化方向发展。UPS逆变器数字化控制的特点是：

(1) 控制电路的元器件数量明显减少,提高了系统的抗干扰能力。

(2) 电源输出控制采用软件处理,设计、调试和修改灵活,电源性能一致性好。

(3) 输出电能质量好,可靠性高,便于实现智能控制。

(4) 采用高档微处理器和数字信号处理器的数字化控制,有利于提高 UPS 的效率、可靠性以及多台 UPS 的并机。

(5) 容易实现与计算机网络的通信,通过网络对关键器件进行有效的监视,对已发生的故障进行冗余措施处理。

与 UPS 的数字化控制相对应,各种各样的离散控制方法已成为研究的热点,如无差拍控制、重复控制、离散滑模控制及人工神经网络控制等。

2. 主电路拓扑高频化和软开关技术

UPS 的高频化一方面是指逆变器开关频率的提高,由于新型开关器件 IGBT 的广泛使用,中小容量 UPS 逆变器的开关频率已经可以做到 20kHz 左右,大容量 UPS 逆变器由于受开关损耗的限制,为了保证系统的整体效率,开关频率一般在 10kHz 左右; UPS 的高频化的另一方面体现在中小容量 UPS 中,即采用高频隔离的形式取代笨重的工频隔离变压器,这是 UPS 高频化的真正意义。高频隔离可以采用两种方式实现: 一种方式是在整流器与逆变器之间加一级高频隔离的 DC/DC 变换器; 另一种方法是采用高频链逆变技术,分别如图 4.7(a) 和图 4.7(b) 所示。在大容量 UPS 中,由于工频变压器引起的矛盾相对不如小容量 UPS 突出,而且大容量的高频逆变器、整流器和高频变压器的制作分别受到高频开关器件容量和高频磁性材料的限制而难于实现,因此不适合采用高频隔离。

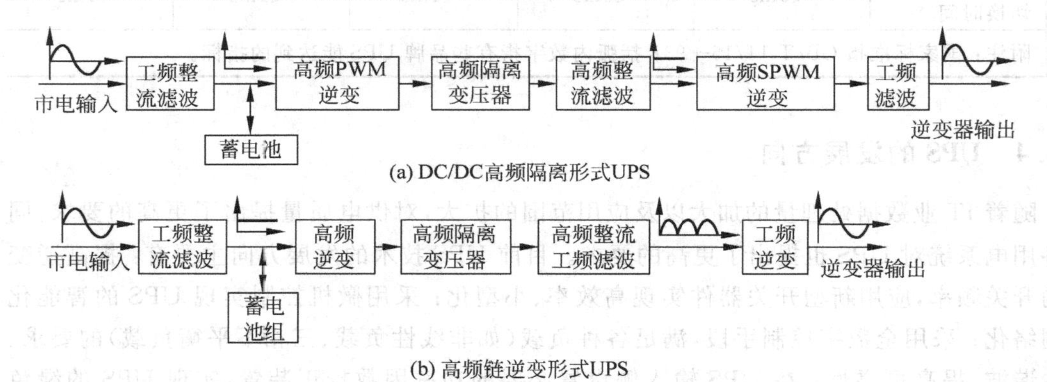

(a) DC/DC高频隔离形式UPS

(b) 高频链逆变形式UPS

图 4.7 高频隔离 UPS 系统结构框图

图 4.7(a) 所示为在通用双变换在线式 UPS 中,插入一级高频 DC/DC 隔离变换器构成的高频隔离 UPS,其优点是结构简单,控制方便; 缺点是系统中存在两级高频变换,导致整个装置损耗增加,效率明显降低。图 4.7(b) 所示的高频链逆变器形式可解决这个问题,它将高频隔离和正弦波逆变结合在一起,经过一级高频变换得到 100Hz 的脉动直流电,再经一级工频逆变而得到所需的正弦波电压,相对于高频直流隔离来说,高频链逆变器形式只采用了一级高频变换,提高了系统效率。但是,这种形式控制相对复杂,目前还处于研究阶段,只在小容量 UPS 中有部分应用。

UPS 的高频化技术中,开关器件的开关损耗导致了高频化的困难,为此,采用软开关技术,减小器件应力和发热,提高系统工作效率,成为今后 UPS 技术的必然趋势。

3. 智能化

对运行中 UPS 状态进行检测，及时发现并处理故障，这种智能化要求是 UPS 研制的目标之一。为实现这些功能，需要借助于计算机技术，充分发挥硬件和软件各自特点，才能使 UPS 智能化。

一个智能化 UPS，一般是由普通 UPS 加上微机系统组成，微机系统通过对各类信息的分析综合，除完成 UPS 相应部分正常运行的控制功能外，还应完成以下功能：

(1) 对运行中的 UPS 进行实时监测、记录、显示，分析电路各部分工作是否正常，并形成数据档案，以备查询。

(2) 故障发生时，根据检测结果进行故障诊断，及时采取应急保护动作。

(3) 根据需要控制整流部分，按照蓄电池的不同要求，自动对蓄电池进行分阶段恒流充电。

(4) 按照技术说明书给出的指标，自动定期进行自检，并形成自检记录文件。

(5) 用程序控制 UPS 的起动或停止，实现无人值守的自动操作。

(6) 实现人机界面，可以随时向计算机输入信息、或从计算机获取信息。

4. 网络化

随着互联网技术的普及，用户向 UPS 提出了更新的要求：UPS 应具有联网功能，在网上可以随时观察 UPS 的各项运行参数，而且在市电或 UPS 故障时，可以向服务器、工作站等发出信息；当市电停电或蓄电池放电将要结束时，能够按照预先约定有序地关闭工作站、服务器等，使修理维护、操作、查询、监控更加便捷。

5. 绿色化

随着对电网质量标准要求的提高，要求 UPS 的输入功率因数不能太低，应尽量减小输入电流的谐波和从电网吸取的无功能量。这样，以往常用的不可控整流电路及相控整流电路就不能满足新的要求，加强抗电磁干扰能力，降低辐射干扰，将 UPS 输入功率因数提高到理想程度，这就是绿色无污染 UPS 的新概念。

一般说来，UPS 功率因数校正的方法有两种：无源功率因数校正和有源功率因数校正。

1) *无源功率因数校正*

即在 UPS 输入端加入电感量很大的低频电感，以便减小滤波电容充电电流的尖峰。这种校正方法比较简单，但是校正效果不理想，功率因数仅为 0.85 左右。此外用于功率因数校正的低频电感体积很大，增加了 UPS 的总体积和重量，系统成本提高，因此，目前这种方法采用很少。

2) *有源功率因数校正*

随着新型功率器件和新的控制方式的出现，采用有源功率因数校正的方法，使电源的输入功率因数接近 1 成为可能。其中有一种比较被动的方法，即采用有源滤波器进行无功和谐波补偿，虽然可以很好地改善 UPS 的输入功率因数，但增加了一套滤波装置，增加了电路和控制的复杂性，成本也大幅度地提高；另一种较主动的方法是采用功率因数校正电路，直接提高整流充电器的输入功率因数。在小容量 UPS 中，常采用升压型功率因数校正电路，控制芯片一般选用 UC3854，该电路的优点：电流连续、电流波形失真小、功率因数接近 1，储能电感也作为滤波器而抑制 RFI 和 EMI 噪声、开关管与逆变桥两个下管共发射极，使驱动电路简化、输出功率大。在大容量 UPS 中，多采用 PWM 整流器，它除具有前述电路的所有优点外，还可将蓄电池的能量逆变回电网，故可用于蓄电池放电。

6. UPS系统模块化和冗余化设计

UPS的模块化和冗余化设计，可提高系统的灵活性、可靠性。各个模块处于均流运行时，功率开关器件的电应力降低，开关损耗减小，并使电源系统的体积、重量大为降低。由于系统由标准化的模块组合而成，因而电源产品的种类减少，便于规范化，同时为实现大功率、高可靠性的电源系统提供了可能。

在分布式电源系统中，用户(负载)的配电是由分散的变流器完成，这需要大量的变流器以满足不同的负载功率要求。而模块化UPS则完全打破了UPS在功率上的局限，可像搭积木一样根据用户的需求任意组合，而当其中某一个模块发生故障时，可以热更换此模块，其他模块则平均分摊故障模块的负载，丝毫不影响系统的工作，从而提高了系统的安全性，方便了维护，节约了投资，给用户带来多方面的效益。

一个高利用性电源系统的设计中，主要考虑的问题就是能稳妥、快速地消除任一个单点故障的影响，否则就可能导致故障后果的扩散和连锁反应而使整个系统瘫痪。由于并联运行中的每个模块的外特性不一致，外特性好(电压调整率低)的模块可能承担更多的电流，甚至过载，而某些外特性较差的模块运行于轻载或空载，其结果必然是分担电流多的模块可靠性大为降低，因而，在多模块并联运行系统中必须引入有效的负载分配功能模块结构或负载分配控制策略，保证各模块间电应力和热应力的均匀、合理分配，防止一个或多个模块工作于电流极限状态。所以，对于电源模块的并联运行，应满足以下3个基本要求：

(1) 电源系统中各模块承受的电流能自动平衡，实现均流。

(2) 为提高系统的可靠性，应尽可能不增加外部均流措施，并使均流与冗余技术相结合。

(3) 当输入电压或负载电流发生变化时，应保持各个模块输出电压的稳定性，并有很好的均流瞬态响应特性。

随着电源设备系统化和网络化的实施，对电源模块并联冗余的要求也越来越高，常规的电源系统并机模块的数量也越来越多。近几年来出现了专门作为并联的全冗余电源系统，这种全冗余设计是指不但在控制电路上采用冗余设计，而且在功率变换部分也采用冗余设计。如在UPS系统中，整流器、逆变器、静态开关等均采用冗余设计，这种全冗余的系统设计使整个系统的可靠性大幅度提高，但这是以增加系统重量、体积和成本为代价的。

在另一方面，全冗余并联系统设计必须在系统工作正常时能实现带电切换维修和接入工作的系统，即要采用热插拔技术(hot-swappable)，否则系统的可靠性就会成为空谈。而热插拔技术要保证待切换的模块和正在运行着的其他模块的主电路和控制电路的特性不会恶化，而且不会伤及维修工作人员，因而，一般热插拔技术要注意以下几个问题。

(1) 应注意安全，操作时应该避免接触输入和输出电压。

(2) 为防止在热插拔时产生电弧，需要设置输入电流限制电路。对于较高电压或较低电流的应用场合，可采用一个正温度系数的热敏电阻，或通过检测输入电容充电完成时，再利用一个MOSFET管或继电器断开电阻的方法来限制电流。

(3) 利用更精密的电流限制电路。如在一个额定持续电流下工作的MOSFET管、电阻、电容和齐纳二极管，并将MOSFET管放置在负极输入端和模块之间。电容和齐纳二极管应放在MOSFET管的栅极和源极之间，电容通过电阻由正极输入端充电，此时MOSFET管将限制输入电流，直到由于栅极电量发生变化使其增强为止。齐纳二极管用于限制栅极的电压。

(4) 为减小热插拔时产生的扰动，应采用交错排列接脚的连接器，先连接热插拔卡模块的输入端，然后再连接输出端。交错排列接脚可简化启动冲击电流限制电路的设计。为防止连接器发生故障，其接脚必须能承受峰值电流。

(5) 输出热插拔电路应能防止热插拔时，输入、输出母线对模块的输入、输出滤波电容充电，或采用合适的电流限制技术。

7. UPS在功能方面、可用性方面、电路方面以及品种方面的发展

全数字化、绿色化、大容量单机冗余化、高频化、智能化和网络化是当今UPS发展的必然趋势，此外，UPS在功能方面、可用性方面、电路结构方面以及品种方面较以往也发生了较大的变化。

1) *在功能方面*

UPS除了其3大基本功能(稳压、滤波和不间断)外，逐步增加了自我监控功能、对外(打电话、寻呼、发短信息)告警功能、集中监控功能、环境监测功能、自动开关机功能、联网功能、电池自动补偿和检测功能、低功率损耗功能、直接并机功能，对供电电网呈现线性负载功能和对非线性负载/线性负载具有同等输出的功能，以及并机时可共用电池或分用电池功能等。

在使用过程中往往会出现如下情况，比如有些机房离控制中心很远，有的值班人员违反规定或往UPS上插电炉之类的非指定设备，造成UPS跳闸，像这种故障责任无法查找，现在的UPS就具有这样的实时监视功能和记录功能。

2) *在可用性方面*

目前UPS系统单单具有可靠性指标已经不够了，现在的发展方向是向可用性方面拓展。所谓可用性是指在规定时间内UPS系统利用率的百分比，目前比较重要的数据中心要求可用性A不能低于0.99999，也就是说，1年中的机器不可用时间T不能大于：$T=$1年的小时数$\times(1-A)=365\times24\times(1-0.99999)\text{min}\approx5\text{min}$。如果要求可用性指标是0.9999999，那么1年中允许停机的时间就是3秒，这些值才是用户真正需要的。因为可用性不但包括了UPS在内的硬件设备可靠性指标，而且还涉及到了人的因素、环境因素等，因为这些因素也同样可导致可用性的降低。比如操作人员的误操作以及无关人员非法闯入而导致的故障等。

为了提高可用性，UPS的解决方案又有了重大突破，这就是UPS系统能完全脱离了1台单独UPS机器的束缚，形成一种供电的基础结构，这种结构包括了$N+1$模块化冗余的UPS、配电系统、冷却系统、检测与监控系统以及数据线布线系统等，实际上就是一个浓缩了的柜式结构的小机房，用户的IT设备就被放置在一个机架结构中。这样一来，从电源到IT设备之间的环节(开关、断路器等)被简化了很多，可靠性提高了；机柜门上设有门锁，系统中凡是可以手动的部位都被置于门内，避免了无关人员的接触，也提高了可靠性；设备布线全部在机内，缩短了拉线距离等，都为提高可用性打下了基础。这种解决方案推出以后，很快就在一些重要部门和网络公司应用在可用性方面显示出了强大的优势。

3) *在电路方面*

由于传统双变换串联调整式UPS有一些缺点，比如输入功率因数低、效率低、带载能力差等，影响了可用性的提高。为了解决这些问题，制造商也采取了一些措施，比如针对输入功率因数低采取了加前置谐波滤波器或改为12脉冲整流器的方法，这就必然增加了机器的造价；针对系统效率低的问题，增加了所谓ECO(应急工作方式)运行方式，虽然可将系统效率提高到97%以上,但由于这是一种不经过整流和逆变器的 bypass(旁路)应急工作方式,效率再高也没有什么实际意义,至于带载能力差的问题,这只是一个市场问题,如果不把价格竞争放在第一位,造价稍高一些是完全可以解决的,但目前绝大部分产品好像还没有增加这个配置的打算。尽管在线互动式技术可以提高效率,但在其他指标上又稍逊一筹,再加之目前功率也做不大,只能供一些一般的中小型设备应用。采用Delta变换技术的串并联调整式结构将UPS的综合指标朝前推进了大步,不但解决了在传统双变换结构中长期无法解决的问题,而且在传统指标保持一流的情况下又增加了一些其他的功能,比如真正的软启动曲线和负载软转移性能等,使UPS又迈上了一个新的台阶,因此,这种技术一出现就得到了普遍的重视。

现在,多电平性的逆变结构以及各种输入输出模式的灵活组合方式等也逐渐成为UPS设计的热点,如以色列的伽玛创力公司的POWER+型UPS,在具备并联模块式组合的基础上,还可根据用户需求的不同,针对同一种型号的UPS,灵活的在现场构建成三进三出型、单进/单出型、三进/单出型或单进/三出型的电源系统。此外,UPS内的逆变器部分采用了三电平逆变器控制技术,使得逆变开关器件的开关损耗大大减小,比传统的逆变技术具有更高的效率和稳定度,更加符合UPS并机系统的应用,大大提高模块化并机运行的可靠性,其交流输入到交流输出的整机效率声称可达95%。

4) UPS品种方面

由于UPS的地位越来越重要,在以往原有的一般商用UPS、变频UPS、工业用UPS的基础上,为了适应市场的需要,又出现了专为某种用途而设的UPS系统。

(1) 小灵通UPS

这是一种专为移动通信区域化设计,功率为100VA～200VA的小功率UPS。该领域对电源的要求比较苛刻,由于这些UPS大都被安装在电线杆上、屋顶上、阳台上等无人照顾的地方,所以要求可用性高、输入电压范围大、耐寒、耐热、防风沙雨雪等,而且要修理方便。

(2) CATV UPS

这是一种用于宽带双向综合信息传输网的电源,大致有两种规格:60VAC/1.5A,60VAC/9A。作为国家三网中最有可能成为组建"三网合一"的第一代高速因特网技术平台,许多地方的CATV网都在进行改造,并对网络的管理提出了进一步的要求,当然首当其冲的是决定网络安全可靠连续运行的供电系统,为此要求电源系统首先要有自我监控和联网集中功能,以便随时掌握整个供电网络的运行情况,万一出现故障,就迅速做出判断和响应,尽管不能做到万无一失,也要将损失降到最低限度。比如有线电视网的光节点星罗棋布,每个节就要有一台UPS电源,他们也同样被安装在电线杆上、屋顶上、阳台上等无人照顾的地方,也要求可用性高、输入电压范围大、耐寒、耐热、防风沙雨雪等,而且要修理方便。该设备和其他UPS不同的地方是输出电压不是220VAC,而是60VAC。

(3) EPS(emergency power supply)

这是一种应急供电电源,UPS虽然也有应急的意思,但二者也有不同之处:EPS原则上是一种后备式的UPS,容量可以做得很大,应该带的负载性质和范围要宽;而UPS则不然,大部分UPS的负载功率因数为一个单值,带载能力相对较差。后备式UPS一般都在1kVA以下。目前市场上的EPS还多限于中小功率,而且还比较单调,比如多用于应急照明来代替原来的应急灯。这种电源也开始有了一定的市场。

4.2　UPS 的组成和设计

图 4.8 为不间断电源装置组成框图。它由整流器(或 PFC 电路)、逆变器、蓄电池组、交流滤波器、静态开关、旁路电源、备用电网(如油机)、整流器(或 PFC 电路)触发控制电路、逆变器触发控制电路、静态开关控制电路和辅助电路等组成。其中辅助电路又包括电压、电流、频率、温度等的检测电路,辅助电源,启动和停止电路、显示电路,逆相和缺相检测电路,保护和报警电路等。

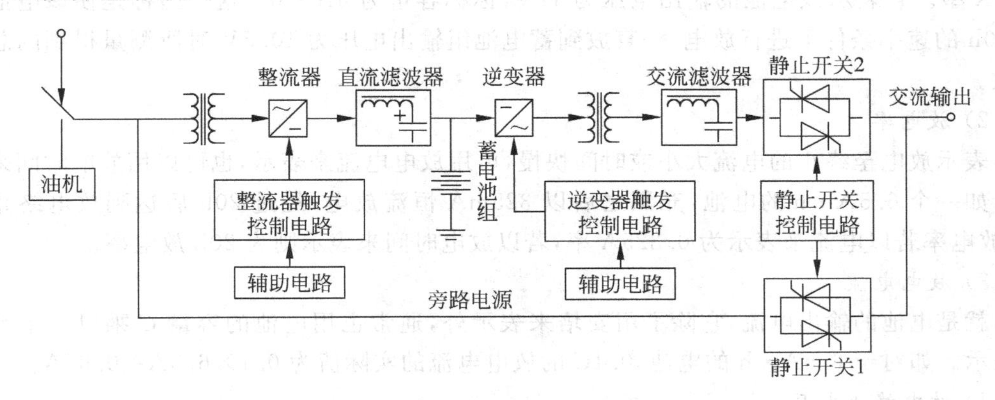

图 4.8　不间断电源装置组成框图

4.2.1　蓄电池组

1. 蓄电池的种类及其工作原理

UPS 电源要求蓄电池必须具有在短时间内输出大电流的特性,供电时间能维持 10 分钟左右。常用的蓄电池有 3 种,它们都属于铅酸电池:经济型的 HS 型电池和适合于低温工作的 AHH 型电池;适用于长放电时间要求的 CS 型电池;小型密封式 M 型电池。

目前在中小型 UPS 电源中被广泛使用的是无需维护的密封式铅酸 M 型蓄电池,它的价格比较贵,大约占 UPS 电源总生产成本的 1/4～2/5。以上各种蓄电池的结构,原理和特点如表 4.3 所示。

表 4.3　UPS 常用蓄电池种类

名　　称	涂浆式高效铅电池	覆盖式铅电池	小型密封铅电池
型号	HS	CS	M
活性物质	阳极	二氧化铅(PbO_2)	
	阴极	海绵状铅(Pb)	
电解液	稀硫酸(H_2SO_4)		
比重	1.24/10℃	1.215/20℃	
反应式	$PbO_2+2H_2SO_4+Pb=PbSO_4+2H_2O+PbSO_4$		
标称电压	2.0V		
阳极板结构	在铅锑合金格子里填充阳性活性物质	在铅锑合金心棒与外包裹的玻璃纤维管之间填充阳极活性物质	在铅钙合金格子间填充阳性活性物质
阴极板结构	铅锑合金格子里填充阴性活性物质		铅钙合金格子里填充阴性活性物质

2. 蓄电池的基本性能指标

在UPS中,蓄电池是系统的支柱。没有蓄电池的UPS只能称为稳压稳频(CVCF)电源。在市电异常时,逆变器直接将蓄电池的化学能转变为交流电能输送出去,使用电设备得以连续运行下去。在选用蓄电池时,应注意以下的几个蓄电池基本性能指标。

1) 容量

表示电池在充满电的情况下的储能多少,用放电电流与放电时间的乘积来表示,单位为安时(A·h)。例如,目前在UPS中所用的小型铅酸电池的典型容量规格为12V、6A·h的20HR型。它表示该电池的输出电压为12V,标称容量为6A·h。这一指标是使该电池组以20h的速率条件下进行放电,一直放到蓄电池组输出电压为10.5V时所测量得到的总安时数。

2) 放电率

表示放电至终止的电流大小或时间快慢,可用放电电流来表示,也可以用放电时间来表示。如一个6.5A·h的电池,充满之后以325mA恒流放电,经过20h后达到放电终止电压,放电率若以电流来表示为0.325A率,若以放电时间来表示则为20h放电率。

3) 放电电流

就是电池的输出电流,它除了用安培来表示外,通常也用电池的容量C乘以某个系数来表示。如对于6.5A·h的电池,0.1C的放电电流的实际值为$0.1\times6.5\text{A}=0.65\text{A}$。

4) 放电终止电压

表示电池不允许再放出电能时的电压,通常为1.75V/单格。

5) 自放电率

电池在不用时其内部也会消耗能量,一般以C/天来表示,如0.01C/天。

3. 蓄电池的充电和维护

新的蓄电池在安装完毕后,一般要进行一次较长时间的充电,称为初充电。蓄电池的初充电电流大小应按说明书规定值,或按额定容量的1/10取值。

蓄电池在放电终了后可进行再充电,称为正常充电。正常充电时,一般采用分级定流充电方式,即在充电初期用较大电流、充电一定时间后,改用较小电流,至充电后期改用更小电流。

在线式UPS电源正常工作时,是按照连续浮充制的充电方式对蓄电池进行充电的。连续浮充制是指充电用的整流器和蓄电池以并联供电的工作方式运行。在浮充过程中,负载电流全部由整流器供给,这时蓄电池接受来自整流器的部分电流补充电池组自身的局部放电消耗,在电路上相当于一个大电容,可起平滑滤波作用。

均衡充电也叫做过充电。蓄电池组在正常使用过程中会由于电解液液面位置、比重、温度、各电池单元的端电压、电池内阻等的变化引起不均衡情况,这种不均衡会导致蓄电池组无法再次充电使用。为了防止蓄电池这种不均衡的不断加剧,在一定时间内应分别对电池组中的每个单元进行均衡充电,使电池的每个单元都达到均衡一致的良好状态。在进行这种操作时所用的充电电压就叫做电池的均充电压。

在对电池进行充电操作时,其充电电流大小必须严格遵循产品说明书要求,否则会大大降低蓄电池的使用寿命。蓄电池典型的充电特性如图4.9所示,充电初期恒流充电,当蓄电池端电压达到其浮充电压后,转为恒压充电。

由于电池的充/放电特性较为复杂，且用户对 UPS 要求不断提高，该充电方式还是无法满足要求，且长期的浮充也会影响电池的寿命，所以 UPS 的用户在长时间不用电池时需要定时将电池放电。更为科学的电池管理应该是将简单的电池充放电控制真正上升为全面的电池管理系统，做到贴近电池特性，智能化、自动化管理电池日常操作(包括充放管理，维护管理，故障预防及报警管理等)，扩展服务功能。

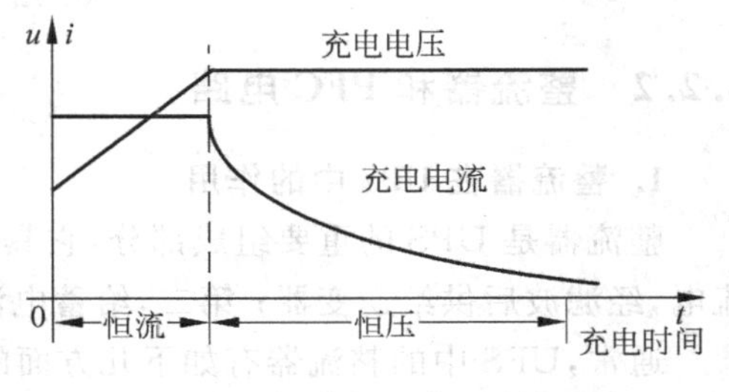

图 4.9　UPS 蓄电池典型充电过程

运用开关电源的变换电路可以构成 UPS 的充电电路，完成恒流充电和稳定电压的功能。

4. UPS 蓄电池容量的选择

蓄电池必须在一段时间内给逆变器提供电能，并且在额定负载下，其电压不能下降到蓄电池允许的临界放电电压以下。由于蓄电池的可供使用容量与放电电流大小、蓄电池工作环境温度、蓄电池贮存时间的长短、负载种类和特性等因素密切相关，只有在充分考虑这些因素之后，才能正确选择蓄电池的可供使用容量与标称容量的比率。

当确定用户所需的 UPS 电源的额定输出功率，以及市电中断后所需的电池组的后备供电时间等运行参数后，结合蓄电池生产厂家给的放电特性曲线，可以确定 UPS 应该配置的蓄电池的标称容量，具体计算如下。

(1) 计算蓄电池的最大放电电流。蓄电池的最大放电电流指当 UPS 工作在额定输出功率情况下，蓄电池电压下降到临界放电电压时的放电电流，可用下式估算：

$$I_{\max} = \frac{P\cos\Phi}{\eta E_{\min}} \tag{4-1}$$

式中 P 为 UPS 电源的标称输出功率；$\cos\Phi$ 为 UPS 电源的输出功率因数，一般取为 0.8；η 为逆变器效率，一般取 0.88～0.94；$E_{\min}$ 为蓄电池组的临界放电电压(12V 蓄电池的临界放电电压约为 10V，2V 蓄电池的临界放电电压约为 1.67V)。

(2) 根据蓄电池的工作温度和用户确定的蓄电池后备工作时间，查蓄电池的放电特性曲线表，可以得到电池组的放电速率值。

(3) 由放电速率等于放电电流与蓄电池标称容量的比值，可得蓄电池的标称容量为

$$C = \frac{I_{\max}}{\text{蓄电池放电速率}} \tag{4-2}$$

例如：一台输出功率为 120kVA 的 UPS 电源，要求蓄电池的后备工作时间为 30min，该电池组的临界放电电压为 320V，求所需电池组的标称容量。

首先计算该电池组的最大放电电流为

$$I_{\max} = \frac{120 \times 10^3\,\text{VA} \times 0.8}{0.9 \times 320\text{V}} = 333.3\text{A} \tag{4-3}$$

根据后备工作时间 30min 的要求，查蓄电池放电特性曲线表，此时需要电池组提供的放电速率应为 0.92C 左右。据此可得电池组的标称容量应为

$$C = \frac{333.3}{0.92}\text{A} \cdot \text{h} = 362\text{A} \cdot \text{h} \tag{4-4}$$

4.2.2 整流器和PFC电路

1. 整流器在UPS中的作用

整流器是UPS的重要组成部分,它具有两个主要功能:第一,将市电交流电转换为直流电,经滤波后供给逆变器;第二,给蓄电池提供充电电压,因此可起到充电器的作用。

通常,UPS中的整流器有如下几方面的要求:

(1) 整流器的输出电压的大小要能调节,以满足对蓄电池进行浮充电和均衡充电的要求。

(2) 整流器的输出要稳定,一般稳态精度要达到1%。

(3) 具有一定的过载能力。

(4) 整流器的输出电压的纹波要小,一般要求在额定负载时小于额定输出电压的1%。

(5) 具有过载、短路、过热、过电压、欠电压等保护和报警功能。

(6) 启动要平稳,运行要稳定可靠。

整流器一般采用可控整流电路,其原因主要是逆变器希望能得到一个电压稳定的电源,同时蓄电池充电电压需要进行调节。在采用可控整流电路的形式方面,通常用三相桥式半控整流电路、三相桥式全控整流电路和带平衡电抗器的12脉波整流电路等。

2. 整流器和充电器

整流器和充电器是两个既不相同又有密切联系的概念。整流器是指将经过工频隔离变压后的交流市电转换为直流电的装置,一般采用二极管全桥整流或晶闸管相控整流。充电器则是指给蓄电池充电的装置。

在小容量UPS中,大都将整流器和充电器分开,因为:

(1) 整流器的输出电压一般是不稳定的,然而蓄电池的最高充电电压是已经限定的,必须用一个稳压电源作为充电器。

(2) 蓄电池的充电电流不能过大,这就要求充电器具有稳流和限流功能。

然而,大容量UPS中,大都将整流器和充电器合二为一。因为,在大容量UPS中,控制电路成本仅占造价的很小一部分,因此控制电路设计得稍微复杂一些也不会显著增加成本。反之,如果将整流器和充电器分开,电路中所用电力电子器件数量就会增加,成本则会大幅度提高。当然,这种情况下,整流充电器必须采用可控整流的形式,从而使整流充电电路具有稳压功能,并能对蓄电池充电电流进行控制。

小容量UPS因为其充电电压低、充电电流小,所以广泛采用开关电源作为充电器。为了节省成本,一般采用无变压器隔离的形式,如降压斩波电路、升压斩波电路等。相反,大容量UPS由于充电电压一般高达几百伏,充电电流为几十安,采用大容量开关电源不仅制造困难,成本高,而且系统的可靠性较差。同时,大容量UPS一般将整流器和充电器合二为一,为了避免造成电网供电三相不平衡,一般采用三相可控全桥整流电路作为它的整流充电器。

小容量UPS一般采用恒压充电或恒压限流充电的形式。虽然恒压充电电路具有电路简单、成本低廉等优点,但在这种充电电路中,蓄电池组初期充电电流较大,对蓄电池的寿命有一定的影响。因此,大容量 UPS 一般采用分级充电控制的形式,即充电初期将整流充电器控制成电流源,完成对蓄电池的恒流充电。当蓄电池端电压达到其浮充电压后,再将整流充电器控制成电压源,完成对蓄电池的恒压充电。为此,整流充电器多采用电压电流双闭环控制方案,外环为电压环,控制充电电压为蓄电池浮充电压。内环为电流环,控制充电电流不超过蓄电池某一允许的最大充电电流。图 4.9 示出了整流充电器的典型充电特性。

3. 功率因数校正电路(PFC)

近年来,随着对电源输入性能要求的提高,要求 UPS 的输入功率因数不能太低,尽量减小输入电流的谐波和从电网吸取的无功能量。这样,原先的不可控整流电路及相控整流电路就不能满足新的要求,各著名的 UPS 生产厂家纷纷采取措施改善电源的输入功率因数。功率因数校正技术已在 2.4 节讨论。

4.2.3　逆变器

1. 逆变器在 UPS 中的作用

逆变器是 UPS 的核心部分,负责把整流滤波后得到的直流电或蓄电池存储的直流电转化为用户所需的稳压稳频的交流电能。对于大多数 UPS 来说,逆变器输出电压质量的高低,在很大程度上决定了整个 UPS 的性能。常规的 UPS 对逆变器的要求如下:

(1) 能输出一个电压稳定的交流电,无论是输入电压出现波动还是负载发生变化,它都要达到一定的电压稳定精度,静态时一般小于±2%。

(2) 能输出频率稳定的交流电,要求该交流电能达到一定的频率稳定精度,静态时一般为±0.5%。

(3) 输出的电压及其频率,要在一定的范围内可以调节。一般输出电压可调范围不小于±5%,输出频率可调范围不小于±2Hz。

(4) 具有一定的过载能力,一般能过载 125%～150%,当过载 150%时要能持续 30s,过载 125%时要能维持 1min 或更长时间。

(5) 输出电压的波形,含谐波成分应尽量小,一般输出波形的失真率控制在 5%以内,这样有利于缩小滤波器的体积。

(6) 具有短路、过载、过热、过电压、欠电压等保护和报警功能。

(7) 启动要平稳,起动电流要小,运行要稳定可靠。

(8) 应具有快速的暂态响应。

2. UPS 逆变器的类型

根据 UPS 的类型以及用户的不同要求,应选择合适的逆变器类型,逆变器类型参见表 3.1。小容量 UPS 多用于给计算机供电,其逆变器的输出多为方波或梯形波,因此这种形式的逆变器结构简单、控制方便。而大容量 UPS 的输出必然为正弦波,因为其负载除计算机外,还包括各种各样的照明设备、通信设备及精密仪器,对电源的输出质量要求高。

3. UPS 逆变器主电路结构选择

逆变器的主电路结构有全桥型、半桥型及推挽型等。小容量后备式方波输出 UPS 多采用推挽式逆变器结构,中大容量 UPS 一般采用全桥式逆变器结构,极少数也采用半桥式逆变器结构。

UPS 逆变器根据其容量和用途的不同,有输入输出隔离型和非隔离型两种结构。对于小容量UPS来说，一般输入输出无需电气隔离，即使需要隔离，可以采用前级DC/DC高频隔离或直接采用高频链逆变器的结构形式来实现。中大容量UPS多用于为机场、医院以及电厂等重要部门提供后备能源，电能的使用包括计算机、照明以及重要的仪器设备等，为了安全起见，要求UPS的输入输出必须电气隔离。采用高频隔离或高频链的形式不适合于中大容量UPS，基于以上原因，绝大多数中大容量UPS均采用输出接工频变压器来实现系统输入输出的电气隔离。

小容量方波输出UPS因为输出容量小，电压和电流不大，因此开关器件多选用电力MOSFET。而大容量正弦波输出UPS多采用IGBT作为它的开关器件。

4. UPS中逆变器主电路实例

主电路是双Boost有源功率因数校正及半桥逆变结构，如图4.10所示。

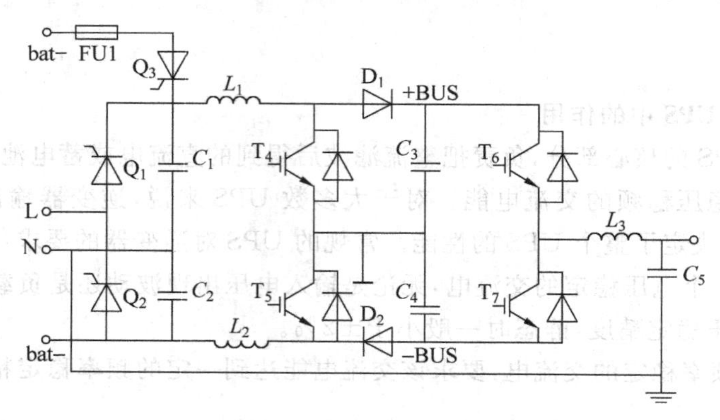

图4.10 有源功率因数校正及半桥逆变结构

可控硅 Q_1、Q_2 组成整流电路；开关管 T_4、T_5，电感 L_1、L_2 以及直流电容 C_3 和 C_4 构成双Boost功率因数校正PFC环节；开关管 T_6、T_7，电容 C_3 和 C_4 构成半桥逆变电路；L_3、C_5 构成低通滤波器。其中PFC环节在电池工作时用作电池升压，实现电池电压270V升到390V的转换。

1）市电模式工作原理

正半周晶闸管 Q_1 开通整流：Q_1、L_1 和 T_4 组成一个升压型APFC电路。IGBT半桥上管 T_4 工作，开通时经过L、L_1、Q_1、N通路为电感 L_1 储能，关断时经过L、L_1、D_1、C_3、N通路为+BUS充电。

负半周晶闸管 Q_2 开通整流：Q_2、L_2 和 T_5 组成一个升压型APFC电路。IGBT半桥下管 T_7 工作，开通时经N、L_2、T_2、L为电感 L_2 储能，关断时经N、L_2、D_2、C_4、L为-BUS充电。

工作原理为：正半周 L_1、T_4、C_3 组成升压型功率因数校正电路，检测输入电压电流和+BUS电压反馈来控制 T_4 的开通关断实现功率因数校正；负半周 L_2、T_5、C_4 组成升压型功率因数校正电路，检测输入电压电流和-BUS电压反馈来控制 T_5 的开通关断来实现功率因数校正。

从其工作原理可以看出，虽然是双管架构，但是每半周只有一个晶闸管和一只IGBT管工作，因而其导通控制可以和单管一样分析（其实设计也是如此），只是在不同的半周由不同的单管工作。

2) 电池模式工作原理

电池模式下的工作情况要复杂一些，可分为4种工作状态：

(1) 上下管一起开通，电池电压经 T_4 和 T_5 为电感 L_1、L_2 储能。

(2) 上管通、下管断，电池电压经 L_1、T_4、C_4 形成闭合回路，－BUS 电容 C_4 充电。

(3) 上管断、下管通，电池电压经 L_2、T_5、C_3 形成闭合回路，＋BUS 电容 C_3 充电。

(4) 上下管一起关断，BUS 电容为负载放电。

工作原理为：电池模式下通过同步信号使两管一起开通，然后根据＋BUS 和－BUS 反馈信号的不同，决定关断的顺序，以达到调节两个 BUS 电压平衡的目的。可以看出与市电模式下不同的是，市电情况下，T_4 的占空比决定了＋BUS 的电压，而在电池模式下则相反，因而在电池模式下的控制也不同，是＋BUS 的电压反馈用来控制 T_5，－BUS 的电压反馈用来控制 T_4。这样才可以实现控制目的。

控制电路采用两个 UC3854BN 芯片，每个芯片提供一个 IGBT 单管的脉宽控制。根据工作模式选择不同的反馈来控制相应的控制芯片。市电工作时，采用＋BUS 反馈提供给控制上管 T_4 的控制芯片，－BUS 反馈提供给控制下管 T_5 的控制芯片；电池工作时，应采用－BUS 反馈提供给控制上管 T_4 的控制芯片，而＋BUS 反馈提供给控制下管 T_5 的控制芯片。

4.2.4　逆变、市电的切换电路

转换电路是保证 UPS 供电不间断的关键部分，同时起到保护 UPS 和负载的作用。当 UPS 输出过载时，为了保护逆变器，转换电路将电源输出由逆变器切换到市电；当市电故障时，为了保证负载供电的连续运行，转换电路又可以将电源输出由市电切换到逆变器上。

转换开关的功能是实现市电供电与逆变器供电之间以及市电整流供电和蓄电池供电之间的转换。UPS 中目前常用的开关有3种：机械继电器(或接触器)、静态开关以及混合式开关。3种开关如图4.11所示。

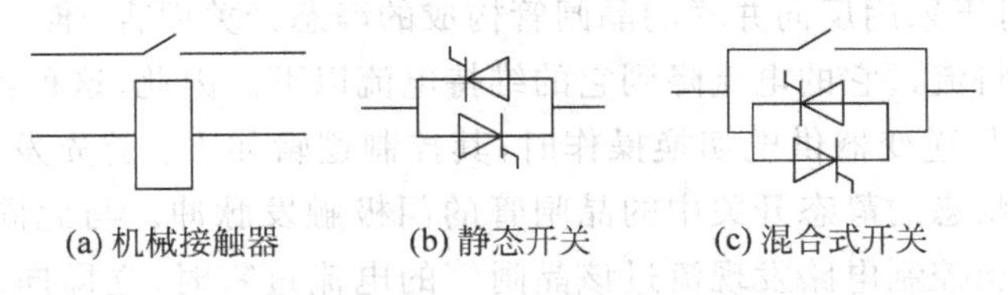

(a) 机械接触器　(b) 静态开关　(c) 混合式开关

图4.11　UPS 中常用的转换开关

1. 机械继电器

在控制线圈的作用下，通过机械触点的闭合或断开来达到控制电路通断的目的，一般用于小容量 UPS 中。

图4.12(a)为采用一个具有常开触点和常闭触点的机械继电器作为市电与逆变器供电通道切换元件，这种电路的优点是结构简单，两路切换时具有自动互锁功能，工作可靠性高。但是，一方面受切换时间的限制，切换时造成一段时间的供电中断；另一方面由于在中小容量 UPS 中很难保证出现在同一继电器中的常开触点和常闭触点上的两路交流电源在市电旁路供电至逆变器供电转换瞬间相位完全相同，操作时很可能在其常开触点和常闭触点上

形成“电弧”而产生瞬时短路，严重时酿成事故。为了克服单继电器做转换开关的不足，在小型在线式 UPS 中普遍采用双继电器控制方式，即用两个互锁特性的继电器分别将市电回路及逆变器回路与负载相连，如图 4.12(b)所示。为了保证控制的可靠性，必须使两个继电器的触点处于互锁状态，即当 K_1 处于接通状态时，K_2 必须处于关断状态，反之亦然。这个方案可以有效地防止“电弧”导电事故的发生，但采用继电器作为转换开关的缺点是不能很好地解决 UPS 对后级负载不间断和无扰动供电的问题。

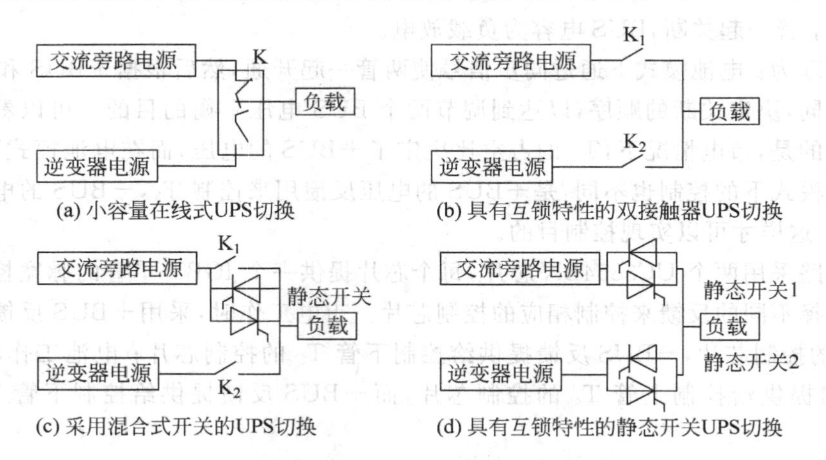

图 4.12 采用各种开关作为转换元件的 UPS 转换

2. 静态开关

要真正达到负载供电的不间断，同时避免两路电源同时向负载供电引起环流，则两路供电通道都必须选用静态开关作切换元件，如图 4.12(d)所示，静态开关由两个反向并联的快速晶闸管构成。但是其中还有一个问题，就是晶闸管一旦触发导通，即使将加在它的门极上的触发脉冲去掉，晶闸管仍然保持导通状态，而且一直维持到流过晶闸管的电流小于它的最小维持电流或者加在晶闸管阳极上的电位低于阴极上的电位时，晶闸管才会重新恢复它的阻断能力。这样，对于采用反向并联的晶闸管构成的静态开关而言，惟一确保晶闸管静态开关被关断的条件是将流过它的电流降到它的维持电流以下。因此，这种类型的 UPS 在执行市电交流旁路供电与逆变器供电切换操作时，其控制逻辑如下：首先发出控制命令去立即封锁原来处于导通状态的静态开关中的晶闸管的门极触发脉冲。与此同时，随时检测流过该晶闸管的电流。当控制电路发现流过该晶闸管的电流过零时，立即向原来处于关断状态的静态开关中的晶闸管的门极发送触发脉冲，从而实现在两个静态开关之间的换流切换操作。

由于快速晶闸管的导通时间只是微秒数量级，所以在技术上能实现向负载提供切换时间为零的连续供电要求。不足之处是，静态开关导通时具有一定的管压降，增加了系统损耗，降低了系统效率。

3. 混合式开关

图 4.12(d)为采用混合型开关构成的一种转换电路。当 UPS 从市电旁路供电至逆变器供电转换时，由控制电路同时向继电器 K_1 和 K_2 发出控制信号，使 K_1 的触点断开而 K_2 的触点接通。由于继电器吸合时间比释放时间长，为了避免出现 UPS 对负载的瞬间供电中

断现象，在对继电器进行控制的同时，还向静态开关送去控制信号，使静态开关进入导通状态维持 30ms～80ms。采用这种方案后，当 UPS 在执行市电旁路供电至逆变器供电切换时就会出现由市电旁路电源和逆变器电源同时向负载供电，从而实现对负载的不间断供电。同理，当 UPS 从逆变器供电至交流旁路供电转换时，也可采用让静态开关与继电器同时导通的方法来实现对负载的不间断供电。当然，由于市电旁路电源与逆变器电源在市电旁路供电向逆变器供电转换瞬间时是并联的，这就要求来自市电旁路的正弦波电压和逆变器输出的正弦波电压不但必须是同频率、同相位和同幅度，而且它们的波形失真度也必须尽可能小。如果执行转换瞬间这几个参数中的任何一个不相同，有可能造成两路交流电源之间出现瞬态电压差而引起很大环流，严重时会烧毁 UPS 电源。

当然，如果电路需要快速关断时，采用混合式开关就不能做到了，因为它的关断速度取决于机械继电器的关断速度。

4.2.5　滤波电路

UPS 的滤波电路包括交流输入滤波、直流电压滤波以及交流输出滤波 3 大类。滤波电路的设计主要考虑差模滤波和共模滤波对系统的影响，其功能是要改善变换器从电网来的供电质量以及对负载供电的电压质量。输出电压滤波器的功能就是要将开关电路输出的直流电压中的交流分量滤除，只将直流平均值电压输出给负载；或者将开关电路输出的交流电压中的谐波电压滤除，只将正弦基波电压输出给负载。同时，电力电子开关电路的输入电流，在直流电源供电时不可能只是平直的直流电流而含有谐波电流；在交流电源供电时，开关电路的输入电流也不可能只是基波正弦电流而含有高次谐波电流。输入滤波器的功能就是要抑制电力电子变换电路电源输入电流中的谐波电流，改善供电电源的供电特性。一般滤波电路的设计方法参见本书第 3 章和第 8 章。

在 UPS 中，输出交流滤波器的作用是滤除逆变桥输出 SPWM 波中的谐波分量，表面看来好像 LC 滤波参数越大，系统输出波形越好。实际上，滤波时间常数越大，不仅滤波电路的体积和重量过大，而且滤波电路引起的相位滞后也变大，采用闭环波形反馈控制时，整个系统的稳定性也就越差。相反，滤波参数选得过小，系统中的高频分量得不到很好的抑制，输出电压就不能满足波形失真度的要求。因此，选择滤波器参数时，要综合考虑上述两方面的因素。

由于逆变桥输出脉宽调制波中的谐波主要分布在开关频率附近，因此一般选取 LC 滤波器的谐振频率满足

$$\omega_n = \frac{1}{\sqrt{LC}} \approx 0.1 \times 2\pi f_S \tag{4-5}$$

式中 f_S 为开关频率。

LC 的乘积确定后，还要分别确定滤波电感和滤波电容的值。一般说来，加大滤波电感，可以减小流过滤波电感的电流纹波，从而相应减小了流过开关管的峰值电流，减小了器件损耗。而且，滤波电感加大，一定负载下的系统阻尼加大，系统的控制稳定性增加。但是，滤波电感增加，滤波电路的体积和重量明显加大，而且滤波电感上的基波压降增大，影响了基波电压的输出。因此，滤波电感既不能选得太小，又不能选得太大，要综合考虑各方面的因素。可以根据滤波器特性阻抗，结合式(4-5)来选取。滤波器特性阻抗为

$$\rho = \sqrt{\frac{L_f}{C_f}} \tag{4-6}$$

假设额定负载电阻为 R_L，可取系统特性阻抗为

$$\rho = (0.5 \sim 0.8) R_L \tag{4-7}$$

4.2.6 旁路控制电源和系统辅助电源

旁路控制电源在UPS中是不可缺少的组成部分，主要给静态开关（或电磁开关）供电，以完成市电和逆变供电的切换。如果缺少它，不间断装置就变得不完善。一般都取市电为旁路控制电源，其系统组成比较简单，通常由隔离变压器降压、不控整流器、滤波器、稳压控制器（三端稳压器或DC/DC变换器）等部分组成。旁路电源通常作为备用电源，与系统辅助电源并联运行。

UPS系统中需要一组低压直流电源，如±12V、±20V、±5V等，给信号检测单元、显示和通信环节、开关器件的驱动、保护电路以及控制系统电路供电。通常UPS系统中采用第2章2.2节介绍的单端反激开关电源的DC/DC变换器作辅助电源。辅助电源作为整个UPS的控制系统的供电电源，在很大程度上决定了系统运行的可靠性。

4.2.7 接地装置、保护和报警系统

1. 接地装置

无论从安全的角度，还是从抗干扰的角度，UPS的接地无疑是重要的。从本质上讲，接地的目的是为了在正常的事故以及雷击的情况下，利用大地作为接地电流回路的一个元件，从而将设备接地处固定为所允许的接地电位。接地电位的大小，除与电流的幅值和波形有关外，还和接地体的几何尺寸以及地的电参数有关。UPS对接地的要求为：减小接地电阻，注意接地处地面上的人和设备的安全，接地要可靠，避免假接地。

通常UPS有3种接地装置，分别如下：

(1) UPS装置外壳接地，称保护接地，或称机壳接地。通常UPS电源装置的对地绝缘电阻都能达到一定的标准，但在带电部分和机壳之间存在着一定的电容，当电源装置处于正常工作的情况下，在接地线中仅流过很小的电容电流。然而，当电源装置内部或外部发生碰线和短路时，在接地线中就会有很大的电流流过，通过接地端流入大地，这时不但要求接地线能安全迅速地将这种大电流泻放到大地，而且还要求在接地线上的升高后的电位值低于安全值。

(2) 电源装置触发控制电路及其控制回路中的逻辑“地”接地，称为逻辑接地，在国外，有时也称为感应干扰措施接地。有了逻辑接地，可以消除或减轻外面的干扰信号和感应信号对控制电路系统的影响，从而保证系统稳定地工作。如果控制回路中的逻辑地不进行接地，当干扰信号进入控制回路后，逻辑地的电位将发生漂移，从而导致各种控制电压的大小发生变化，影响系统各部分的正常工作状态，甚至导致某些控制部分发生误动作，使电源装置整个系统工作不协调，甚至发生故障。

UPS装置内部的主电路以及装置外部还存在较强的电场和磁场，它们将影响到控制电路，特别是交变的电场和磁场在控制回路中感应出电压（电势）信号，影响到逻辑地的电位，从而影响到电源装置工作的稳定性。

(3) 避雷器接地，或称防雷接地。为保护UPS装置不会因为雷击而受到损害，或者不会因为雷击而产生误动作，所以要设置避雷器，并对避雷器进行接地。这种接地，一般都应用在高压电源设备的进线柜。

2. 保护和报警系统

UPS装置应具有过载保护、过电压保护、欠电压保护、短路保护、过热保护、输入缺相或相序错误(对三相输入型UPS)的保护、通信异常保护等措施。而对静止型不间断电源装置来说，除具有上述几种保护措施之外，至少还应具有对蓄电池温度异常和防止电解液液面过低等问题的保护措施。对于使用在重要场合的静止型不间断电源装置，必须具备以上这些保护措施。对于使用在一般性场合下的静止型不间断电源装置，可采用其中的几种保护措施。有了这些保护，就能够避免或者减轻设备受到意外的损坏，延长它的使用寿命。但仅仅有了这些保护措施还是不够的，还应该建立报警显示系统。当电源装置发生故障时，应由报警显示系统及时正确地发出报警信号，以便帮助操作维护人员及时发现情况，分析原因，排除故障。否则，必将影响设备运转，也会影响到生产的正常进行。

下面介绍一下这几种保护措施的作用。

1) 过载保护

电源装置都具有一定的过载能力，但电源装置不能超载过大，或者超载时间持续过长。如果电源装置长时间处于过载运行、或者过载电流过大，会使它大量发热而又来不及散热，导致电源装置中的元件和部件被损坏，使设备受损伤或损坏。因此，这种情况是不允许出现的，必须有过载的保护措施。

2) 过电压保护

主电路过电压或输入、输出过电压会损坏零部件和影响系统运行的稳定性，同时还会冲击负载，影响生产，因此，必须要有过电压保护。一般过电压保护包括两种类型：对主电路的过电压保护(包括交流输入、交流输出和直流电压等的过电压)；对触发控制电路的过电压保护。

3) 欠电压保护

如果电源装置的输入电压过低，它就不能正常工作。因此，要限制电压不能低于允许的最低值，其方法是采用欠电压保护。它包括：电源装置的交流输入端欠电压保护、直流输入端欠电压保护、交流输出端欠电压保护等。

4) 短路保护

短路对设备危害极大，因为它产生的电流大，要烧坏元件、损坏绝缘。因此对电源装置的短路保护必须要加强，绝对不能忽视。短路保护的一般措施有：

(1) 对整流器和逆变器用快速熔断器作短路保护。

(2) 三相交流电源输入开关附有熔断器和跳闸线圈，直流输入电源开关附有熔断器，交流输出开关附有熔断器。当发生短路或过载时，这些熔断器或跳闸线圈将起保护作用，停止电源装置运行。

(3) 使用快速电流检测器件(如电流霍耳、电流互感器等)检测实际的线路电流，并将其送入控制保护系统进行快速保护。

5) 过热保护

UPS电源装置中的整流变压器、换流电感、逆变输出变压器、滤波电感器、滤波电容器、可控硅和硅整流元件等都会发出大量的热量。当冷却排气风扇发生故障而停止运行时,电气柜中的温度将会很快地上升。由于散热不良,温度过高,很可能导致零部件损坏。即使零部件不被烧坏,也会导致电源装置工作不正常,系统工作不稳定。因此,设立过热保护是很有必要的。

一般 UPS 的过热保护有两种方案:第一种是采用热电耦进行保护点的温度检测,将检测信号送入保护控制系统中实施现场保护;另一种方案是采用半导体温度继电器做整流器和逆变器等的过热保护。即将温度继电器安装到需要保护的零部件上,当温度升高,达到半导体温度继电器的设定温度值时,它就动作,使熔断器熔断或将保护信号(触点信号)送入控制系统中实施保护动作。

6) 蓄电池的液面和温度保护

当蓄电池中的电解液减少过多以后,会将极板露出液面。极板露出液面后会使蓄电池的温度上升速度加快,从而导致使其在充电过程中的化学反应加剧,其结果又使温度的上升速度加快,造成恶性循环。这样会缩短蓄电池的使用寿命。因此,我们要对蓄电池定期补充蒸馏水,不能让极板露出液面。一般蓄电池的液面检测多采用人工电检和波面检测仪两种方法。当然现在的 UPS 一般选用免维护电池,其电解液的液面控制就显得并不重要了。但保护蓄电池温度不超过最高允许温度是十分必要的。

引起蓄电池温度升高的原因有很多,主要有:充电电压过高,充电电流过大,长时间处在均等充电工作状态;蓄电池中的电解液减少,极板露出液面;充电电流中所含的交流分量较大。除此之外,由于室温高或者通风不良,也会使蓄电池温度升高。通常限制蓄电池最高温度不超过 45℃。

7) 三相输入型 UPS 的输入电压异常(缺相或相序错误等)的保护

市电电压幅值异常是三相 UPS 在运行过程中遇到的最频繁的外部故障。市电故障将导致整流电路无法获取足够的功率输入,其外在表现有两点:第一,直流母线电压下降;第二,输出电压下跌。因此在电池不是直接挂接在直流母线上的系统,需要立即转换为电池供电,保证负载功率的连续。

输入相序错误常见于系统初次上电接线有误或者市电故障后另接入一路市电或发电机的情况下。其结果将导致逆变输出与市电各相不同步,不能实现旁路供电和逆变供电的运行切换。

4.3 UPS 输出电压控制

4.3.1 UPS 输出电压波形控制

逆变器的性能在很大程度上决定了整个不间断电源的性能,逆变器输出电压的质量成为衡量 UPS 性能的一个重要指标。随着 UPS 在各行各业中的应用越来越广泛,人们对 UPS 逆变器输出电压的质量要求也越来越高。不仅要求逆变器的输出电压稳定以及工作可靠,而且要求其输出电压正弦度要好,动态响应速度要快。输出电压波形控制技术参见本书 3.1.4 节。

4.3.2 UPS 同步锁相技术

为了避免 UPS 的逆变器与市电旁路之间相互切换时对负载产生过大的冲击，UPS 逆变器在运行过程中必须与市电正弦电压相位基本重合。对于在线式 UPS，当存在市电输入且市电频率在限定的范围以内时，其逆变器输出必须与市电保持频率和相位一致；当市电频率不在规定范围以内或市电掉电的情况下，逆变器则不跟踪市电的频率和相位，而是采用控制器内部产生的高精度 50Hz 信号作为同步信号进行输出。通常，市电电压频率会因电网负荷变化等因素影响而无法维持恒定，因此需要检测逆变器与输入市电的频率差和相位差，通过闭环控制来进行调节逆变器输出电压的频率和相位，使逆变器与市电保持相位同步运行，即 UPS 的同步锁相控制。

在并联控制系统中，并联运行的 UPS 需要经常在自振和锁相之间切换，同时又要保证各 UPS 之间完全同步(同频同相)。数字锁相环(DPLL)因其控制精度高、灵活性好，在各种 UPS 中应用非常广泛。

1. 锁相环的工作原理

基本的锁相环如图 4.13 所示，包含鉴相器(phase detector，PD)，环路滤波器(loop filter，LF)以及压控振荡器(voltage controlled oscillator，VCO)这 3 个基本部件。锁相环是一个闭环控制系统，鉴相器 PD 对输入信号 $u_i(t)$和反馈信号 $u_f(t)$的相位作比较、运算处理，其输出信号可表示为

$$u_d(t)=f[\theta_e(t)] \tag{4-8}$$

式中 $\theta_e(t)$表示输入信号与输出信号的相位差，$f[\cdot]$表示运算关系。

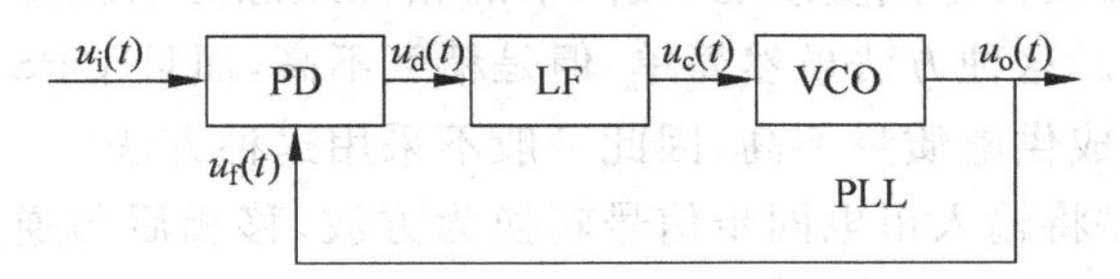

图 4.13 锁相环的基本原理

滤波器 LF 是一个线性低通网络，用来虑除 $u_d(t)$中的高频成分和调整环路参数，它对环路的性能指标有重要的影响。LF 的输出信号 $u_c(t)$被用来控制 VCO 的频率和相位。VCO 是一个电压/频率变换装置，它的频率 $\omega_v(t)$随 $u_c(t)$变化，它们的关系可表示为

$$\omega_v(t)=\omega_0+K_0u_c(t) \tag{4-9}$$

式中 ω_0 为 VCO 的固有振荡频率，即控制电压 $u_c(t)$为 0 时的输出频率，K_0 决定 VCO 的灵敏度。

鉴相器检测输入信号与反馈信号的相位偏差，利用相位偏差产生控制信号，从而减小或消除相位偏差。这就是锁相环的工作原理。

为了更形象地解释锁相环的工作原理，可以进行定量的分析。

设输入市电信号

$$u_i(t)=U_i\sin(\omega_it+\theta_i) \tag{4-10}$$

即环路的输入相位为 $\omega_it+\theta_i$，则输出相位为 $\omega_0t+\int K_0u_c(t)\mathrm{d}t$，假设为单位反馈环，则环路

的瞬时相差为

$$\theta_e(t)=\omega_i t+\theta_i-\left[\omega_0 t+\int K_0 u_c(t)\mathrm{d}t\right] \tag{4-11}$$

对式(4-11)两边进行微分，得瞬时频差为

$$\frac{\mathrm{d}\theta_e(t)}{\mathrm{d}t}=\omega_i-\omega_0-K_0 u_c(t) \tag{4-12}$$

假设低通滤波网络 LF 取为 1，对输入相位和输出相位的误差采用比例调节器 K_p 调节，则有

$$u_c(t)=u_d(t)=K_p\theta_e(t) \tag{4-13}$$

将式(4-13)代入式(4-12)得

$$\frac{\mathrm{d}\theta_e(t)}{\mathrm{d}t}=\omega_i-\omega_0-K_0K_p\theta_e(t) \tag{4-14}$$

解此一阶微分方程，得

$$\theta_e(t)=\frac{\omega_i-\omega_0}{K_0K_p}(1-\mathrm{e}^{-K_0K_pt})+\theta_e(0)\mathrm{e}^{-K_0K_pt} \tag{4-15}$$

式中，$\theta_e(0)$为初始相差。当 t 趋于无穷大时，$\theta_e(t)=\frac{\omega_i-\omega_0}{K_0K_p}$，也就是当 $\omega_i\neq\omega_0$ 时，$\theta_e(t)\neq 0$。而市电信号的角频率 ω_i 是在一定范围内随机变化的，这就无法保证 ω_i 任何时候都与固有角频率 ω_0 相等。因此，在锁相环中，用比例调节器无法消除输出信号与输入信号的瞬时频差。

2. 传统的锁相环设计

传统的锁相环是由硬件电路实现的，最简单的相位跟踪方法就是用外电网电压波形直接去控制 UPS 逆变器。这种方法虽然简单，但是精度不高，而且 UPS 也相应地跟随电网频率偏移而同比偏移，造成供电质量不高，因此一般不采用这种方法。

通常采用的方法是将输入市电同步信号转换为方波，移相后与逆变器同步方波进行比较，得到反映相位差的电压。此电压控制压控振荡器输出频率，以产生与电网同相的逆变器同步方波。这是一个闭环反馈控制过程，图 4.14 所示为模拟在线式 UPS 同步锁相电路，由晶体振荡器、分频器、同步信号选择器等部分组成。CD4046 是常用的 CMOS 锁相环集成电路，其特点是电源电压范围宽，输入阻抗高(约 100MΩ)，动态功耗小，属于微功耗器件。

2.16MHz 晶体振荡器 Y 作为频率源，经各级分频电路分频后，U_3 输出频率为 50Hz 的脉冲信号，作为内振信号。U_4 输出频率为 49.5Hz 的脉冲信号作为下限频率脉冲。U_5 输出频率为 50.5Hz 的脉冲信号作为上限频率脉冲。

同步信号选择器是由两块集成锁相芯片 U_6、U_7，三个非门 U_8、U_9、U_{11}，一个或门 U_{10}，两个电子开关 U_{12}、U_{13}，电阻 R_3～R_4，电容器 C_3～C_4 组成。同步信号选择器的工作过程如下。

当市电频率在 49.5Hz～50.5Hz 范围内时，U_6 和 U_7 的输出 u_o 的频率 f_o 为 49.5Hz～50.5Hz；U_6、U_7 输出均为"1"，因此 U_{10} 输出"0"，U_{11} 输出"1"，电子开关 U_{12} 闭合、U_{13} 断开。市电方波作为同步信号加在 U_{14} 的输入端。同理，当市电频率不在 49.5Hz～50.5Hz 范围内时，电子开关 U_{12} 断开、U_{13} 闭合，50Hz 内振方波作为同步信号输出。同步跟踪电路由 U_{14} 及 N 分频器构成，这里分频系数 N 取为 1，只要适当选择 U_{14} 的外接 R、C 值，就可使其 4 脚

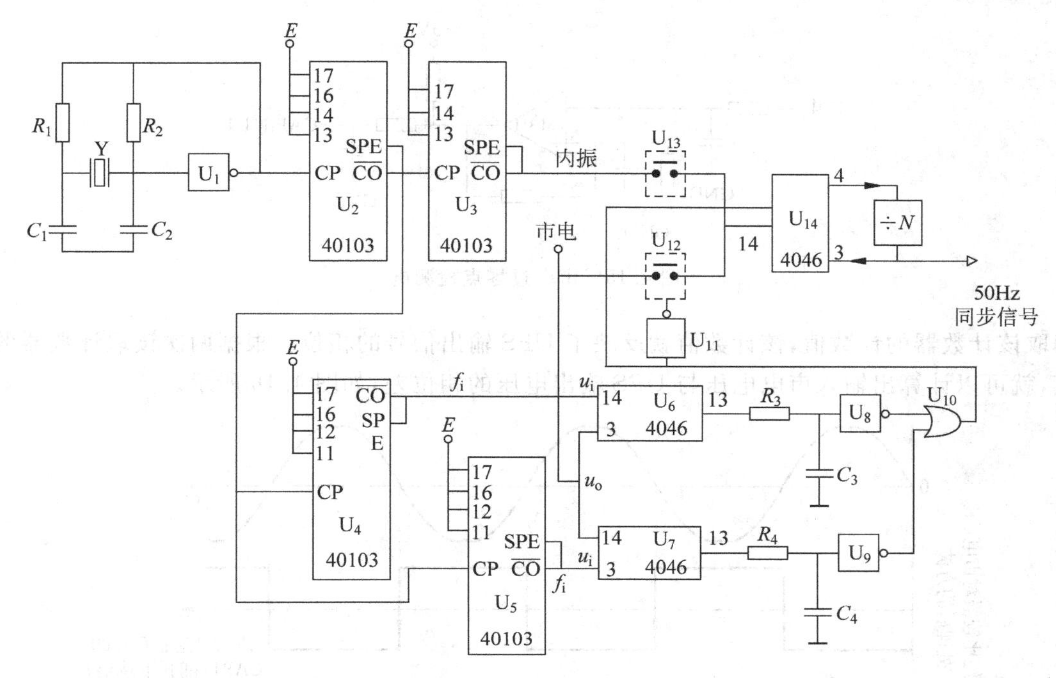

图 4.14　UPS 同步锁相电路

输出与 14 脚输入信号同频同相的 50Hz 信号。

对于后备式 UPS，电网电压出现不正常时要切换的主要依据是瞬时电压峰值。检测电网幅值的模拟电路方法是：电网电压分压并整流后，经过一个 *RC* 电路充电。当电网正常时，电容上有合适的电压值，当电容上的电压超过或跌落出一定范围之后，就认为电网发生故障。控制电路发出逻辑信号，使静态开关迅速动作，转由 UPS 逆变器向负载供电，保证负载供电的不间断性。应该注意，要等电网侧静态开关电流过零时，才启动逆变器侧的静态开关。

3. 数字锁相控制环(DPLL)设计

1) 数字锁相环的模型分析

UPS 的同步锁相技术是衡量 UPS 系统性能好坏的一个重要指标。传统 UPS 采用的模拟锁相环，它的响应速度慢、精度和稳定性差；在微机控制的 UPS 中，采用单片机、数字信号处理器，通过软件编程进行计算即可实现锁相环和电网幅值检测的数字控制，从而克服上述缺点。

UPS 的数字锁相环也跟普通的锁相环一样，包括相位误差检测、调节器的调节、压控振荡器 VCO 改变输出信号频率几个过程。

相位误差检测首先包括一个如图 4.15 所示的市电过零点检测电路，把正弦市电电压转换成方波信号，该方波就代表市电电压的相位。将该方波信号送到 DSP(如 TMS320F240)事件管理器模块的某个捕获单元(假设捕获单元 1)引脚，设置上升沿或下降沿捕获，就能够在方波信号发生相应跳变时进入捕获中断 CAPINT1；同时事件管理器还包括 3 个 16 位的计数器，设置一计数器(假设为 T2 计数器)，在捕获中断内，读取该计数器的计数值，该计数值就包含了输入信号市电电压的相位。同时，在 UPS 逆变器调制波的相角为零的地方再次

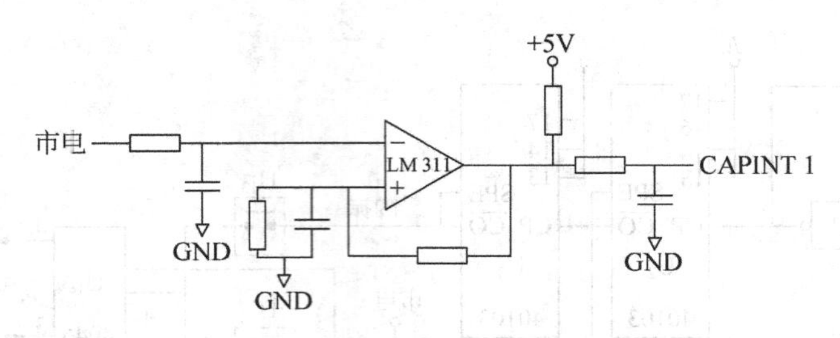

图 4.15 市电过零点检测电

读取该计数器的计数值，该计数值就反映了 UPS 输出信号的相位。根据两次读取计数器的值，就可以计算出输入市电电压与 UPS 输出电压的相位差，如图 4.16 所示。

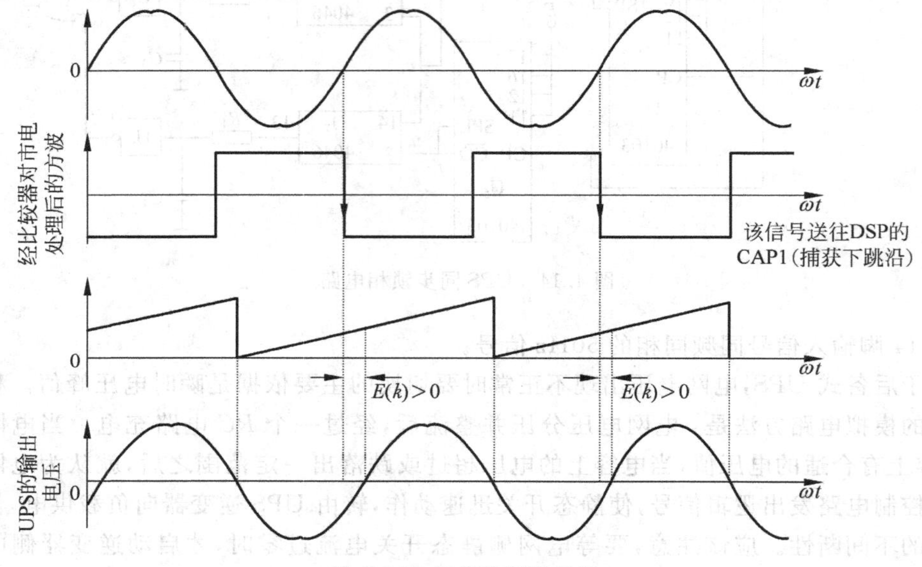

图 4.16 相差检测示意图

检测到相差后，采用一个 PI 调节器调节，调节器的输出改变输出信号的周期，可用公式表示为

$$T_v(s) = T_0 - u_c(s) \tag{4-16}$$

式中 $T_v(s)$为输出信号的周期；T_0 为相对于 VCO 的固有振荡频率 ω_0 的固有周期；$u_c(s)$为 PI 调节器的输出。

因为输出信号的频率即为周期的倒数，从而改变了输出信号的周期就使输出信号的频率得到改变。

UPS 的输出电压为

$$u_o(t) = U_o \sin(2\pi f_v t + \theta_0) \tag{4-17}$$

式中 U_o为输出电压的幅值；f_v 为输出电压的频率；θ_0 为初始相角。

所以在 t 时刻输出信号的相位为

$$\theta_v(t) = \theta_0 + 2\pi f_v t \tag{4-18}$$

综合上述锁相环的控制过程可描述为图 4.17 的控制框图。图 4.17 中前向通道比例系

数 K_1 将程序内虚拟的输出信号周期值转换为实际的具有物理意义的周期值。反馈比例系数 K_f，一方面反映实际的相角输出与程序内虚拟给定的定标比例关系，另一方面还有调节开环增益的作用。$\frac{1}{1+0.01s}$反映采样和控制延迟，根据控制框图 4.17 可列写以下方程：

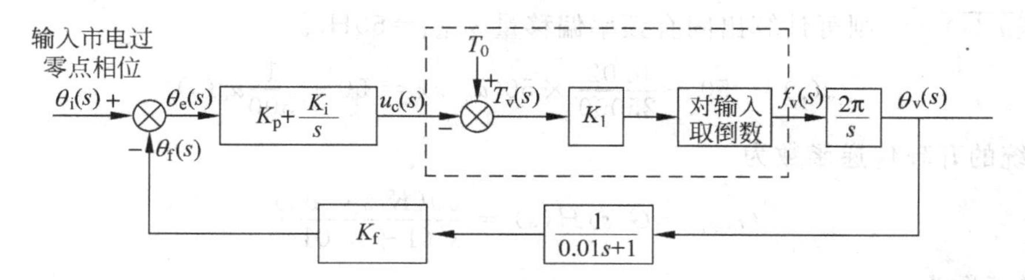

图 4.17　数字锁相环控制框图

$$\theta_e(s)=\theta_i(s)-\theta_f(s) \tag{4-19}$$

$$u_c(s)=\left(K_p+\frac{K_i}{s}\right)\theta_e(s) \tag{4-20}$$

$$f_v(s)=\frac{1}{K_1(T_0-u_c(s))} \tag{4-21}$$

$$\theta_v(s)=\frac{2\pi}{s}f_v(s) \tag{4-22}$$

$$\theta_f(s)=\frac{K_f}{1+0.01s}\theta_v(s) \tag{4-23}$$

另外，从式(4-21)可看出上述控制框图的虚线框内部分还是非线性的，必须用小信号分析法把它线性化。稳态时输出信号的频率 $f_v(s)$ 的平均值等于输入的市电频率 $f_i(s)$ 平均值，可求出稳态时 $u_c(s)$ 的平均值

$$\overline{u_c(s)}=T_0-\frac{1}{K_1\,\overline{f_i(s)}} \tag{4-24}$$

对输入市电频率施加小扰动 $f_i^*(s)$，得到小信号线性化方程为

$$\begin{aligned}f_v(s)&=\overline{f_i(s)}-K_1(\overline{f_i(s)})^2\,\overline{u_c(s)}+K_1(\overline{f_i(s)})^2u_c(s)\\&=\omega_{\text{offset}}+K_1(\overline{f_i(s)})^2u_c(s)\end{aligned} \tag{4-25}$$

线性化后的数字化锁相环控制系统框图如图 4.18 所示，根据线性化的控制框图，就可以采用数字再设计法设计 PI 调节器的参数。

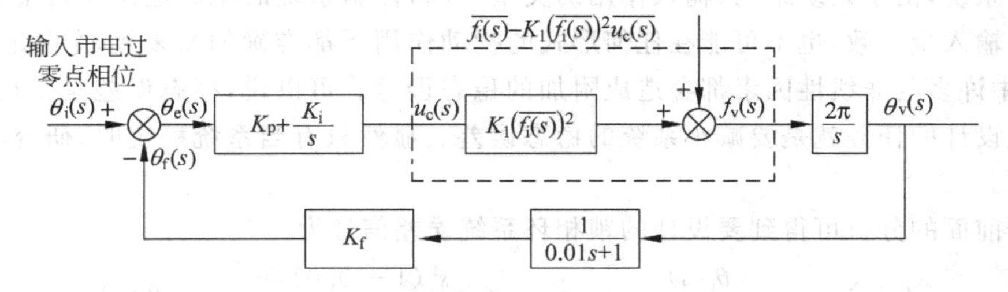

图 4.18　线性化后的数字锁相环控制

2）数字锁相环的参数设计

设 DSP 事件管理器模块的计数器计数值从 0 计到 25000 对应一个工频周期 0.02s，即对应 $\theta=2\pi$，则 $K_1=\frac{0.02}{25000}$，$K_f=\frac{25000}{2\pi}$，同时取市电的平均频率$\overline{f_i(s)}=50\text{Hz}$，控制器的平均输出电压$\overline{u_c(s)}=0$，则可计算出固有频率偏移量 $\omega_{\text{offset}}=50\text{Hz}$。

$$f_v(s)=50+\frac{0.02}{25000}\times 50^2 u_c(s)=50+\frac{1}{500}u_c(s) \tag{4-26}$$

所以，系统的开环传递函数为

$$G_{\text{open}}=G(s)H(s)=\frac{50(K_p s+K_i)}{s^2(1+0.01s)} \tag{4-27}$$

闭环传递函数为

$$G_{\text{close}}=\frac{\theta_v(s)}{\theta_i(s)}=\frac{\pi(1+0.01s)(K_p s+K_i)}{2.5s^3+250s^2+12500K_p s+12500K_i} \tag{4-28}$$

稳定是控制系统的重要性能，也是系统能够正常运行的首要条件。在实际的锁相过程中，市电频率总会受到一些外界因素的扰动，如果系统不稳定，就会在任何微小的扰动作用下偏离原来的平衡状态，并随时间的推移而发散。因而，分析锁相环系统的稳定性并保证系统的稳定是基本任务。

由自动控制理论可知，线性系统稳定的充分必要条件是闭环系统特征方程式的所有根均具有负实部；或者说，闭环传递函数的极点均严格位于左半平面。因此，研究控制系统的稳定性问题转化为求闭环系统特征方程式的根。对于高于二阶的方程，直接求解工作量比较大，可以用劳斯-赫尔维茨稳定判据间接判断系统的稳定性。对于上述要设计的锁相环，闭环系统特征方程为

$$D(s)=2.5s^3+250s^2+12500K_p s+12500K_i=0 \tag{4-29}$$

稳定的充要条件为

$$\begin{cases}K_p>0\\K_i>0\\250\times 12500K_p-2.5\times 12500K_i>0\end{cases} \tag{4-30}$$

求解得稳定的充要条件为

$$\begin{cases}K_p>0.01K_i\\K_i>0\end{cases} \tag{4-31}$$

控制系统的稳态误差，是系统控制准确度的一种度量，通常称为稳态性能。对于一个实际的控制系统，由于系统结构、输入作用的类型不同，控制系统的稳态输出不可能在任何情况下都与输入量一致，也不可能在任何形式的扰动作用下都准确的恢复到原平衡位置。此外，系统中许多的非线性因素都会造成附加的稳态误差。可以说，稳态误差是不可避免的，控制系统设计的任务就是要减小系统的稳态误差。显然只有当系统稳定时，研究稳态误差才有意义。

根据前面的分析可得到要设计的锁相环系统误差信号为

$$\theta_e(s)=\frac{\theta_i(s)}{1+G(s)H(s)}=\frac{s^2(1+0.01s)}{0.01s^3+s^2+50K_p s+50K_i}\theta_i(s) \tag{4-32}$$

由控制系统理论知道，如果函数 $s\theta_e(s)$在 s 右半平面及虚轴上解析，或者说，$s\theta_e(s)$的极

点均位于 s 左半平面(包括坐标原点),则可根据拉氏变换的终值定理由式(4-32)方便地求出系统的稳态误差为

$$e_{ss} = \lim_{s\to 0} s\,\theta_e(s) = \lim_{s\to 0}\frac{s^3(1+0.01s)}{(0.01s^3+s^2+50K_p s+50K_i)}\theta_i(s) \tag{4-33}$$

根据式(4-33),当输入为单位阶跃信号时,$\theta_i(s)=\frac{1}{s}$。

稳态误差为

$$e_{ss} = \lim_{s\to 0}\frac{s^3(1+0.01s)}{(0.01s^3+s^2+50K_p s+50K_i)}\times\frac{1}{s}=0 \tag{4-34}$$

因此,当输入相位发生单位阶跃变化时,锁相环输出能够无静差跟踪输入相位。同理可以得到,当输入相位发生单位斜坡变化,即输入信号的频率发生单位阶跃变化时,锁相环也能够无静差地跟踪输入相位变化。但是,当输入信号的相位发生单位加速度变化,即输入信号的频率以单位斜坡变化时,锁相环跟踪输入信号的相位就存在稳态误差。此时,稳态误差为

$$e_{ss} = \lim_{s\to 0}\frac{s^3(1+0.01s)}{(0.01s^3+s^2+50K_p s+50K_i)}\times\frac{1}{s^3}=\frac{1}{50K_i} \tag{4-35}$$

从式(4-35)可看出,增大 K_i 可以减小系统的稳态误差。

4.3.3 UPS交流电压幅值快速检测

由于 RC 滤波电路有一定的时间常数,时间常数越大,检测电路的反应时间越长;时间常数小,滤波的效果又差,容易发生误动作。使用数字化控制,通过一定的控制算法基本上能克服这个缺点。一种快速电网电压幅值检测方法的框图如图4.19所示,它由一个90°移相器、两个乘法器以及一个加法器组成。移相器对电网检测波形移相90°,假设电网电压检测值是正弦量,其瞬时值为 $K_sU_i\sin\omega t$,则经过移相器后为余弦量 $K_sU_i\cos\omega t$,这两个量分别平方后相加,就可得电网电压的最终检测量为

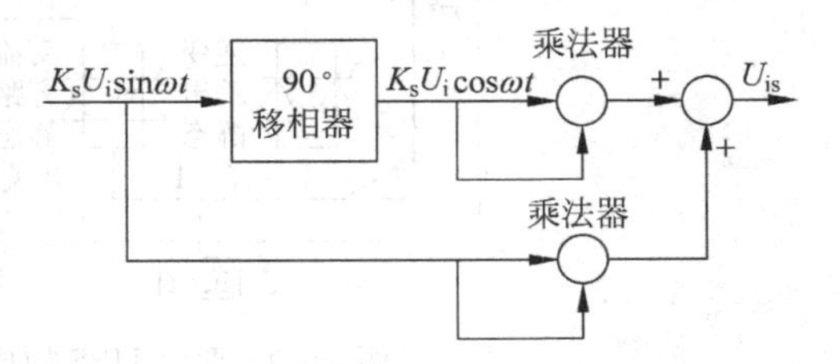

图4.19 交流电压幅值检测原理

$$U_{is} = K_s^2(U_i^2\sin^2\omega t+U_i^2\cos^2\omega t) = G_dU_i^2 \tag{4-36}$$

它是同输入电压成正比的直流量,式中 G_d 代表电网电压的检测增益。

当电网电压含有一定的谐波时,电网电压的检测输出就是一个直流量与谐波的叠加总和。如果性能指标要求电网电压超出或低于一定值(如±20%)时为故障范围,只使用上述检测方法会产生一定偏差,此时可另加一路通道对电网电压整流,取其平均值,根据该值判断电网是否欠压和过压。只有电网电压的幅值和平均值均正常才认为电网是正常的,否则就认为电网故障。

因为静态开关一般采用SCR,SCR要等到电流降到维持电流以下才能关断,因此切换控制系统还需要对电网电流进行检测。

*4.4 UPS的模块化及串并联冗余技术

UPS系统虽然可靠性很高,一般平均无故障时间(MTBF)在10万小时以上,但仍然不能满足某些特殊负载(如互联网数据中心(IDC)、大规模集成电路流水生产线等)对供电可

靠性的要求。为了进一步提高 UPS 供电系统的可靠性，必须采用具有容错功能的冗余配置方案来解决这个问题。所谓容错特性，是指在整个 UPS 供电系统中，如果因故造成它的个别机器出现故障时，该 UPS 在自动将有故障的机器"脱机"进行检修的同时，整个 UPS 供电系统必须继续向用户提供万无一失的高质量的逆变器电源。由于在冗余式供电系统中采用多台 UPS 并联向负载供电，因此如何实现多台逆变器并联运行是能否实现多机 UPS 冗余供电的关键。

4.4.1 "冗余式"UPS 供电系统结构

1. 主机-从机串联"热备份"UPS 供电系统

主机-从机串联"热备份"UPS 供电是在 UPS 逆变器并联运行控制技术还未完善的情况下，常采用的一种 UPS 系统冗余配置方案，系统结构如图 4.20 所示。

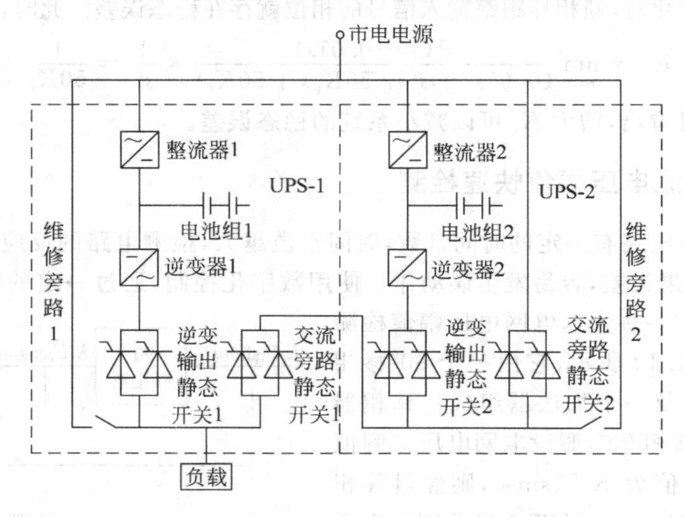

图 4.20 两台 UPS 构成的"热备份"冗余供电系统

按照这种配置方法，第 2 台 UPS 的输出端接到第 1 台 UPS 交流旁路静态开关的输入端上，用户负载仅同第 1 台 UPS 的输出端相连。当 UPS 供电系统正常运行时，在逻辑控制电路作用下，从 UPS-1 输出的高质量正弦波电源经它的输出通道上的逆变器输出静态开关 1 送向负载。此时，虽然 UPS-2 中的逆变器 2 也处于正常运行状态，但由于 UPS-1 交流旁路静态开关 1 处于关断状态，因此它仅能到达逆变输出静态开关 2 的输出端而不能到达负载。这样，位于 UPS-2 中的逆变器 2 将一直处于空载运行状态。只有当 UPS-1 中的逆变器 1 出现故障时，才在 UPS-1 的逻辑控制电路作用下，将逆变器输出静态开关 1 置于关断状态，同时打开交流旁路静态开关 1，保证对负载的不间断供电。由此可见，这种方案是将 UPS-1 作为主机来用，只要它不出现故障，总是让它负责向负载供电。而 UPS-2 则是作为从机来使用，只要 UPS-1 主机不出现故障，它总是处于空载"热备份"运行状态。显然，通过这样的配置，可以大大提高整个 UPS 供电系统的可靠性。

主机-从机串联"热备份"的最大优点是对 UPS 单机的同步跟踪特性要求不高。这是由于在 UPS 供电系统的运行中，两台 UPS 电源几乎处于互相独立、互不干扰的单机运行状态中。这样，我们几乎可以随心所欲地选用任意牌号的具有市电同步跟踪功能的 UPS 产品就可以构成这样的冗余供电系统。

但是，事情总是一分为二的，这种冗余配置方案有如下缺点：

(1) 由于从机长期处于空载运行状态，其蓄电池一直处于浮充充电状态，几乎没有放电机会，造成从机中的蓄电池寿命明显缩短以及蓄电池实际可供使用的容量小于它的标称容量。解决的方法之一是采用手动切换，使得两台 UPS 交替运行在主机工作状态，方法二就是对于相同型号、相同容量的 UPS 冗余供电系统，共用一组蓄电池。

(2) 这种配置方案要求 UPS 单机必须具有优良的带"阶跃负载"的能力。因为主机一旦出现故障，从机将立即从空载状态转至满载状态运行，整流器和逆变器将受到大电流冲击而易损坏。

(3) 主机-从机串联"热备份"冗余供电系统不具备扩容功能。其实际配置的 UPS 容量是允许用户实际使用的最大负载功率的两倍。

(4) 同直接并机系统相比，UPS 单机承受的负载电流大一倍，平均无故障工作时间偏低。

2. 直接并机型"冗余式"UPS 供电系统

解决主机-从机串联"热备份"UPS 供电系统缺点的一个有效的方法是采用直接并机型"冗余式"UPS 供电系统配置方案。在解决了 UPS 逆变器并联运行的许多技术难题后，这种 UPS 供电系统配置方案的实现已经成为可能，系统结构如图 4.21 所示。

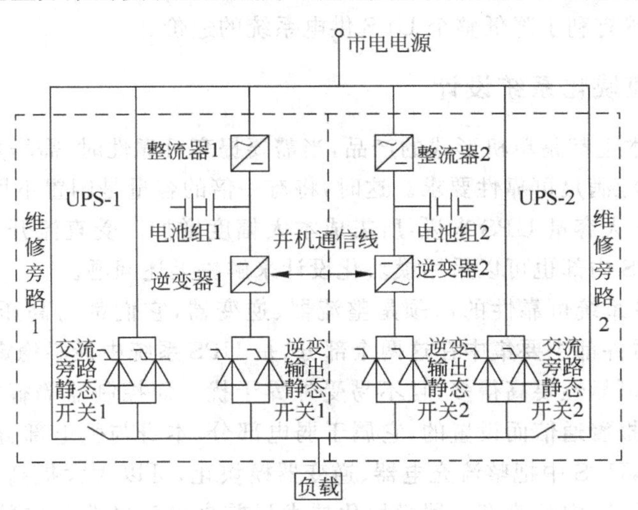

图 4.21　"1＋1"型直接并机方案

采用并联运行控制技术，保证两台 UPS 逆变器输出电压在幅值和相位上完全相等，并通过均流控制保证两台 UPS 输出电流相等，就可以将两台 UPS 的输出端直接连接在一起同时向负载供电，即为"1＋1"直接并机型冗余式 UPS 供电系统。其工作原理如下：

(1) 在正常工作状态时，通过 UPS 逻辑控制电路的调控，逆变器输出静态开关 1 和逆变器输出静态开关 2 同时处于导通状态，两台 UPS 逆变器输出端直接连接在一起，共同提供负载所需电流。此时，每台 UPS 单机仅承担 1/2 的总负载电流，其最大负载量仅为其额定输出功率的 50%。

(2) 单台 UPS 出现故障时，在并机逻辑控制命令的调控下，在自动将该 UPS 逆变器关机的同时,将其逆变器输出静态开关置于关断状态,但并不开通其交流旁路静态开关。这就是所谓的"选择性自动脱机操作",它表示 UPS 并机系统可以识别出究竟是哪台 UPS 出现故障,并将其从系统中脱开,以免影响并机系统的正常工作。此时,负载所需的全部功率都由未出现故障的单台 UPS 提供。这样,按冗余方式运行的"1+1"并机供电系统中,可能出现的最大稳态电流应该等于或小于一台 UPS 单机的输出额定容量。

(3) 当用户端负载容量大于一台 UPS 的额定输出容量但小于两台 UPS 的输出容量的总和时,"1+1"并机系统尽管继续向负载提供高质量的逆变器电源,但此时的并机系统将从具有容错功能的冗余工作状态进入没有容错功能的非冗余工作状态。

(4) 当用户的实际负载量超过两台 UPS 的总输出容量或两台 UPS 单机的逆变器同时出现故障时,在并机逻辑控制命令的调控下,关断逆变器输出静态开关 1 和逆变器输出静态开关 2,同时将交流旁路静态开关 1 和交流旁路静态开关 2 置于导通状态。此时,负载所需全部功率都由交流市电直接提供。

采用直接并机型"冗余式"UPS 系统虽然对逆变器并联运行控制要求较高,但这种 UPS 供电系统却具有抗瞬态过载能力强、可分期扩容等优势。此外,由于正常工作状态下,单台 UPS 的输出功率小于其额定输出功率的 50%,因此单机工作可靠性大大提高。

此外,除了上面提到的"1+1"冗余式供电系统结构外,采用 UPS 直接并机技术还可方便地构成"N+1"冗余式 UPS 供电系统。并且,构成"N+1"冗余式多机并联系统的单台 UPS 的数目越多,越有利于降低整个 UPS 供电系统的造价。

4.4.2 UPS 的模块化系统设计

当前,UPS 基本上都是单机形式的产品,当需要提高可靠性时,需增加相同容量的 UPS 进行"1+1"并联才能满足可靠性要求。这时,将有一倍的容量是闲置不用的,目的仅为了提高可靠性,特别对于大容量 UPS 来说,所需成本大幅度增加。受直流开关电源模块化设计的启发,大容量 UPS 内部也可以采用模块化设计来解决上述问题。

由于影响 UPS 系统可靠性的瓶颈是整流器、逆变器,它们都与高压、大电流有密切关系,各种电力电子器件都主要集中在这两个部分,是 UPS 系统中最不稳定的因素。而机柜、转换开关等部分的可靠性要高得多,且不易受外界干扰。而控制器等智能部件,在 UPS 中主要是为了监控和报警通信而设置的,它属于弱电部分,本身与强电部分电气隔离,因此可靠性也很高。因此,UPS 中把整流充电器、逆变器模块化,可以大大提高系统的可靠性。其原理如图 4.22 所示,其中整流充电器模块化技术目前来说已经非常成熟了,而随着对逆变器并联运行控制技术的深入研究,逆变器的模块化实现也已经成为可能。

对于用户来说,可靠性是第一位的,单机系统某一部分损坏后整个系统都不能工作,而模块化的系统却不存在这个问题。其次,不用担心日后的扩容问题,若到时 UPS 容量不够时只需增加若干模块就行了,且不用停电、即插即用,非常方便。当系统出现故障时,用户能根据各模块状态指示,更换故障模块即可修复系统。

UPS 采用模块化结构以后可以带来很大好处,主要体现在:

(1) 对于代理商来说,模块化设计使得产品规格单一,代理商则可使用统一规格的产品满足用户的各种需要,这一特性为系统的可扩展性提供了很大的空间。对于小型用户,可以使用数量较少的模块;而对大型用户则可配备数量较多的模块,甚至可以配备可扩展的模

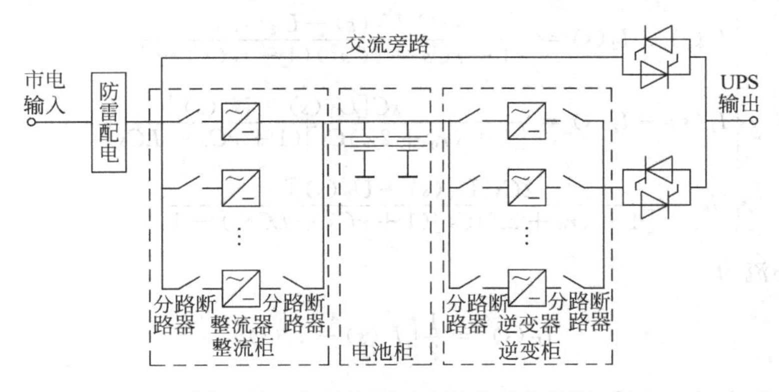

图 4.22　大容量 UPS 模块化结构设计

块柜，以满足于各种原因造成的功率需求。

(2) 对厂商而言模块化能够提高生产效率，降低成本，非常适合于大规模生产，同时也能为日后用户及时的维护提供备件。

4.4.3　UPS 的并联控制策略

UPS 电源并联系统的运行控制和设计仍具有相当大的难度，这是基于下述因素所决定的：

(1) UPS 中逆变器的过载能力一般仅为 150%～200%，因而在极短的时间内，若单逆变器模块的输出电流超过这个极限值，也会使逆变器无法正常工作或出现设备损坏。

(2) 由于逆变器具有极低的输出阻抗和快速响应特性，其输出电流变化极其迅速。

(3) 对于希望用并联来实现冗余运行的系统，并联控制及均流电路也必须是冗余结构，否则就无法达到并联冗余的效果。

1. UPS 的并联控制原理

要实现逆变电源的并联运行，其关键就在于各逆变器应共同负担负载电流，即要实现均流控制。以下不妨以两台逆变电源并联运行为例进行分析。两台逆变电源并联运行时的等效电路如图 4.23 所示。

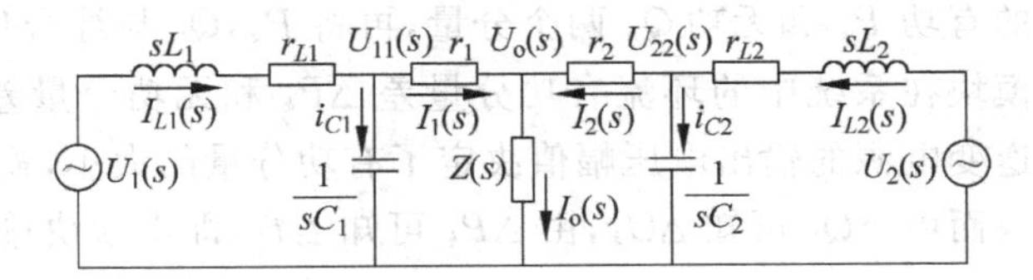

图 4.23　两台逆变电源并联运行等效电

其中 U_1，U_2 代表两个逆变电源输出 PWM 波形的基波电压；L_1，C_1，L_2，C_2 分别代表两台逆变电源的输出滤波器；$Z(s)$为公共负载；$I_1(s)$，$I_2(s)$为两台逆变电源的输出电流；$U_o(s)$为公共母线输出电压。

当 $C_1=C_2=C$，$L_1=L_2=L$，$r_1=r_2=r_0$，$r_{L1}=r_{L2}=r$ 时，根据图 4.23 可列出以下电路基本方程：

$$\begin{cases} I_1(s) - I_2(s) = \dfrac{sC[U_1(s) - U_2(s)]}{(1 + rCs + LCs^2)(1 + r_0Cs) - 1} \\ I_1(s) + I_2(s) = \dfrac{sC[U_1(s) + U_2(s)]}{[1 + (r_0 + 2Z)Cs](1 + rCs + LCs^2) - 1} \\ U_0 = \dfrac{ZCs[U_1(s) + U_2(s)]}{[1 + (r_0 + 2Z)Cs](1 + rCs + LCs^2) - 1} \end{cases} \tag{4-37}$$

若定义环流为

$$I_H(s) = \frac{1}{2}[I_1(s) - I_2(s)] \tag{4-38}$$

则由式(4-37)和式(4-38)可得

$$I_H(s) = \frac{[U_1(s) - U_2(s)]Cs}{2[(1 + rCs + LCs^2)(1 + r_0Cs) - 1]} \tag{4-39}$$

由上述分析可以看出：

(1) 各逆变电源的输出电流由两部分组成，在输出滤波器相同时一部分为一半的负载分量，一部分为环流分量。若有环流存在，则各逆变器的输出电流必不相同。

(2) 逆变电源之间形成的环流与负载 Z 无关，仅仅取决于逆变电源模块间的电压差和各模块输出滤波器的特性(L,C 的值)以及线路阻抗(r,r_0)等因素。若忽略 r,r_0(因为 $r,r_0 \ll sL$)时，则环流表达式可简化为

$$I_H = \frac{U_1(s) - U_2(s)}{2sL} \tag{4-40}$$

因而环流主要取决于各输出电压差和滤波电抗器的特性。

(3) 在 U_1,U_2 同相而幅值不同时，环流主要表现为无功分量，电压高的模块中环流分量为容性，反之则为感性；在 U_1,U_2 不同相但幅值相同时，环流表现为有功分量，输出电压超前的模块输送有功，而滞后的吸收有功；在 U_1,U_2 既不同相又幅值不同时，则环流中既有有功分量又有无功分量

综合上述分析，在逆变电源的并联系统的控制中，通过各模块输出电压和输出电流的检测，可计算出本模块的有功 P_k 和无功 Q_k 两个分量，再将 P_k,Q_k 与综合后的系统 $\bar{P}$ 和 $\bar{Q}$ 进行比较，即可得到本模块在系统中的环流有功分量差 ΔP_k 和无功分量差 ΔQ_k，又由并联系统的功率特性可知，逆变电源的输出电压幅值决定了有功分量的大小，输出电压的相位决定了无功分量的大小，因而由 ΔQ_k 可知 ΔU_k，由 ΔP_k 可知 Δf_k，即本模块输出电压的幅值和相位的调节方向。

2. UPS 的并联控制策略

逆变电源并联控制方式一般分为集中控制、主从控制、分散逻辑控制和无互联线独立控制 4 种方案。

1) 集中控制方式

一般的集中控制方式，是由一个并联控制单元检测市电频率和相位，给每个 UPS 发出同步脉冲，没有市电时，同步脉冲可由晶振产生，各个 UPS 的锁相环电路用来保证其输出电压频率和相位与同步信号同步。并联控制单元检测总负载电流 I，除以并联单元数 n 作为

各台 UPS 的电流指令，各 UPS 单元检测各单元实际输出电流，求出电流偏差。假如各并联单元由一个同步信号控制时输出电压频率和相位偏差不大，则可认为各单元中电流的偏差是由电压幅值的不一致造成的，故这种控制方式直接把电流偏差作为电压指令的补偿量加入各 UPS 单元中，用以消除电流的不平衡。

2）主从控制方式

集中控制是在已有的 UPS 基础上，增加一个单独的并联控制单元即可实现 UPS 的并联运行。在这种方式成熟之后，有些厂家把并联控制单元的功能做到每台 UPS 之中，通过工作方式选择开关或由软件自动设置，并联工作中首先起动的一台做主控 UPS，负责完成并联控制功能，其他 UPS 做从机，这就是所谓主从式并联（如图 4.24 所示）。这种方式在并联思想上与集中控制并无太大差别，只是用户使用更方便，设备安装更简便，且可克服集中控制时并联控制单元出现故障 UPS 就不能并联运行的缺陷。主从工作方式当一台 UPS 的并联控制单元有故障时，只要其他部分仍能正常工作，可切换为另一台 UPS 做主机即可并联运行。

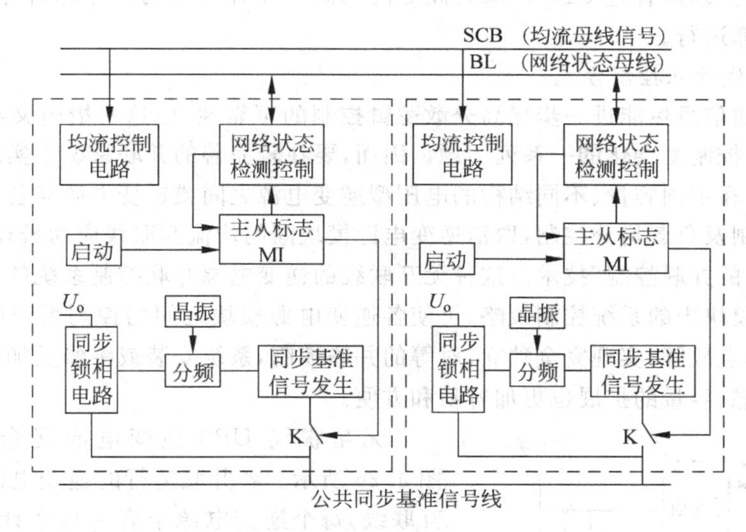

图 4.24　主从式并联控制逆变电源系统框图

3）分散逻辑控制

以上两种并联冗余控制方案中，并联控制电路故障可能会引起整个系统故障停机，使并联冗余的优点大打折扣。为解决这一问题，可采用在各 UPS 中把每个电源模块中的电流及频率信号进行综合，得出各自频率及电压的补偿信号的方式，这种方式可实现真正的 $n+1$ 运行，有一个模块故障退出时，并不影响其他模块的并联运行。

所谓分散逻辑控制技术（也称独立逻辑控制技术），是将系统的各个中心环节的控制权进行分散化和独立化，最终实现系统中各个单元能独立工作，而不依赖于中心控制单元或系统中的其他模块单元的控制的一种控制技术。这种控制系统以可靠性高、危险性分散、功能扩展容易等优良特性已在众多领域得到广泛的应用，并且成为计算机控制系统发展的主要方向之一，是一种较完善的分布式智能控制技术。

分散逻辑控制的并联冗余 UPS 控制框图如图 4.25 所示。这种控制方式与直流电源中目前较流行的均流方式思想是一致的，只是实现起来较困难，有些技术问题必须解决好才行。

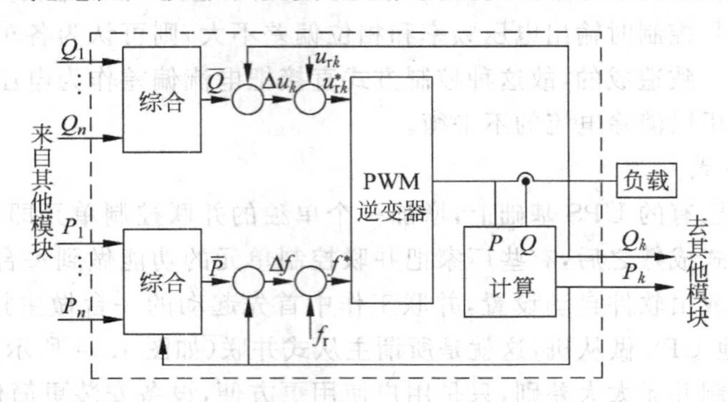

图 4.25　逆变电源分散逻辑并联控制框图

这种控制方式的缺陷是各 UPS 之间互联线较多，且大容量设备并联时互联线距离较远，干扰较严重。因而有些 UPS 厂家为此专门研制了光纤通信的信号综合专用板，以实现分散控制的可靠运行。

4）无互联线独立控制方式

采用光纤通信虽然能进一步提高分散逻辑控制的可靠性，但这些措施又会使系统出现价格上升、逻辑控制复杂化的一系列问题。因而，要在较完善的并联系统中实现对逆变电源独立控制，并且在不同容量、不同结构的电压型逆变电源之间或逆变电源与公共电网之间实现并联运行控制及负载均分控制，取消逆变电源模块间的均流互联线应为最理想的选择，即采用“无互联线的并联控制”技术。这种无互联线的逆变电源并联控制系统的同步及均流控制只依赖于各模块内的系统控制策略，可使各逆变电源模块之间的控制系统电气联系完全隔离，消除了单点故障，实现完全独立、对等的并联控制，系统安装或维修更加简便、快速，并联运行更加可靠，容量的扩展也更加容易和方便。

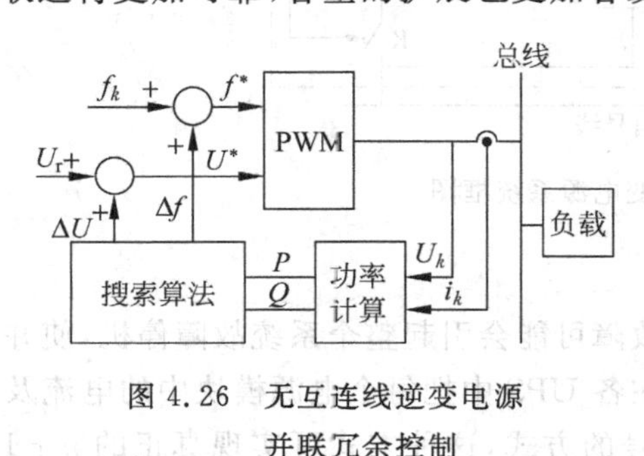

图 4.26　无互连线逆变电源并联冗余控制

无互联线 UPS 逆变电源冗余控制框图如图 4.26 所示。各并联运行的逆变电源之间无均流互联线，每个逆变电源中有一功率计算单元，能实时检测逆变电源输出的有功 P 和无功 Q，通过给定 f^* 和 U^* 的微调，可找到最佳相位和电压补偿量使各逆变电源的相位差和电压差为零，从而使各逆变电源均分负载。因为我们已经知道，有相位差时输出电流中会有额外的有功电流分量，有电压差时会有额外的无功电流分量，所以这种控制方式能实现的前提是检测和控制精度很高，计算速度很快，否则均流的精度很差。

现在的无互联线的并联控制一般是通过设置电压幅值和频率下垂特性获得，另一种较先进的 UPS 无线并机技术是“热同步”并联运行控制技术。首先，须保证 UPS 电源单机输出幅值精度达 0.05%，与市电电源的相位偏差小于 1°。当 UPS 直接并机时，两台 UPS 均会同时同步跟踪交流市电的频率和相位，这时两台 UPS 的输出电压在相位上已经非常接近了。为了使相位差尽可能趋近于零，位于并机系统中的 UPS 还会小幅度地和快速地调整它的输出电压相位，以使可能出现在并机系统中的各台 UPS 之间的输出电流不均衡度尽可能减小。为提高调节精度，在这种并机系统中，采用“高频度、小步长”的调整方法，在 1s 内对逆变电源执行 3000 次的同步跟踪调节。当在两台 UPS 之间出现微小的相位差时，会导致每台 UPS 输出的负载电流不相等。此时，位于并机系统中的各台 UPS 实时监控各自的输出电流，当发现它的输出电流增大时，控制器就会控制自己的输出电源的相位向相反方向移动，以达到减小负载电流不均衡度的目的。经过如此反复调整，最终达到了并联系统中各 UPS 输出电流的均衡，达到了并机均流的目的。

近年来，无互联线的并联控制技术以其独特优势越来越受到人们的重视。为了取消并联系统间复杂的控制信号线，出现了其他一些类型的无互联线的并联控制实现方案，如基于电力线通信的无线并联。无互联线并联系统的各模块单元之间虽然没有控制连接线，但它们的交流输出端却有电力线相连后共同向负载供电，因而可以利用该交流输出总线来传递彼此信息。即各单元将其信息以某一频率的载波形式叠加在其输出基波电压上，从而实现信息的交换，并完成并联系统的均流控制。

图 4.27 为通过电力线载波通信系统结构框图，其中利用 SSCP485 芯片完成对数字信号的调制和解调。它把 0 和 1 调制成相位相反、带宽均为 100kHz～400kHz 的扩频信号。SSCP485 芯片的数字端口接数字信号处理器 DSP(逆变器的控制中心)的串行通信 SCI 口。耦合电路，也就是逆变器的输出端接在电力线上面。经过调制后的模拟信号通过 SSCP485 芯片的 SI(signal in)和 SO(signal out)引脚以及电力线(逆变器输出端)传输。当发送数据的时候，从 SO 引脚发出扩频信号，输出滤波器滤除其中的谐波分量，然后通过 P111 功放耦合到电力线上面。当接收数据的时候，通过一个带通滤波器来滤除噪声，然后进入 SI 引脚来处理。功放 P111 是一个三态开关，当 SSCP485 的 TS 信号是低电平的时候，把功放和接收电路隔离开来；同时也刻意减少功率的消耗。当 TS 逻辑高电平的时候，信号就选择耦合电路这条路径通过。

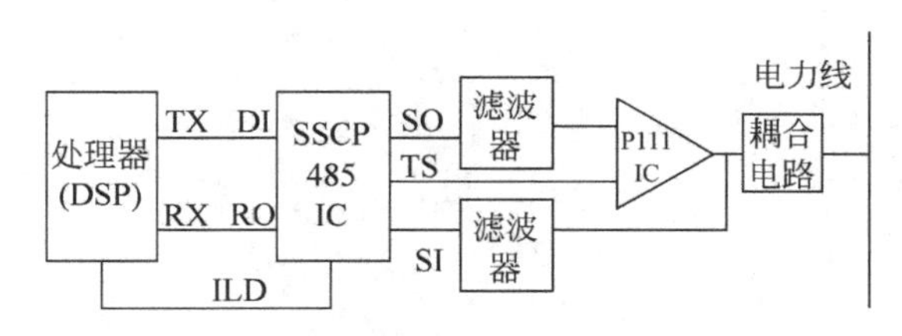

图 4.27　电力线载波通信结构框图

图 4.28 为电力线载波通信的无互联线并联系统原理框图，每个并联单元都通过一个通信模块将本机的有功功率和无功功率发送给对方，并且接受对方的有功和无功信息，再按有功调相、无功调压的控制策略调节输出电压的频率和幅值，从而实现均流。

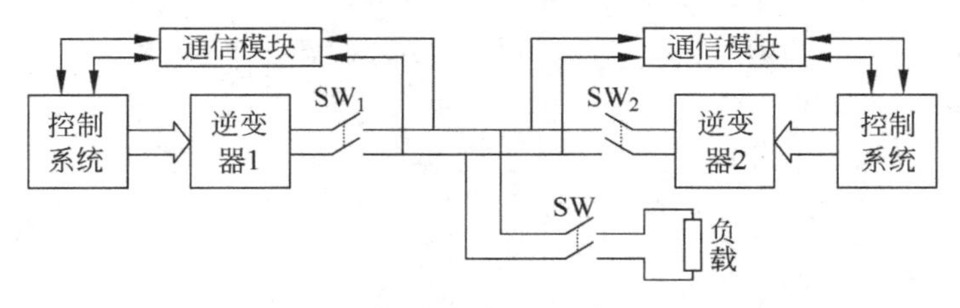

图 4.28　用电力线载波通信实现逆变器无互联线并联的连线图

习题及思考题

1. 说明 UPS 同步锁相的原理并分析 UPS 数字锁相环的实现方法。
2. UPS 模块化设计有哪些优点?
3. 简叙 UPS 的并联控制的原理,并分析各种控制策略的特点。

第5章　直流-直流变流装置

直流-直流变流装置可以采用斩波变换电路或直流-交流-直流间接变换方式实现。本章介绍斩波变换的直流调速系统、斩波调控励磁的滑差电机调速系统、具有中间交流环节的直流电源和软开关直流电源的基本组成及工作原理；并详细介绍了一个24V直流电源的原理电路。

5.1　应用直流斩波变换的调速系统

5.1.1　直流电动机无触点启动器

1. 直流电动机启动过程

设直流电动机的电枢电流为i_a，电枢电阻为R_a，电枢绕组的电感为L_a，电枢反电势为E_a，直流电动机电枢两端外加直流电压U_d时，电枢绕组电压平衡方程为

$$U_d = R_a i_a + L_a \frac{di_a}{dt} + E_a \tag{5-1}$$

反电势E_a与转速成正比，$E_a = k\Phi n$。其中Φ为电机的激磁磁通，n为电机的转速，k为电机的一个比例常数。如果忽略电枢电感压降，即取$L_a \frac{di_a}{dt}=0$，则有

$$i_a = \frac{U_d - k\Phi n}{R_a} \tag{5-2}$$

稳态工作时，反电势E_a与外加电压U_d十分接近，一般电阻压降远小于反电势，不到其5%，电枢电流并不大。但是，电动机启动前速度为0，反电势E_a也为0。在启动过程中，如果外加电压仍为U_d，电枢电流将比其额定值大几十倍，一旦出现这种情况，电机将因换向器出现失火被烧毁。因此在电机转速n从零逐渐上升到额定值的启动过程中，必须采取措施限制电枢电流，常用的方法有以下两种。

第一种方法是在启动时，在电枢中串接外加电阻R，使电枢中的等效电阻从R_a增大到R_a+R，以限制电枢电流i_a。随着转速n的上升，反电势$k\Phi n$的增大，逐渐减小外加电阻，使i_a保持在适当的范围内，i_a的大小被控制在既能产生足够大的启动转矩，又不致太大而危害电机的寿命。

第二种方法在启动过程中改变外加电压以控制电枢电流，使它在整个启动过程中保持在一定的范围内。

传统的直流电机启动是采用第一种方法，最初用有触点的接触器逐级切除电阻启动，随后用晶闸管取代接触器实现启动电阻的无触点切除。但是，采用切除电阻的启动方法，不能始终维持启动电流为最大容许值，不能实现电动机的平滑、快速启动过程。现在一般采用第二种方法，应用全控器件的斩波变换，不断改变外加电压，就比较容易实现上述要求。

2. 无触点启动器

1) 主电路

图 5.1(a)给出了一个无触点启动器主电路原理图。

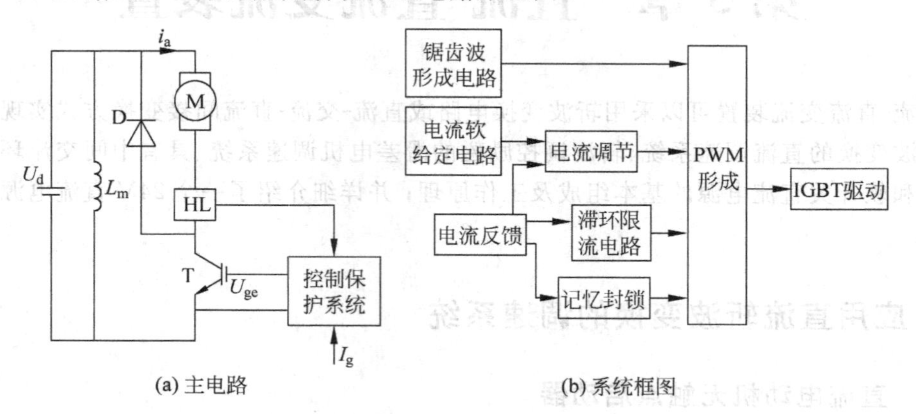

(a) 主电路　　(b) 系统框图

图 5.1　无触点起动器原理图

图 5.1(a)中，L_m 是直流电动机的励磁绕组，直流电源 U_d 经过开关管 T、续流二极管 D 构成的 Buck 变换器给直流电动机的电枢绕组供电，HL 用来检测电枢电流 i_a。控制系统将反馈电流与电流给定值 I_g 相比较，控制 T 的通、断，从而使电枢电流 i_a 在整个启动过程中被控制在给定值附近，如果开关频率很高，则在启动过程电枢电流的平均值 $I_a \approx I_g$。

2) 控制系统

启动器采用 IGBT 全控器件，为了提高启动器的可靠性，系统利用 PWM 电流环和瞬时值电流滞环相结合的方法控制 IGBT 通、断，电流反馈同时引入 3 个环节，如图 5.1(b)所示。

(1) 电流调节

正常情况下电流调节起作用。电流给定值采用软启动，使启动电流逐步增大，避免突增的电动转矩对机械部件产生冲击。电流调节器的输出和固定频率的三角波比较，产生 PWM 信号，驱动 IGBT，电动机的电枢电流通过电流 PI 调节的作用，一直维持在给定值附近。I_g 的数值一般设置为两倍的电动机额定电流，电枢电流 I_a 产生的电磁转矩大于电机的负载转矩，使得转速上升。随着转速上升，反电势增大，转速上升到一定值后，由式(5-2)可知，电枢电流 I_a 不可能上升到 I_g，控制系统“以为”电流不够大，加大 PWM 的脉冲宽度，直到占空比为 1，使得 IGBT 连续导通，绕组上得到全部输入的电压 U_d，电机启动过程结束。

(2) 滞环限流电路

当电机出现瞬时过流，滞环限流电路动作，瞬时封锁脉冲，让电机躲过尖峰电流，再开放脉冲。如果 PWM 控制出现故障，滞环电路同样可以起到限制启动电流的作用，滞环限流动作值大于启动电流设定值，滞环电路的设计在第 8 章将作详细介绍。

(3) 记忆封锁

当过流数值太大或时间太长，系统记忆性封锁脉冲，避免事故扩大。

由于 IGBT 工作于固定频率的高频方式，所以，仅需要电枢绕组的等效电感的滤波作用，电枢的纹波电流也比较小。这种无级无触点启动器能够使得电动机在启动过程中，电枢电流始终维持在最大容许值(设置的给定值),启动平滑、迅速,电流冲击小。本装置再增加一个转速外环便可形成最简单的直流斩波调速系统。

5.1.2　四象限斩波调速系统

1. 主电路

直流电动机往往需要正、反向运行,而且有电动和制动工作状态,这就需要四象限斩波变换电路为电动机供电。图 5.2 给出了四象限斩波调速主电路原理图。$T_1 \sim T_4$ 组成全桥电路,又称为 H 桥型电路; TA_1 检测母线电流大小和方向,TA_2 检测电动机的电流大小和方向; 电容 C 用来减小开关过程引起的电压纹波; 压敏电阻 R_V 用来抑制电压尖峰。电机的工作状态同供电方式和负载有关。

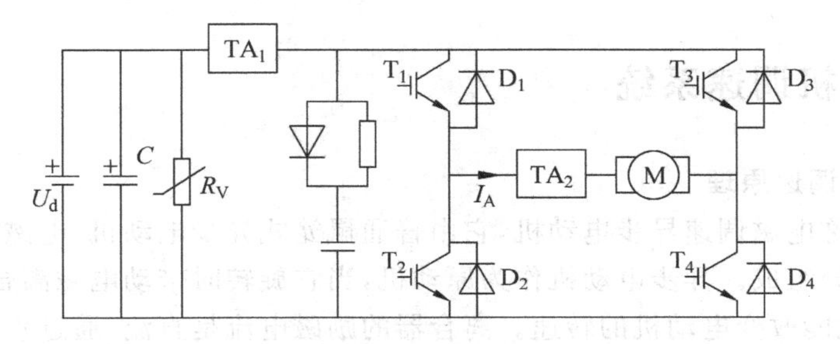

图 5.2　四象限斩波调速主电路原理图

(1) 电机正向电动状态运行时,变换器工作在第一象限,使 T_4 导通,T_2、T_3 关断,根据转速要求对 T_1 进行 PWM 调制,此时变换器等效一个降压斩波电路,能量由输入直流电源供向负载。

(2) 如果希望电机运行于正向制动状态,可使 T_4 导通,T_1、T_3 关断,变换器等效一个升压斩波电路; 调控 T_2 电动机的反电势升压变换得到一个略大于 U_d 的电压,使得电动机输出电流反向,电磁转矩反向,直流电机运行在发电制动状态,电动机的能量就回馈到电网,转速下降。

同理,T_2 导通,T_1、T_4 关断,调控 T_3,电机可以运行于反向电动状态; T_2 导通,T_1、T_3 关断,调控 T_4,电机可以运行于反向制动状态。

如果直流电动机是不可控的整流器供电,必须设计泵升电压检测和保护电路,因为整流二极管的存在使得电机在发电制动状态下不能向电网回馈电能,只好对电容器 C 充电而使其电压升高,类似水泵泵水,过高的泵升电压有可能击穿变换元件。

2. 调速系统

图 5.3 所示调速系统有两个闭环,内环为电流环,外环为速度环。如电动机正方向启动,转速给定为正,通过逻辑判断和脉冲分配环节,使 T_4 导通,T_2、T_3 关断,系统对 T_1 进行 PWM 调制。电机启动时转速为零,速度调节器输出为限幅值,它作为电流环节的给定值使电流被限制在容许值,电机启动过程类似启动器。电机启动以后,速度调节器输出退出限幅值,起调速作用。如果转速小于给定值 (即 $U_n < U_n^*$),速度调节器输出即电流环的给定值增大,PWM 脉冲增宽,从而使得电动机电流增大,电磁转矩增大,转速上升,上升到给定速度以后,速度调节器的输出又减少,直到电磁转矩又同负载转矩相等,电机稳定运行在转速

给定值。当电流瞬时值大于电流给定值时(即 $U_i > U_i^*$),逻辑判断电路起作用,瞬时封锁脉冲,保护主电路安全工作。

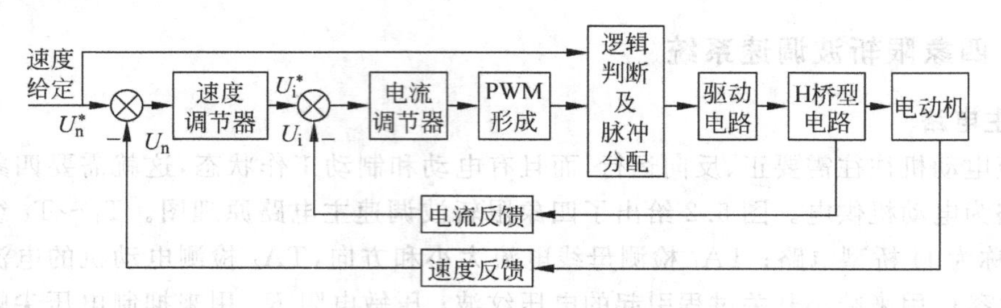

图 5.3 调速系统原理框图

5.2 滑差电机调速系统

1. 滑差电机调速原理

滑差电机又称电磁调速异步电动机,它由普通鼠笼式异步电动机、电磁滑差离合器和电气控制装置 3 部分组成。异步电动机作为原动机,当它旋转时带动电磁离合器旋转,改变离合器的电磁力,就能改变电动机的转速。离合器的励磁电流是直流,通过直流斩波电路可以调节它的励磁电流,改变它的电磁力。

由于滑差电机通过控制励磁电流改变速度,因此调速装置的功率小。本节介绍一个采用锁相环控制的柴油机油泵试验台滑差电机调速系统。

普通的滑差电机仅有驱动绕组,产生驱动转矩,本例选用增加制动绕组的专用滑差电机,它可以产生制动转矩。滑差电机调速原理如图 5.4 所示,控制滑差电机磁极上驱动绕组的电流 I_D 和制动绕组电流 I_Z 的大小,可使滑差电机具有理想的加、减速过程,适应冲击性负载。励磁电流的调节采用 PWM 控制的斩波电路,图中 1 和 2 端为 PWM 控制信号输入端。改变 1 端控制信号脉宽就可以改变驱动绕组电压 U_{OD},从而改变驱动励磁电流 I_D 的大小;同理,2 端可控制制动绕组电流 I_Z 的大小;图中,D_1 和 D_2 是续流二极管。

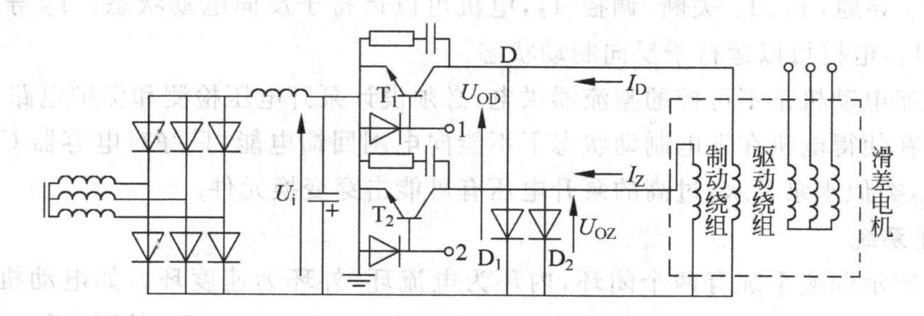

图 5.4 滑差电机调速原理

2. 锁相调速

系统利用锁相环思想,对调速系统采用锁相环控制,它的工作原理如图 5.5 所示。由频率发生器产生一个频率给定 f_G,它代表着速度给定,这个频率与代表电机实际转速的反馈频率 f_F 进行鉴频比较。同时将这两个频率均经过 60 分频后进行"相位比较",所得的频差和相差按一定比例相加后送入速度调节器，得到控制电压，控制电压相应地改变驱动电流 I_D 和制动电流 I_Z 的给定值 U_{K1} 和 U_{K2}，通过电流调节器改变各自绕组电压的PWM占空比，从而改变 I_D 和 I_Z 调节转矩，以达到稳定转速的目的。

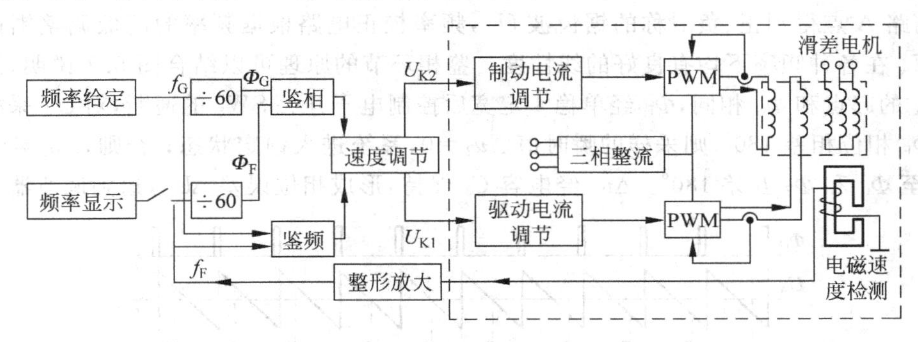

图5.5 锁相控制系统

3. 锁相环控制环节

一个典型的锁相环包括3个基本部分，即相位比较器PD、低通滤波器LF和电压控制振荡器VCO。

本调速系统(如图5.5所示)可以看成一个锁相环。鉴频和鉴相部分就是上述相位比较器，速度调节器(采用PI调节器)就是有源低通滤波器，控制电压的变化导致速度变化，相当于输出频率的变化，因此，右侧虚框内可看成VCO。

1) 相位比较部分

为了适应油泵试验的冲击负载，本例专门研制了一个鉴频鉴相电路，电路原理如图5.6所示。

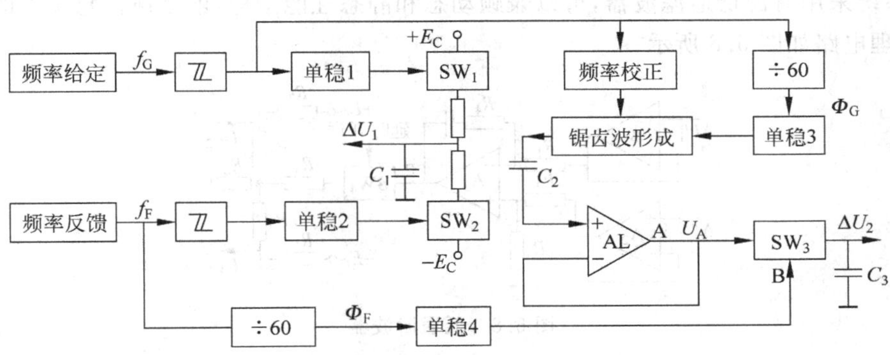

图5.6 鉴频鉴相电路

为了检测电机转速并转变成频率量，采用60齿的编码盘安装在电动机的轴上，经电磁检测作为频率反馈 f_F，由于 $f_F=Zn/60$(Z 为齿数，n 为转速，其单位为r/min)，故数值上 $f_F=n$。电磁检测是利用齿盘转动时与线圈之间的距离发生变化，改变了线圈中磁场，而在线圈中产生脉冲。

单稳1和单稳2分别对 f_G 和 f_F 定宽，使 f_G 和 f_F 的脉宽严格相等。定宽后的 f_G 和 f_F 控制电子开关 SW_1 和 SW_2 的通断，亦即控制了 C_1 的充放电回路。ΔU_1 的正负及大小反映了 f_G 和 f_F 之间的相对频差关系，这就是鉴频。这个电路在3.1节直流平衡中用来检测正、负波形的对称性。

图 5.6 中余下部分就是鉴相环节。分别对 f_G 和 f_F 进行 60 分频，作为相位给定 Φ_G 和相位反馈 Φ_F。Φ_G 经单稳 3 控制锯齿波的起点，锯齿波经过电容 C_2 隔直和 AL 构成的跟随器，在电路 A 点得到正、负对称的锯齿波 U_A，频率校正电路根据频率的高低调整锯齿波斜率，使 U_A 在各种频率下均有良好的线性度。鉴相环节的原理可以结合图 5.7 说明，图中锯齿波 U_A 的起点和 Φ_G 相同，Φ_F 经单稳 4 定宽后控制电子开关 SW_3 的通断，对 U_A 采样。若 Φ_G 和 Φ_F 相位相差 180°，则采样的瞬时值 $\Delta u_2=0$，系统进入锁定状态；否则，$\Delta u_2\neq0$，系统将调节至 Φ_G 和 Φ_F 互差 180°。Δu_2 经电容 C_3 保持，形成相位误差 ΔU_2，送到调节器。

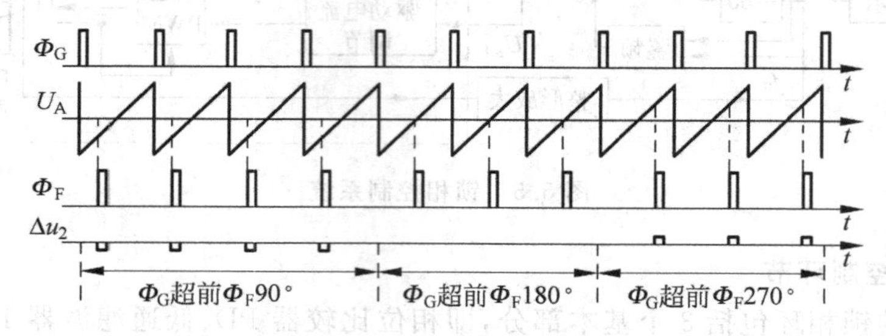

图 5.7 鉴相环节的原理

由于鉴相环节对扰动较敏感，为使干扰引起的相位差尽可能小，使锁相环有足够的相角稳定裕量，所以鉴相是将 f_G 和 f_F 分频后锁定。尽管所得相位反馈并不能反映转轴实际位置，但对以调速为目的的锁相控制没有影响，且系统的捕捉就容易了。对适应冲击负载的锁相环路有必要如此处理。

2) 低通滤波器

本系统采用有源低通滤波器，可以兼顾动态和静态性能指标，就是通常意义上的速度调节器，原理电路如图 5.8 所示。

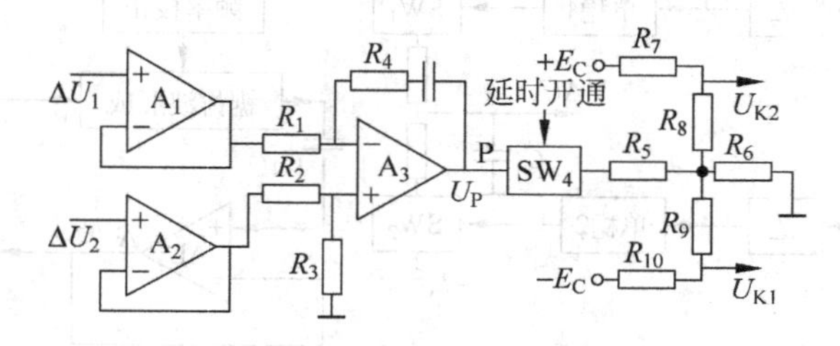

图 5.8 低通滤波器

A_1、A_2 分别连接成为跟随器，起到阻抗匹配的作用，A_3 接成 PI 调节器，这部分电路负责综合频差 ΔU_1 和相差 ΔU_2 信号。无论有频差还是相差，调节器输出 U_P 都会改变。合适地选择电阻，使得在 SW_4 没有接通时，U_{K1} 是负压，U_{K2} 是正电压，它们分别是启动时对应的电动和制动电流设计值，启动时调节器的输出 U_P 是负饱和值，SW_4 接通，U_{K1} 的负值加大，U_{K2} 的正值减小，电动电流加大和制动电流减小，有利于加快启动过程。如果 f_F 大于 f_G，ΔU_1 为负，U_P 的负值减小，电流给定值 U_{K1} 负值减小和 U_{K2} 正值加大，有利于速度降低。从上面分析可以看出，无论频差 ΔU_1 和相差 ΔU_2 如何变化，系统中 I_D 和 I_Z 变化趋势总是相反的，两个励磁的作用使得系统具有动态响应快的特点。

电机若直接采用闭环启动，因启动前转速反馈为零，故低通滤波器输出为饱和值，使电机启动有比较大的转矩过冲，为此，在图 5.8 中接有电子开关 SW_4，待转速上升到一定值后才控制 SW_4 接通。

由于电动机的机电时间常数较大，系统稳定性取决于校正环节即低通滤波器的选择。从稳定性出发，取鉴频信号的放大倍数要比鉴相信号的放大倍数大几倍。从系统来看，鉴频作用是主要的，鉴相作用次之。系统在保证 f_G 和 f_F 基本相等的前提下才考虑相位一致性的问题。这样，利用锁相环实现了高精度调速，同时使锁相环捕捉容易，系统稳定性较高。因此，该系统能适应冲击负载。

4. 试验结果

频率显示读出的 f_F 在数值上等于转速，但实际上检测的是每秒钟编码盘的齿数，它可显示出动态转速的变化。在油泵试验台喷油量不断改变时，转速的变化均在 ±2r/min 内。调速范围为 200r/min～1200r/min。

5.3 具有中间变换环节的 DC/DC 变换器

对于输入输出电压数值悬殊的 DC/DC 变换装置，宜采用具有中间高频环节的变换形式。本节介绍的 24V 电源是将幅值 320V～620V 的高压直流输入变换为 24V 恒压直流输出，脉动系数小，噪音小，可靠性高，且能适应负载较大范围的变化。

5.3.1 主电路工作原理

系统框图如图 5.9 所示，主电路由输入滤波电路、半桥式高频逆变电路、高频降压变压器、输出整流及输出滤波电路组成。控制电路包括辅助电源、驱动电路、PWM 控制电路、反馈电路、启动及保护电路和故障显示报警电路 6 部分。

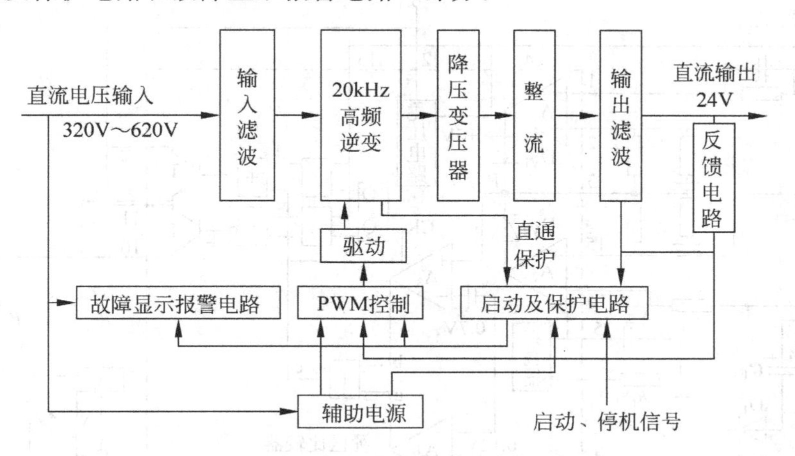

图 5.9　24V 直流电源系统框图

主电路如图 5.10 所示，蓄电池电源电压经 L、C_1～C_4 输入滤波电路加到半桥式逆变电路上，其中电感 L 是分成两个线圈绕在一个铁芯上，分别串联在正、负直流母线上的。高频开关器件 T_A、T_B 由一对相位互差 180°的脉冲控制，交替地通断，频率为 20kHz。20kHz 的方波电压经高频变压器降压及副边二极管整流、滤波后得到所需的直流电压。开关器件采用 IGBT。高频降压变压器 P_T 的铁芯采用非晶态合金材料，其高频高导磁性、低损耗性及低激磁功率特性远优于铁氧体铁芯。C_7、R_1、D_1 构成母线吸收电路，吸收线路电感引起的尖峰电压。

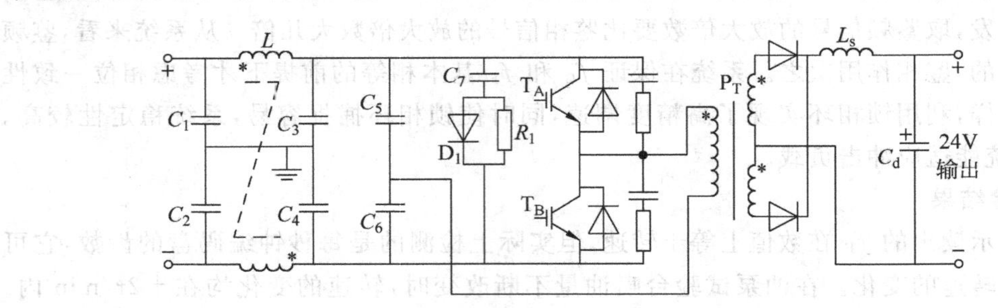

图 5.10　24V 直流电源主电路基本结构图

在稳压电源中，输出电压的数值不可避免地要受到各种扰动因素的影响，这种影响只有通过闭环控制才能消除。在本系统中，检测输出电压的数值，对 IGBT 的驱动信号进行 PWM 控制，即调节高频逆变输出方波的脉宽，便可调节降压、整流、滤波后的输出直流电压，将其稳定在 24V。

5.3.2 控制电路工作原理

系统的控制电路是由集成 PWM 控制专用芯片 TL494 为核心组成，TL494 内部原理框图及外围电路如图 5.11 所示。其内部的稳压电路将外部供给的+12V 变换成+5V，供给芯片内电路应用，并通过芯片的 14 端对外引出，供外部电路作给定电位。

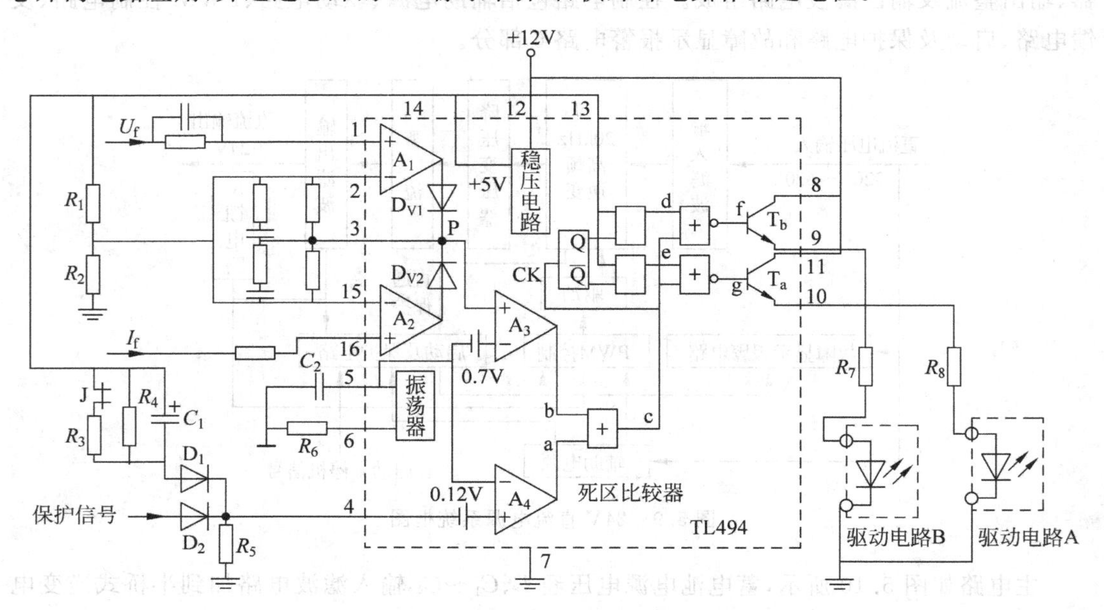

图 5.11　TL494 内部原理框图及外围电路

1. 锯齿波形成环节

在 5 端和 6 端分别接电容 C_2、电阻 R_6 后，振荡器开始工作，在 5 端产生锯齿波 U_5，锯齿波频率 $f_\Delta=\dfrac{1.1}{R_6C_2}$，该装置锯齿波频率取 40kHz。

2. 脉宽调制电路

TL494 内部各点波形如图 5.12 所示。当 3 端的电位 $U_3(U_P)$ 大于 $U_5+0.7\text{V}$ 时，b=1，c=1，g=f=0，T_a、T_b 截止，T_A、T_B 都关断。当 U_3 小于 $U_5+0.7\text{V}$ 时，b=0，c=0，如果这时触发器的状态是 Q=1，$\overline{Q}$=0，则 d=1，e=0，g=1，T_a 导通，通过驱动电路使 T_A 导通，同时 f=0，T_b 截止，T_B 关断；如果触发器的状态是 Q=0，$\overline{Q}$=1，则 d=0，e=1，g=0，T_a 截止，T_A 关断，同时 f=1，T_b 导通，通过驱动电路使 T_B 导通。所以，改变 U_3 的数值即可改变 T_A、T_B 的导通时间 t_{on}，从而调节 24V 输出电压的大小。U_3 称为控制电压，它是由两个误差放大器（电压调节器和电流调节器）对反馈值进行 PI 调节后得到的。

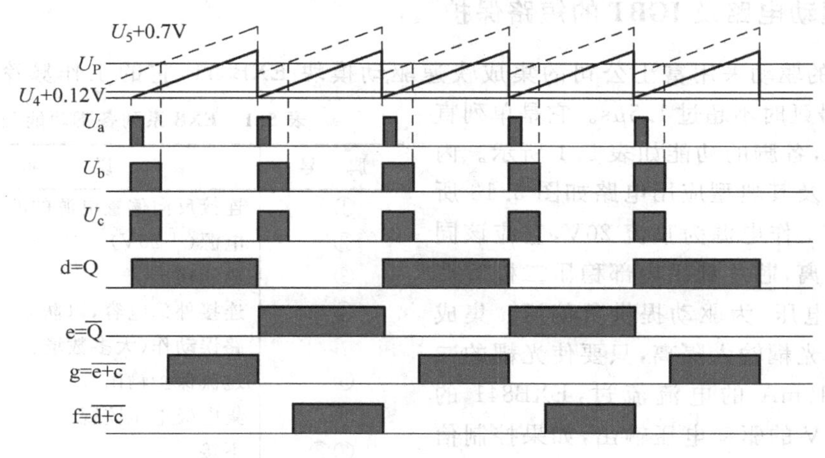

图 5.12　TL494 内部各点波形图

3. 调节器

TL494 内部的两个误差放大器及外接电阻电容构成了电压反馈调节器和电流反馈调节器，本例都采用 PI 调节，其给定电位 U_g、I_g（2 端与 15 端引入）均取自 TL494 内部产生的标准 +5V 分压。反馈电压 U_f 引到电压调节器的同相输入 1 端，反馈电流 I_f 引到电流调节器的同相输入 16 端，由于二极管 D_{V1}、D_{V2} 的导通作用，误差放大器 A_1、A_2 输出的电位高者传到图 5.11 中的 P 点，P 点的电位就是 3 脚的电位 U_3。正常情况下，负载电流远小于限流设计值，电压调节器起作用；在负载电流超过设定值时，电流调节器的输出电位升高，D_{V2} 导通，它控制输出脉宽，使电路作限流输出运行。本电路设置运行值为 150% I_e=123A。

4. 保护和软起动环节

当死区控制端 4 的电位满足 $U_4+0.12\text{V}>U_5$ 时，死区比较器输出为“高”，输出三极管截止。如果 4 端电位一直高于 5 端锯齿波电压 U_5，那么输出脉冲就被封锁。因此，可以利用 4 端作为脉冲封锁端。

保护电路：在电路出现故障时通过二极管 D_2 接收到保护信号（高电平有效），来封锁脉冲、关断 IGBT。本电路设置的保护有逆变电路直通保护、负载过流保护、输出过压保护等。

为了避免变压器接通时瞬态饱和而引起的冲击电流，必须逐渐建立高频逆变电压，设计软启动电路。继电器 J，电阻 R_3、R_4、R_5、D_1 和电容 C_1 组成了软启动外部电路，$R_4>R_3$。辅助电源上电时，R_3、R_4 并联后和 R_5 串联，使得 TL494 的 4 端的电位 U_4（>4V）比较高，封锁了输出脉冲，主电路不工作；接到开机指令后，继电器的触头断开，R_4 和 R_5 串联分压，由于电容 C_1 的电压不能突变，4 端电位逐渐下降，下降到 $U_4+0.12\text{V}\leqslant U_{5\max}$（3V 左右）时，开始有脉冲输出。随着 C_1 的继续充电，脉冲逐渐变宽，主电路方波电压亦逐渐变宽。直至 C_1 充电完毕，脉冲全部开放，起动过程结束。

5. 死区时间控制电路

从上分析可知：控制 U_4 的电位值，就能控制 T_A、T_B 不导通的时间。即从外部电路控制 U_4 的大小就能控制 TL494 的 T_a、T_b 及主电路 T_A、T_B 均不导通的死区时间。

5.3.3 驱动电路及 IGBT 的短路保护

IGBT 的驱动采用富士公司的集成快速驱动模块 EXB841，它的工作频率可以达到 40kHz，信号延时不超过 1.5μs。它是单列直插型封装块，各脚的功能如表 5.1 所示。内部结构简图及其典型应用电路如图 5.13 所示。芯片的工作电源为直流 20V，它应该同控制电源隔离，芯片利用内部稳压二极管产生 −5V 的电压，为驱动提供负偏压。集成块采用高速光耦输入隔离，只要使光耦的二极管中有 10mA 的电流流过，EXB841 的 3 脚就有 15V 的驱动电压输出，如果控制信号是电压脉冲，应该接入电阻限制流入光耦的电流。本例中，TL494 输出的控制信号送到 EXB841 的 14、15 端，如图 5.11 和图 5.13 所示。3 脚外接的驱动电阻 R_G 的大小和被驱动的 IGBT 等级有关。

表 5.1 EXB 系列各脚功能表

脚　号	说　明
①	连接反向偏置电源的滤波电容
②	电源（+20V）
③	驱动输出
④	连接外部电容，以防止过流保护电路误动作（大多数场合不用）
⑤	过流保护输出
⑥	集电极电压监视
⑦⑧	不接
⑨	电源（0V）
⑩⑪	不接
⑭	驱动信号输入（−）
⑮	驱动信号输入（+）

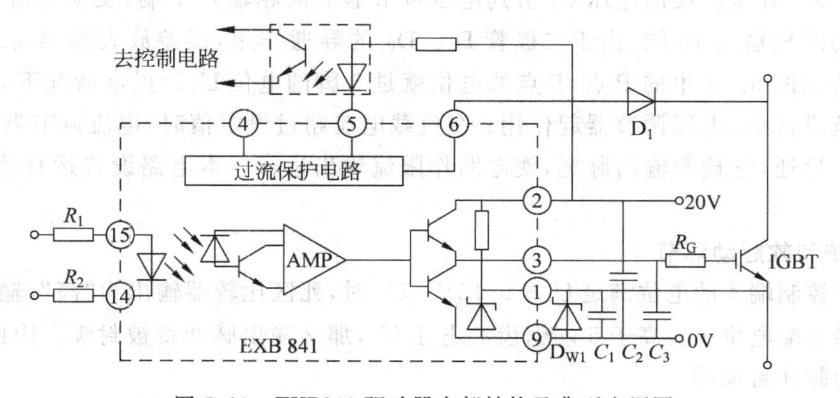

图 5.13 EXB841 驱动器内部结构及典型应用图

6 脚连接的是高压快速二极管，它用来检测 IGBT 是否过流，如果 3 脚有 15V 的驱动电压，IGBT 的管压降超过 3V，说明 IGBT 过流，内部 AMP 判断，使脉冲电压逐步降低直到封锁，IGBT 逐步转向截止，这种关断过程称为软关断，它避免了因过大的 di/dt 导致 IGBT 失控。脉冲封锁的同时，5 脚输出低电平，这个信号可以用光耦传送到控制电路作为过电流信号处理。在实际应用中，若 5 脚输出的干扰没有处理好，可能会引起控制电路误保护；如果电路中已经有霍耳电流传感器检测电流，5 脚也可以不用。

电路中 C_1、C_2、C_3 分别用来为负偏压、芯片电源和驱动电压滤波，滤除干扰信号；稳压管 W_1 是用来分担芯片内部稳压管功率的，以防止出现内部稳压管损坏，使得 EXB841 报废的情况。

电路电流检测采用霍耳电流传感器。当发生过电流故障时，通过保护电路给 TL494 的死区控制端 4 端置一个高电位封锁脉冲。

闭环系统的控制方框图如图 5.14 所示。电压给定值 U_g 对应于 24V 输出电压的反馈值。输出电压的反馈值 U_f 与 U_g 不相等时，电压 PI 调节器 1 起作用，调节输出脉冲的宽度，使输出稳定在 24V。电流给定 I_g 对应于所要求的最大过载电流（$150\% I_e$）的反馈值 I_f，当实际负载电流小于 $150\% I_e$ 时，$I_f < I_g$，电流 PI 调节器 2 的输出小于电压调节器 1 的输出，脉宽调制仅由电压调节器控制，系统在电压负反馈作用下稳压运行；当负载电流超过 150% I_e 时，电流调节器（PI 调节器 2）的输出大于电压调节器（PI 调节器 1）的输出，脉宽调制仅受电流调节器的控制，电流反馈使系统作限流运行。任一时刻系统仅有一个调节起作用，在分析正常工作状况时，则只考虑电压反馈闭环。

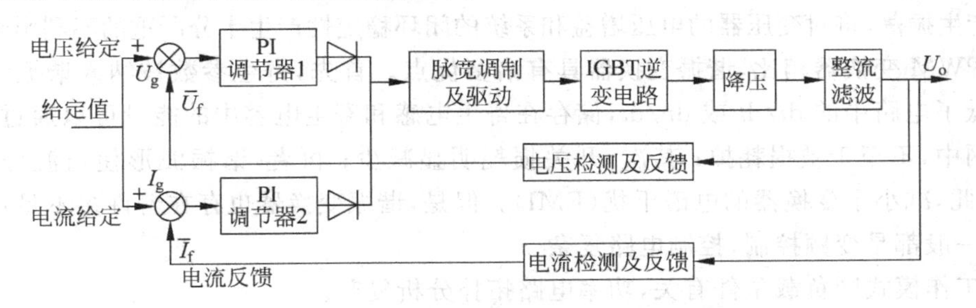

图 5.14　闭环控制系统的控制图

本装置的中间环节也可由高频软开关电路组成。

*5.4　高频软开关变换

5.4.1　概论

电力变换器中选用的元部件（特别是变压器、电感等磁性元件以及电容）的体积、重量乃至价格都和开关频率有关。但是，采用传统的硬开关技术，开关损耗随着开关频率的提高而成正比地增加，从而限制了装置的高频化。

解决这个问题的基本思路是发展新型的主电路拓扑及运行方式来改善器件的开关轨迹。一般是通过谐振电路造成开关管在开通或关断时的零电压或零电流开关环境，使得器件的开关过程类似于有缓冲电路，这就是“软开关”技术。

1. 谐振开关技术

1) 负载谐振变换技术

通过电路元件与负载构成谐振网络，使经过开关元件的电流或电压被整形为正弦波，开关元件在电压或电流的过零处开通或关断，实现软开关过程。谐振网络的运行方式强烈地依赖于负载变化，为实现零损耗开关或软开关，必须根据负载不同调整开关频率，开关工作频率范围受到一定的限制，工作频率不可能做得太高，感应加热电源属于负载谐振变换方式。

2) 准谐振开关变换器(QRC)

准谐振开关技术是在PWM开关电路中增加一些谐振元件将开关改造为谐振开关，以实现软开关运行方式。谐振开关由开关管、电感和电容组成，谐振参数往往利用变压器的漏感和开关管的输出结电容。按照不同的组合方式，分为电流型谐振开关和电压型谐振开关。

(1) 零电流型谐振开关(ZCS-QRC)

电流型谐振开关是零电流开关(ZCS)，电感与开关是串联的，它应用开关管电流谐振自然过零的关断技术，消除关断损耗。开关管是在非零电压情况下开通，存储在开关管输出结电容内的能量在开关导通时消耗在开关管内，称为容性开通损耗，这一损耗与开关频率成正比。并且伴随出现开关噪声及寄生振荡，这些是ZCS-QRC的主要缺点。

(2) 零电压开关准谐振变换器(ZVS-QRC)

电压型谐振开关为零电压开关(ZVS)，电容与开关是并联的。应用开关管电压自然过零开通技术解决容性开通损耗问题。但是ZVS-QRC仍有两个主要缺点：一是电力开关管上的电压应力与负载变化范围成正比；二是无源开关(整流二极管)关断时，其寄生结电容与谐振电感产生振荡，将对变压器的电压增益和系统的闭环稳定性产生十分严重的不利影响。

与PWM变换器相比，谐振变换器具有诸多优点。首先，寄生参数被纳入谐振元件后，大大降低了电路中的 di/dt 或 du/dt，储存在寄生电感和寄生电容中的能量可以通过谐振回馈到电网中，不至于被损耗掉；其次，开关损耗明显减少；再者，谐振波形使谐波分量大大减少，因此，减小了变换器的电磁干扰(EMI)。但是，谐振变换器也存在着许多不足：

① 一般都是变频控制，控制电路复杂。

② 工作模式同负载条件有关，功率电路拓扑分析复杂。

③ 开关管的电流和电压应力以及导通损耗大，储能元件的损耗大。

④ 电磁元件要按最小频率设计，不可能做得很小。

因此，恒频控制谐振变换器(CFRC)成为研究热点。

2. 恒频软开关技术

1) ZCS(ZVS)-PWM 变换

移相全桥PWM变换技术是一种ZCS(ZVS)-PWM变换。它巧妙利用电路中的寄生元件，综合了PWM控制技术和软开关技术，控制方便，电流和电压应力小，主要适用于中大功率应用场合。

移相全桥ZVS-PWM的负载很轻时，滞后桥臂开关管的ZVS条件难以满足，存在占空比损失。针对这个缺点，有人提出了移相式全桥ZVZCS-PWM变换器，即领先桥臂实现ZVS，滞后桥臂实现ZCS。

2) “零转换”(zero-transition) PWM 变换

通过一个辅助谐振网络与主开关管相联，以实现软开关，可分为ZVT(零电压转换)

PWM 和 ZCT(零电流转换) PWM 两种。如在功率开关器件开通前,通过辅助谐振网络,先将功率开关器件断态时两端寄生电容上的储能转移到电路其他地方,使其两端电压下降为零。然后功率开关器件中寄生反并联二极管导通,在此期间内给功率开关器件施加开通信号,实现零电压开通特性,这一开通过程就称为零电压转换。

3) 谐振直流环节变换器技术

在直流环节与逆变器之间巧妙地增加一个高频谐振环节,使得直流电压变成幅值一定、周期性回零的高频脉冲电压,控制逆变器中的开关器件在电压脉冲波回零时刻开通、关断,实现开关器件的软开关工作方式。这种逆变方法可以作为 5.3 节的中间交流变换环节。

软开关技术的应用使开关频率提高到兆赫级水平,目前,应用比较多的是移相全桥 ZVS-PWM 技术。

5.4.2 移相控制全桥软开关 DC/DC 变换器

1. 电路结构与工作原理

移相全桥零电压开关 DC/DC 直流电源变换电路如图 5.15 所示,它和上节 24V 电源类似,是 DC/AC-AC/DC 结构,但是它应用了软开关技术。T_1 和 T_2 轮流导通 180°(有一定死区),T_3 和 T_4 以同样方式通断,T_1、T_2 分别超前 T_4、T_3 α 角度开通,α 为移相角。改变移相角 α,即可改变变换器的输出。T_1 和 T_2 组成的桥臂称为超前桥臂,T_3 和 T_4 组成的桥臂为滞后桥臂。每个开关器件都并联了一个电容($C_1=C_2$,$C_3=C_4$),逆变电路输出串联了一个电感 L_r,高频变压器二次侧有两个绕组 $N_{21}=N_{22}$,使其输出经 D_5、D_6 双半波整流后输出倍

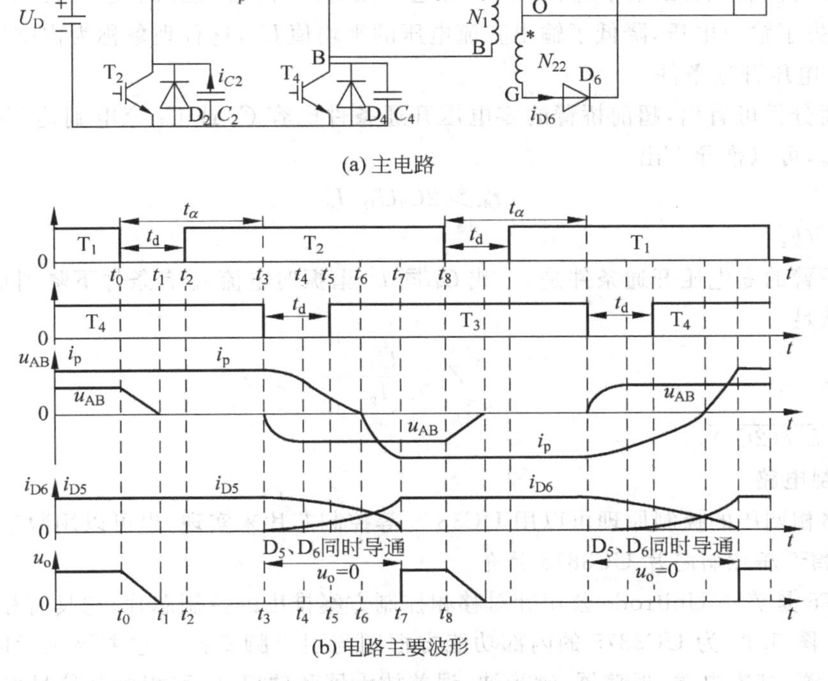

(a) 主电路

(b) 电路主要波形

图 5.15 移相全桥零电压开关 DC/DC 电源

频 PWM 直流电压。

如果忽略开关过程和死区引起的电压损失，移相角 $\alpha=0$ 时，T_1、T_4 同时导通 180°，T_3、T_2 同时导通 180°，则 u_{AB}是幅值为 U_D、脉宽 $\theta=180°$ 的正、负方波；$\alpha\neq0$ 时，u_{AB} 为脉宽 $\theta=180°-\alpha$ 的方波。

下面结合波形分析电路的工作原理及软开关实现过程。假设各开关管和元器件为理想器件，半个开关周期内输出滤波电感的电流连续。电路的工作情况如下。

(1) 超前桥臂的运行情况

在 $t=t_0$ 以前，T_1、T_4 导通，$u_{AB}=U_D$。在 $t=t_0$ 时关断 T_1，由于电感的存在，电流不能突变，i_p 从 T_1 转到 C_1、C_2，因为 $C_1=C_2$，C_1 以 $i_p/2$ 充电，使 T_1 软关断；C_2 以 $i_p/2$ 放电，C_2 电压 u_{C2}从 U_D 下降，如果死区时间足够，$t=t_1$ 时 $u_{C2}=0$，D_2 开始导电。$t=t_2$ 时施加 T_2 驱动信号，由于 D_2 导电，T_2 实现了零电压开通。

(2) 滞后桥臂的运行情况

尽管 $t=t_2$ 时给 T_2 施加驱动信号，但是电流 i_p 没有改变方向以前还是 D_2 导通，$t=t_3$ 时，撤除 T_4 驱动信号，由于电路中电感的作用，电流 i_p 不能突变为 0，i_p 从 T_4 逐渐转到 C_3、C_4，给电容 C_4 充电，u_{C4}逐渐上升，u_{C3} 下降到 0 以后，施加 T_3 驱动信号，T_3 可以实现零电压开通。u_{AB}变为负电压，变压器一次绕组电压反向，使得 D_6 导电；D_5 原来已经导电，则变压器二次侧 D_5、D_6 同时导通，D_5、D_6 换流，$u_o=0$，变压器一次绕组电压 $u_{EB}=0$，i_p 经 D_2、C_4、L_f 谐振，并且反向，使得电流流经 T_2、T_3，T_2、T_3 自然换流。自然换流的过程可以说开关管实现了零电压开通。D_6 导通，$u_o=-k\,u_{AB}$。$t=t_8$ 时，T_2 得到关断信号，T_2 关断后电路的运行情况跟上述的分析类似，这里不再详述。

(3) 占空比丢失

从波形可以看到，二次侧 D_5、D_6 同时导通一段时间，输出电压 u_o 为 0，相当于占空比也减小了，损失了输出电压，降低了输出直流电压的平均值 U_o，这种现象称为占空比丢失。

(4) 零电压开通条件

从上面分析可看出，超前桥臂的零电压开通条件电容 C_1 或 C_2 充电到达 U_D 时间小于死区时间 t_d，可以推导得出

$$t_d > 2C_2U_D/I_p \tag{5-3}$$

式中 $I_p=I_o/k$。

滞后桥臂的零电压开通条件是 C_3 或 C_4 同 L_r 谐振时电流 i_p 有条件下降到 0，可以推导得出应该满足

$$Z_r > \frac{U_D}{I_p} \tag{5-4}$$

式中 $Z_r=\sqrt{L_r/(2C_4)}$。

2. 控制电路

根据移相调压的控制原理可以用 UC3875 等控制芯片来实现，也可以用数字电路实现。

1) 移相调压控制芯片 UC3875 简介

UC3875 是美国 Unitrode 公司针对移相控制方案推出的控制芯片，它具有相控、保护和驱动功能。图 5.16 为 UC3875 的内部功能方框图与引出脚安排。它主要包括以下几个部分：工作电源、基准电源、振荡器、锯齿波、误差放大器和软启动、移相控制信号发生电路、过

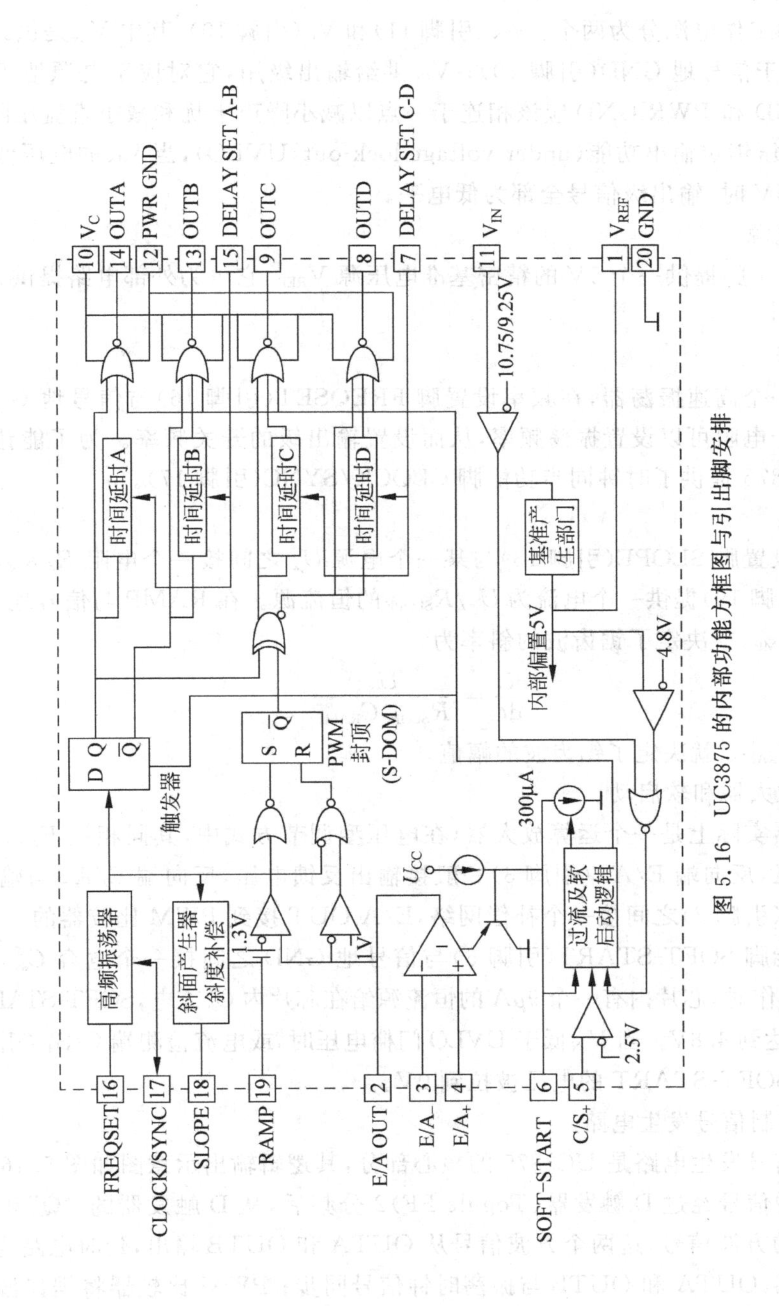

图 5.16 UC3875 的内部功能方框图与引出脚安排

流保护、死区时间设置以及输出级。

(1) 工作电源

UC3875 的工作电源分为两个：V_{IN}(引脚 11)和 V_C(引脚 10)，其中 V_{IN} 是供给内部逻辑电路用，它对应于信号地 GND(引脚 20)；V_C 供给输出级用，它对应于电源地 PWR GND(引脚 12)。GND 和 PWR GND 应该相连于一点以减小噪声干扰和减小直流压降。

V_{IN} 设有欠压锁定输出功能(under-voltage lock-out，UVLO)，当 V_{IN} 的电压低于 UVLO 门槛电压 10.75V 时，输出级信号全部为低电平。

(2) 基准电源

UC3875 在 1 脚提供一个 5V 的精密基准电压源 V_{REF}，它可为外部电路提供大约 60mA 的电流。

(3) 振荡器

芯片内有一个高速振荡器，在频率设置脚 FREQSET(引脚 16)与信号地 GND 之间接一个电容和一个电阻可以设置振荡频率，从而设置输出级的开关频率。为了能让多个芯片并联工作，UC3875 提供了时钟同步功能脚 CLOCK/SYNC(引脚 17)。

(4) 锯齿波

如果斜率设置脚 SLOPE(引脚 18)与某一个电源 U_x 之间接一个电阻 R_{SLOPE}，就为锯齿波脚 RAMP(引脚 19)提供一个电流为 U_x/R_{SLOPE} 的恒流源。在 RAMP 与信号地 GND 之间接一个电容 C_{RAMP}，就决定了锯齿波的斜率为

$$\frac{\mathrm{d}U}{\mathrm{d}t} = \frac{U_x}{R_{SLOPE}C_{RAMP}} \tag{5-5}$$

选定 R_{SLOPE} 和 C_{RAMP}，就决定了锯齿波的幅值。

(5) 误差放大器和软启动

误差放大器实际上是一个运算放大器，在电压型调节方式中，其同相端 E/A_+(引脚 4)一般接基准电压，反向端 E/A_-(引脚 3)一般接输出反馈电压，反向端 E/A_- 与输出端 E/A OUT(COMP)(引脚 2)之间接一个补偿网络，E/A OUT 接到 PWM 比较器的一端。

软启动功能脚 SOFT-START(引脚 6)与信号地 GND 之间接一个电容 C_{ss}，当 SOFT-START 正常工作时，芯片内有一个 9μA 的恒流源给在芯片内 C_{ss} 充电，SOFT-START 的电压线性升高，最后达到 4.8V。当 V_{IN} 低于 UVLO 门槛电压时，或电流检测端 C/S_+(引脚 5)电压高于 2.5V 时，SOFT-START 的电压被拉到 0V。

(6) 移相控制信号发生电路

移相控制信号发生电路是 UC3875 的核心部分，其逻辑输出示意图如图 5.16 所示。振荡器产生的时钟信号经过 D 触发器(Toggle FF)2 分频后，从 D 触发器的“Q”和“$\overline{Q}$”得到两个 180°互补的方波信号，这两个方波信号从 OUTA 和 OUTB 输出，延时电路为这两个方波信号设置死区，OUTA 和 OUTB 与振荡时钟信号同步；PWM 比较器将锯齿波和误差放大器的信号比较后，输出一个方波信号，这个信号与时钟信号经过“或非门”后送到 RS 触发器，RS 触发器的输出“$\overline{Q}$”和 D 触发器的“Q”运算后，得到两个 180°互补的方波信号，这两个方波信号从 OUTC 和 OUTD 输出，延时电路为这两个方波信号设置死区。OUTC 和 OUTD 分别领先于 OUTB 和 OUTA，之间相差一个移相角，移相角的大小取决于误差放大器的输出与锯齿波的交截点。当输出电压升高时，反馈信号增大，误差放大器的输出信号随

之升高，移相角 θ 变大，输出电压降低；反之输出电压减小，移相角变小，由此完成恒压输出。

(7) 过流保护

在芯片内有一个电流比较器，当 C/S_+（引脚 5）电压超过 2.5V 时，电流比较器输出高电平，使输出级全部为低电平，同时，将软启动脚的电压拉到 0V，当 C/S_+ 电压低于 2.5V 后，电流比较器输出低电平，软启动电路工作，输出级的移相角从 0°慢慢增大。因此，可以把 C/S_+ 作为一个故障保护电路，例如输出过压、输出欠压、输入过压、输入欠压等故障发生时，通过一定的电路转换成高于 2.5V 的电压，接到 C/S_+ 端，就可以对电路实现保护。

(8) 死区时间设置

为了防止同一桥臂的两个开关管同时导通，芯片为用户提供了两个脚：A-B 死区设置脚 DELAY SET A-B（引脚 15）和 C-D 死区设置脚 DELAY SET C-D（引脚 7）。可分别对两对互补的输出信号 A-B、C-D 设置死区时间。

(9) 输出级

UC3875 最终的输出就是 4 个驱动信号：OUTA（引脚 14）、OUTB（引脚 13）、OUTC（引脚 9）、OUTD（引脚 8），它们用于驱动全桥变换器的 4 个开关管。这 4 个输出均为图腾柱（totem-pole）驱动方式，都可以提供 2A 的驱动峰值电流，因此它们可以直接用于驱动 MOSFET 或经过隔离变压器来驱动 MOSFET。

图 5.17 给出了经过隔离变压器连接的驱动电路，UC3875 的 14 脚和 13 脚（即输出 A 和输出 B）控制逆变主电路的功率开关管 T_1、T_2。另一对 9 脚和 8 脚（即输出 C 和输出 D）的输出级驱动电路跟 14、13 脚的相同，用来驱动 T_3、T_4。控制芯片 UC3875 的输出级经过晶体管 NPN 和 PNP 形成的功率放大电路，再接至脉冲变压器隔离驱动。

2) 数字电路实现方法

图 5.18 为数字化控制系统框图。输出电压、电流的反馈信号经过滤波等环节处理后，送入 DSP 片内集成 A/D 采样口和故障保护电路。DSP 将反馈电压、电流信号转换为数字信号后，进行 PWM 脉冲的调节和恒压/限流程序的转换控制，并将当前电压电流值通过 SPI 通信口送到数码管显示电路。

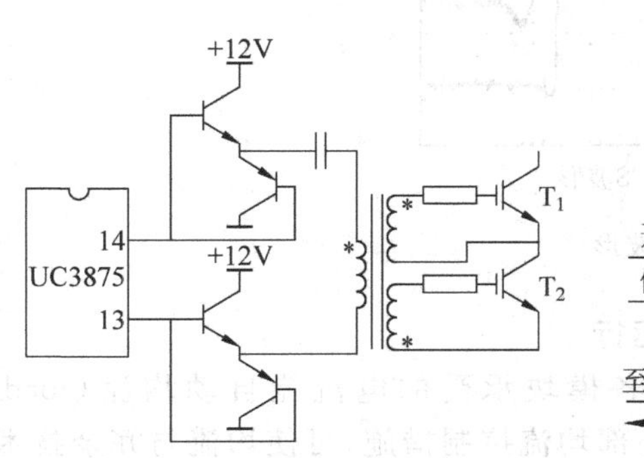

图 5.17　UC3875 输出连接的驱动电路

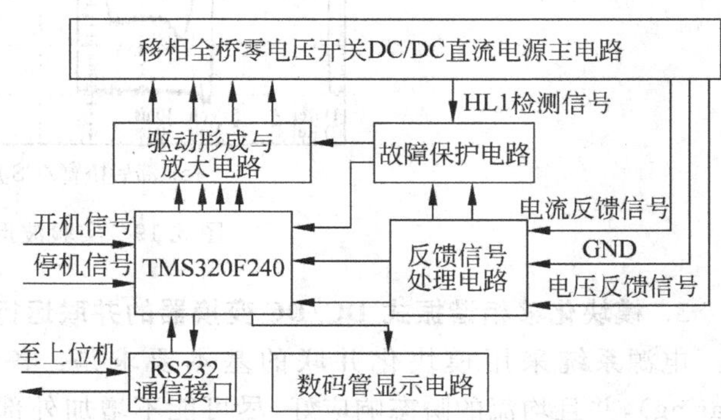

图 5.18　数字化控制系统框图

故障保护电路接收 HL1 取样的原边电流信号和反馈信号后进行判断、处理，在故障发生时给出 IGBT 驱动封锁信号，对系统进行保护。DSP 给出的 PWM 控制信号送到驱动形成与放大电路进行合成、互锁和功率放大，形成最终 IGBT 驱动信号。显示电路由芯片 MAX7219 和多位数码管组成。MAX7219 接收显示数据后能对多位数码管进行智能化管理，降低了微处理器用于实时显示的时间。RS232 通信接口方式为本机控制系统与上位机的通信接口方式，通过上位机可以对系统工作状态进行控制和检测，系统也可向上位机或网络中的其他设备发送信息，大大提高了系统智能化和网络化的能力。

从上面的分析可以看出，基于 DSP 实现的移相控制原理简单、外围电路少、实现方便、灵活，只需对 DSP 控制寄存器作一定的修改，即可实现常规的 PWM 控制，大大提高了电路的通用性和集成度。本装置输出直流电压 48V，额定功率 2.5kW。图 5.19 (a)为输出电压在满载下的波形，保持了很好的恒压特性；图 5.19 (b)为满载下超前桥臂的驱动信号和管压降波形，开关管为零电压开关；图 5.19 (c)为在满载条件下滞后桥臂开关管的电流开关波形，它表明开关管实现了零电流关断。

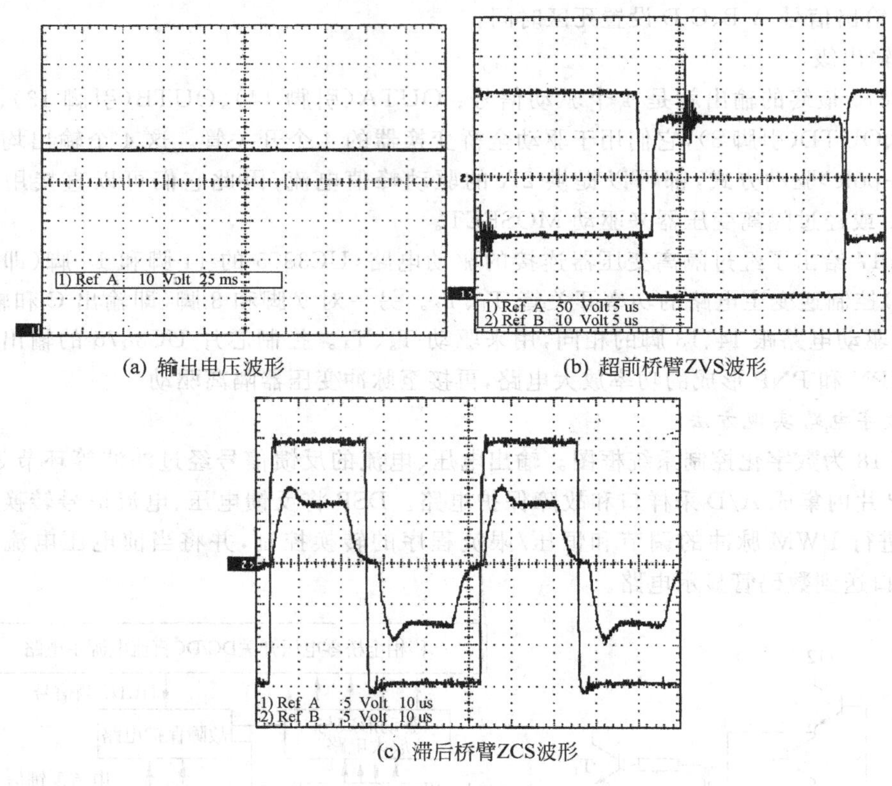

(a) 输出电压波形　(b) 超前桥臂ZVS波形

(c) 滞后桥臂ZCS波形

图 5.19 实验波形

3. 模块化移相谐振式 DC/DC 变换器的并联运行

电源系统采用模块化并联的基本要求是：各模块承受的电流能自动均流(load-sharing)，并且均流的瞬态响应好，尽可能不增加外部均流控制措施，可使均流与冗余技术结合，同时应保持输出电压稳定。

要实现电源模块的并联运行，其关键在于均流，用以保证模块间电流应力和热应力的均匀分配，防止一台或多台模块运行在限流状态。实现均流的方法很多，有输出阻抗法、主从均流法、平均电流自动均流法、最大电流自动均流法、外加均流控制器法等。现介绍一种基于复合控制最大电流法的并联控制策略，它是在单模块采用复合控制的基础上，辅以最大电流法实现均流的。

1）单模块控制系统的实现

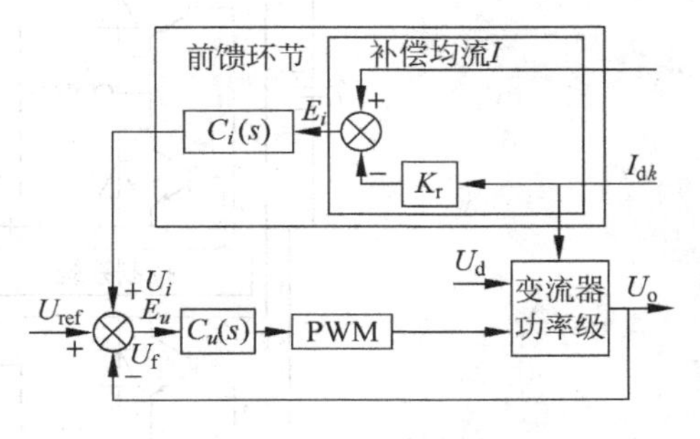

图 5.20 单模块系统框图

单模块控制系统框图如图 5.20 所示。图中 U_{ref}为电压给定信号；E_i 为电流误差信号；U_d 为直流输入电压；E_u 为电压误差信号；$C_u(s)$为电压调节器信号；PWM 为脉宽调节器，可等效为一比例环节。变流器功率级为控制对象移相谐振变流器模型，$C_i(s)$为前馈装置传递函数，K_r为补偿系数。实际系统中，$C_u(s)$选用传统的 PI 调节器，$C_u(s)=K_p+K_i/s$，$C_i(s)$为 P 调节器，$C_i(s)=K'_p$。

单模块控制结构采用的是在电压负反馈闭环控制基础上加入负载扰动补偿控制的一种复合控制方式。由控制理论知道，复合控制系统是在反馈控制回路中加入前馈通路，组成一个前馈和反馈相结合的系统。从补偿原理看，由于前馈控制实际上采用开环方式去补偿扰动信号，因此前馈补偿不会改变反馈系统的特性；从抑制扰动的角度来看，前馈控制可以减轻控制的负担。所以反馈系统的增益可以取得小一些，有利于整个系统的稳定性。

前馈环由两部分组成：调节器 $C_i(s)$和均流补偿环节。均流补偿环节用于实现并联均流和电压补偿，其中

$$I=\max(I_{d1},I_{d2},\cdots,I_{dk},\cdots) \tag{5-6}$$

$$E_i=I-K_rI_{dk} \tag{5-7}$$

式中 I_{dk}为本模块输出电流；K_r 为补偿系数，为小于 1 的常数；E_i 为得出的电流误差信号。

当单模块运行时 $I=I_{dk}$，此时均流补偿环节实现的是电压补偿功能。检测出的电流信号经一定的补偿作为前馈环节送入电压环，在不影响系统稳定性的情况下，提高了系统的输出特性，使变流器具有较高的稳压精度。当多模块并联运行时 $I=I_{max}$，此时均流补偿环节实现的是并联均流功能。

2）双模块并联运行

图 5.21 是双模块并联系统框图。最大电流法是一种自动设定主模块和从模块的方法，即在 N 个并联的模块中，输出电流最大的模块将自动成为主模块，而其余的模块成为从模块，它们的电压误差依次被整定，以校正负载电流分配的不均衡，又称为“自动主从控制法”。单模块中前馈环节是实现并联均流的关键环节。如图 5.20 单模块控制系统框图所示，各模块通过均流补偿环节经由均流母线，取出各模块中最大的电流信号与本机电流信号比较，并经过一定的补偿，得出的误差经调节器后作为电压给定的微调送入电压环，最终通过调节变流器的输出电压而实现均流。最大电流的获取可由模拟电路的或运算实现。

单模块闭环回路的电压给定 U_g 等效为

$$U_g=U_{ref}+U_i \tag{5-8}$$

式中 U_{ref}为常数；U_i 为反映均流信息的前馈量。

$$U_i=E_iG(s)=(I-K_rI_{dr})G(s) \tag{5-9}$$

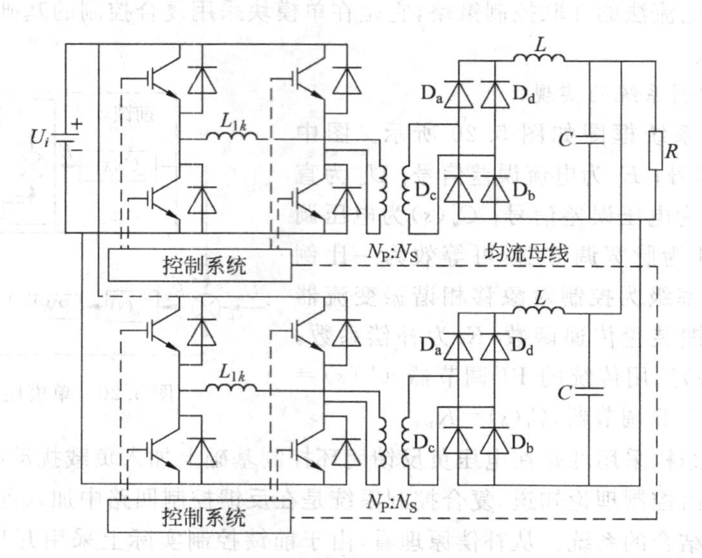

图 5.21 双模块并联系统框图

当负载电流不均衡时，各模块相应改变各自电压环的给定值，通过电压闭环调节，最终实现均流。电压环调节器选用 PI 调节器，对直流量而言，理论上可达到无静差。

由前面的分析可知，由于单模块采用复合控制方式，使得多模块并联运行成为可能。通过选取合适的控制系统参数，便可实现高精度的均流。实用变流装置采用了等容直流 220V/5.5kW 双模块并联，整个装置的效率可达到 90%以上，稳压精度可达 2%。额定输出 25A 的两模块并联稳态运行时，模块间电流差值不超过 1A。

3) 均流特性

图 5.22 给出了下列 4 种情况下的负载电流均流波形。

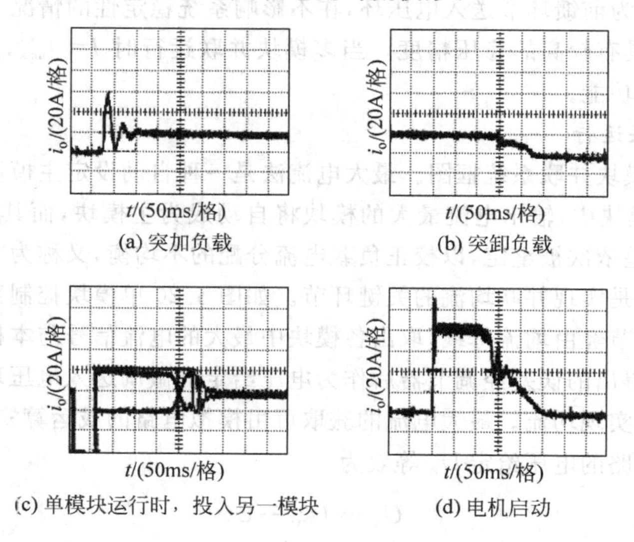

图 5.22 实验波形

（1）突加负载

由图 5.22(a)可看出，在模块 1 与模块 2 都已开机的情况下，突加负载时，两模块输出电流波形上升的动态过程几乎是重叠的。

（2）突卸负载

由图 5.22(b)可看出，在模块 1 与模块 2 共同提供输出的情况下，突卸负载时，两模块输出电流同步下降。

（3）单模块运行时，投入第 2 个模块

图 5.22(c)是在一个模块正带载工作，启动另一个模块的情况。由图可清楚地看到两模块之间电流转移均分过程。

（4）电机启动

带电机负载是最恶劣的实验情况。电机负载启动时会出现很大的冲击电流，并联运行模块各自动态调节性能及相应的均流特性的好坏将直接影响到系统的正常工作。均流特性差的系统，在电机启动大电流的冲击下，某些模块承担的电流过大，超过其带载能力范围，过载关机，而使其他模块承受过多电流，其他模块也相继过载关机，直至整个系统瘫痪。

图 5.22(d)是系统在额定功率 2kW 电机负载启动时双模块的输出电流波形。由图可看出在电机启动过程中，两个电源模块较好地均分了负载电流，图中平顶处是限流的结果。

由实验结果可知，由于单模块采用了复合控制的方式，多模块并联时仅采用最大电流法就能获得比较好的均流效果。

习题及思考题

1. 应用 TL494 组成一个有转速外环的最简单的直流斩波调速系统，画出控制系统框图和原理电路。

2. 图 5.2 中，为什么要用 TA1 检测母线电流大小和方向，用 TA2 检测电动机的电流大小和方向？

3. 试通过 DC/DC 直流变换装置说明一种 PWM 芯片（不含 TL494）的使用方法。

4. 模块化移相谐振式 DC/DC 变换器并联运行的设计思想是否可以应用到其他类型变换器？试说明。

5. 试说明 3 种采用软开关的电力电子装置的特点。

第6章 晶闸管变流装置

本章介绍以晶闸管为开关器件的交流调功器、交流调压器、相控调速系统和谐振逆变器的工作原理及控制方法,并且对谐振逆变器的实用电路作了比较完整的介绍。

6.1 晶闸管交流变换器

6.1.1 交流调功器

一般的电热装置只要求有合适的电功率传输,对电压、电流的波形没有严格要求,提供这类电能变换的装置称为调功器。

晶闸管交流调功器一般采用过零触发的周波控制模式,输出电压是断续的正弦波,避免了相位控制下缺角正弦波引起的干扰,使晶闸管承受的瞬态浪涌电流和 di/dt 大为减少。但在晶闸管断续导通时,负载电流存在频率低于基频的次谐波分量,使得调功器的应用范围受到一定限制。周波控制的调功器不能平滑调节电压,也不能用普通的电压表、电流表测量。

图6.1说明了半周波过零触发调功器的控制原理,电源电压过零时产生脉冲,在控制信号是高电平时,脉冲才触发对应的晶闸管,使得电源电压半周波为单位地传输到调功器。调功器按运行周期分为定周期和变周期两种类型,图6.1(a)所示为恒周期过零触发调功器,图6.1(b)所示为变周期过零触发调功器。本节介绍的是定周期控制,它在固定周期内改变触发脉冲的个数。

1. 基本原理

调功器基本原理如图6.2所示。方框部分为调功器,快速熔断器FU、双向晶闸管T、电流互感器TA等组成调功器主电路;零脉冲电路(1)、导通比电路(2)、过流截止电路(3)、"与"门电路(4)和脉冲变压器(5)组成调功器控制电路;电炉负载 R_L、温度传感器BST、调节器PI通过开关S与调功器组成闭环控制系统,可自动控制电炉的温度。

控制电路中"与"门电路(4)接受3个输入信号,首先是电路(1)发出的与输入电源电压波形过零点同步的"零"脉冲信号,其次是电路(2)周期性输出导通比(占空比)可调的高电平信号,三是检测的过流截止信号,只要主电路没有出现过电流,过流截止电路(3)就输出高电平,"与"门电路(4)使脉冲变压器输出与电源电压过零点同步、数目连续可调的触发脉冲,控制T导通,调节输出功率。由于晶闸管的电流必须大于维持电流,才能保持通态,所以调功器不能空载输出。

2. 主电路设计要点

主电路设计包括主电路结构的选择和参数设计。调功器的基本连接形式如表6.1所列,双向晶闸管也可以由一对反并联晶闸管代替。当调功器导通比为1时,晶闸管的导通情况基本与二极管相同,晶闸管参数可以简单地按照全导通的情况选择。以单相电路为例。

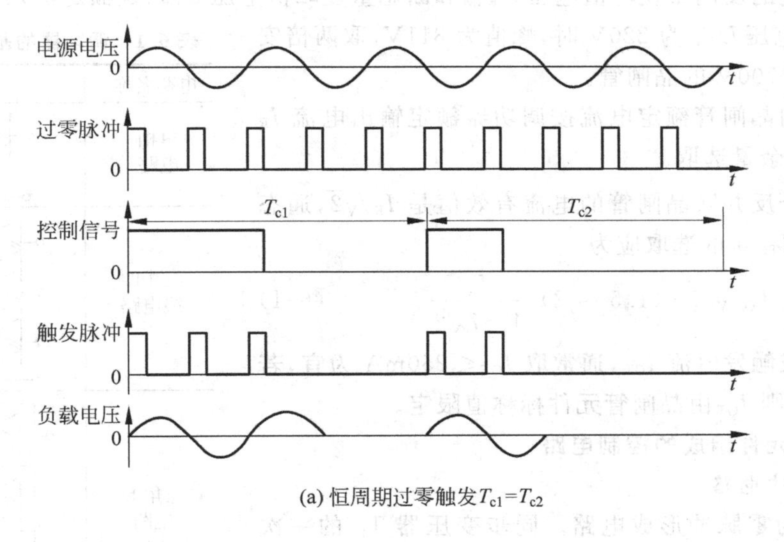

(a) 恒周期过零触发$T_{c1}=T_{c2}$

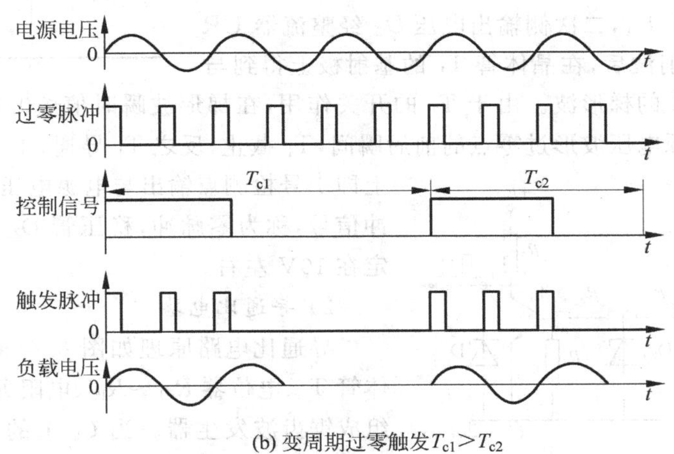

(b) 变周期过零触发$T_{c1}>T_{c2}$

图 6.1　恒周期和变周期调功器控制原理

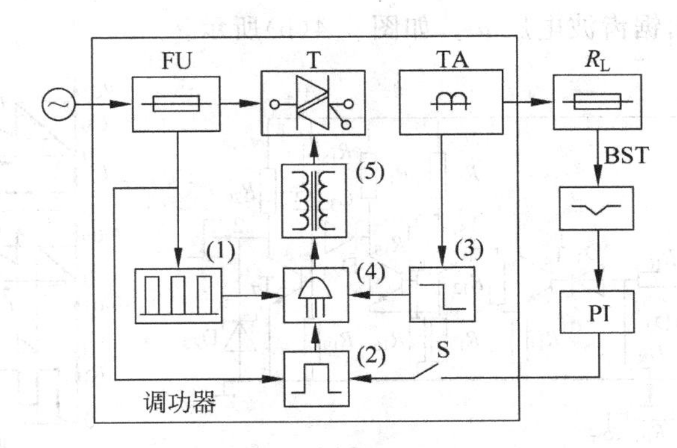

图 6.2　调功器基本原理

(1) 承受的反向重复峰值电压 U_{RRM} 和断态重复峰值电压 U_{DRM} 是额定输入电压的峰值，当额定输入电压 $U_{1\mathrm{N}\varphi}$ 为 220V 时，峰值为 311V，取两倍安全余量，可选 700V 的晶闸管。

(2) 双向晶闸管额定电流按调功器额定输出电流 I_{R} 的 1.5～2 倍余量选取。

(3) 每个反并联晶闸管的电流有效值是 $I_{\mathrm{R}}/\sqrt{2}$，通态电流平均值 $I_{\mathrm{T(AV)}}$ 的选取应为

$$I_{\mathrm{T(AV)}} \geqslant (1.5 \sim 2)\frac{I_{\mathrm{R}}}{1.57\sqrt{2}} \tag{6-1}$$

(4) 门极触发电流 I_{GT}，通常取 $I_{\mathrm{GT}} \leqslant 250\mathrm{mA}$ 为宜，若采用强触发，则 I_{GT} 由晶闸管元件标称值限定。

表 6.1 调功器的基本连接形式

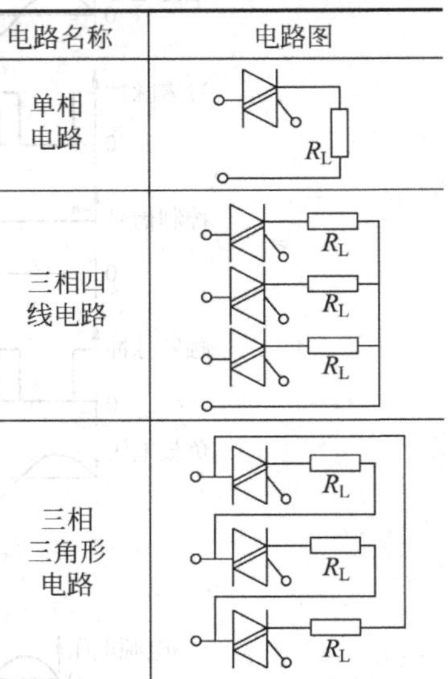

电路名称	电路图
单相电路	R_{L}
三相四线电路	R_{L} R_{L} R_{L}
三相三角形电路	R_{L} R_{L} R_{L}

3. 分离元件组成的控制电路

1) 零脉冲电路

图 6.3 为零脉冲形成电路。同步变压器 $\mathrm{T_{P1}}$ 的一次侧接交流电源电压 U_1，二次侧输出电压 U_2 经整流器 UR 整流、稳压管 $\mathrm{D_{Z1}}$ 削波后，在晶体管 $\mathrm{T_1}$ 的基射极上得到与电源电压波形同步的梯形波。由于 $\mathrm{T_1}$ 的开关作用，在梯形波瞬时值≤0.7V（$\mathrm{T_1}$ 基射极阈值电压）时，即电源电压波形过零点的前后瞬间，$\mathrm{T_1}$ 截止，反之 $\mathrm{T_1}$ 导通，于是在 $\mathrm{T_1}$ 的集电极上即 1 号检测点输出与电源电压过零点同步的脉冲信号，称为零脉冲，稳压管 $\mathrm{D_{Z2}}$ 使零脉冲幅值稳定在 10V 左右。

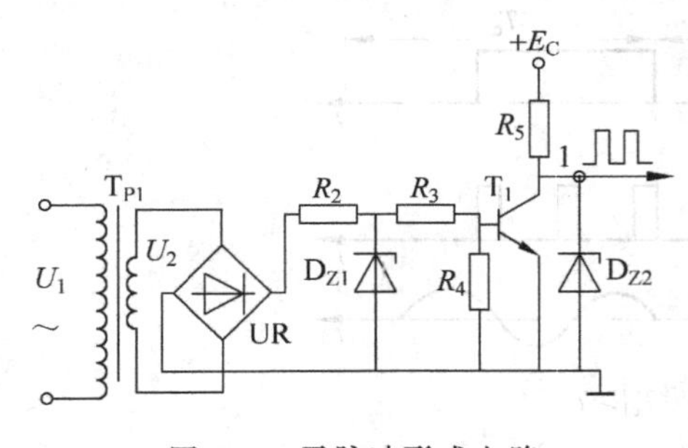

图 6.3 零脉冲形成电路

2) 导通比电路

导通比电路原理如图 6.4(a) 所示。单结晶体管 $\mathrm{T_3}$、电位器 $R_{\mathrm{P1}} \sim R_{\mathrm{P3}}$、电阻 R_9 和 R_{H}、电容 C_2 组成锯齿波发生器。当 C_2 上的充电电压达到单结晶体管 $\mathrm{T_3}$“峰点”电压 U_{P} 时，$\mathrm{T_3}$ 导通，C_2 迅速放电，到 $\mathrm{T_3}$ 的“谷点”电压 U_{V} 时截止，C_2 则再行充电，C_2 的“+”端输出锯齿波电压 u_{C2}，如图 6.4(b)所示。

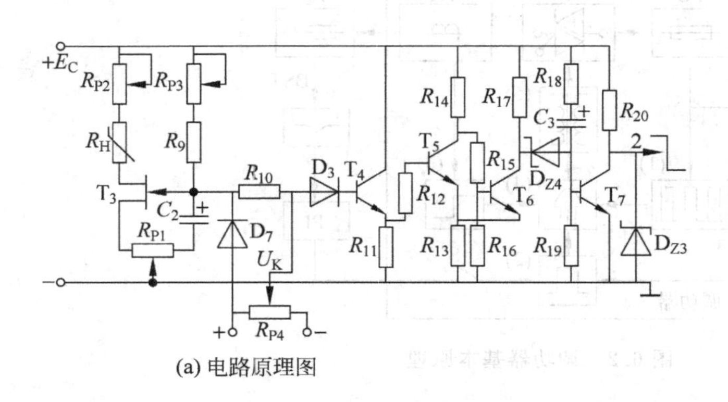

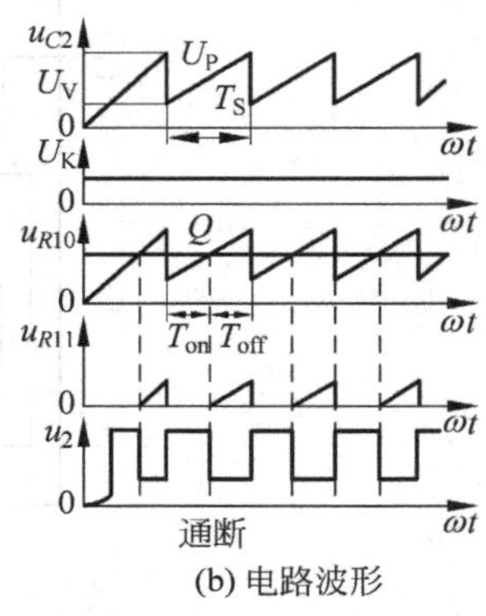

图 6.4 导通比电路原理及波形图

锯齿波的周期是调功器的工作周期 T_S，T_S 取决于 R_9、R_{P3}和 C_2 的充电时间常数及单结晶体管 T_3 的分压比 η。

$$T_S \approx (R_9 + R_{P3})C_2 \ln \frac{1}{1-\eta} \tag{6-2}$$

当 $\eta=0.5$，$R_9+R_{P3}=150\text{k}\Omega$，$C_2=10\mu\text{F}$ 时，工作周期 T_S 为 1.04s。通过调节 R_{P3}的阻值可以调节 T_S，T_S 应该远大于电源的周期。

锯齿波自励振荡的条件是：C_2 在充电时的充电电流应大于单结晶体管 T_3 的“峰点”电流 I_P，C_2 在放电至“谷点”电压时的电流小于 T_3 的“谷点”电流 I_V，才能使 T_3 截止而使 C_2 重新充电。由此得到振荡条件表达式为

$$\frac{E_C - U_V}{I_V} < (R_9 + R_{P3}) < \frac{E_C - U_P}{I_P} \tag{6-3}$$

锯齿波电压 u_{C2}和直流控制电压 U_K 施加于比较环节 R_{10}和射极跟随器(D_3，T_4 和 R_{11} 组成)的输入端。当 $U_K \geqslant u_{C2}$时，T_4 截止，T_5 截止，T_6 导通，经过晶体管反相器 T_7 反相后，在 T_7 的集电极上即 2 号检测点输出高电平给“与”门，使零脉冲不受封锁，晶闸管导通，对应的时间间隔 T_{on}为导通时间。当 $U_K < u_{C2}$时，2 号检测点上输出低电平，封住“与”门，使晶闸管截止，对应的时间间隔为 T_{off}，称之为调功器的“关断”时间。从图 6.4(b)可以看到，锯齿波电压 u_{C2}与直流控制电压 U_K 的交点为 Q，以 Q 为分界点把运行周期 T_S 划分为导通时间 T_{on} 和关断时间 T_{off}，由此得出导通比

$$K_a = \frac{T_{on}}{T_{on} + T_{off}} = \frac{T_{on}}{T_S} \tag{6-4}$$

显然只要平滑地调节直流控制电压 U_K，就可以使导通比 K_a 在 0～1 的范围内平滑变化，从而调节输出功率的大小。

图 6.4(a)中的 R_{18}、C_3 构成微分电路，功能为“延迟合闸”，使调功器在合闸瞬间不会出现导通失控现象。控制电路合闸瞬间，T_6 处于导通状态，T_7 截止，2 号检测点为高电平，晶闸管导通，此时锯齿波还未形成，无比较点，电路易出现失控现象；在 T_7 基极上增设 R_{18}、C_3 微分电路后，当控制电路合闸时，流过 C_3 的微分电流使 T_7 导通，2 号检测点则为低电平直到 C_2 第一个锯齿波形成，电路正常工作。显然，微分电路的时间常数应大于第一个锯齿波形成时间。

3) 过流截止电路

过流截止电路的电气原理如图 6.5 所示。电路由单结晶体管 V_{T8}、V_{ST6}、电容 C_4 和 C_5、电阻 R_{20}～R_{27}等组成。当调功器负载电流 I_L 超过整定值时，电流互感器 TA 的采样电阻经过整流桥 UR_2 的输出电压击穿稳压二极管 V_{ST6}，产生电流 I_g，I_g 在 R_{24}上的电压降使单结晶体管的基极电压降低，其峰点电压亦随之降低，当降低至小于或等于 C_5 的充电电压 u_{b5} 时，C_5 通过 V_{T8}迅速放电使 3 号检测点电压立即从高电平转为低电平，并输至“与”门使晶闸管截止，起到保护晶闸管的作用。图中 R_{P5}可以调节在 C_5 上的充电电压，因而可以调节过流整定值，一般整定为额定电流的 1.3～1.5 倍。过流发生后，常闭开关 S 用来复位，使 V_{T8}、C_5 重新工作。

晶闸管对温度、瞬态电压峰值、瞬态电流峰值很敏感，调功器保护电路应从这 3 个方面考虑。

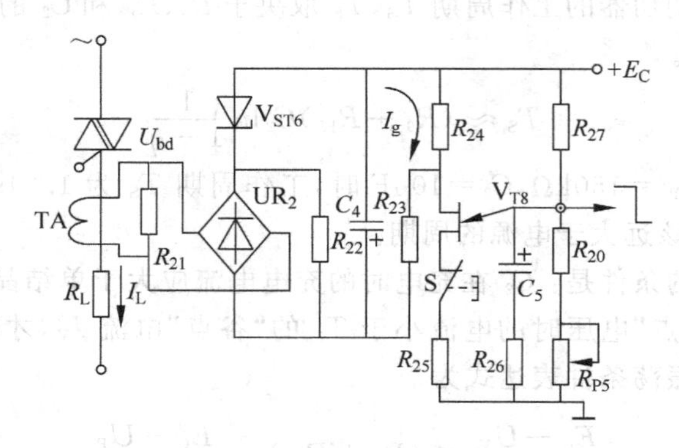

图 6.5　过流截止电路原理图

对电炉进行自动控温时，调功器与温度传感器、PI 调节器一起组成闭环控制系统。用温度传感器测得的信号经 PI 调节后作为导通比电路的控制电压 U_K，构成闭环，实现温度的自动控制，控温精度可达 ±0.5%～±1%。

6.1.2　过零触发集成电路

零电压开关(ZVS)双向晶闸管控制器是一种控制晶闸管的专用集成电路。这类控制器在交流线路电压(220V、50Hz)过零时，输出一个电流脉冲去触发外部的双向晶闸管。ZVS 双向晶闸管控制器芯片有很多种型号，下面介绍 UC217 集成电路 IC 芯片。

UC217 是 TEMIC 公司生产的零电压控制芯片，采用双列直插式 8 脚封装，控制芯片直接由电网电压供电，电流消耗小于 0.5mA。其控制电路简单，驱动脉冲电流 100mA，并设有短路电流保护功能。

UC217 的内部结构和典型电路原理如图 6.6 所示，黑框内为 UC217 集成电路内部原理框图，黑框外为外接电路。芯片电源电压 V_S(5 脚)由交流电网供电，通过外接二极管 D_1 和电阻 R_1 取得，电解电容 C_1 滤波。V_S 被 IC 内部电路限制在 −9.25V 的典型值上，脚 1 的

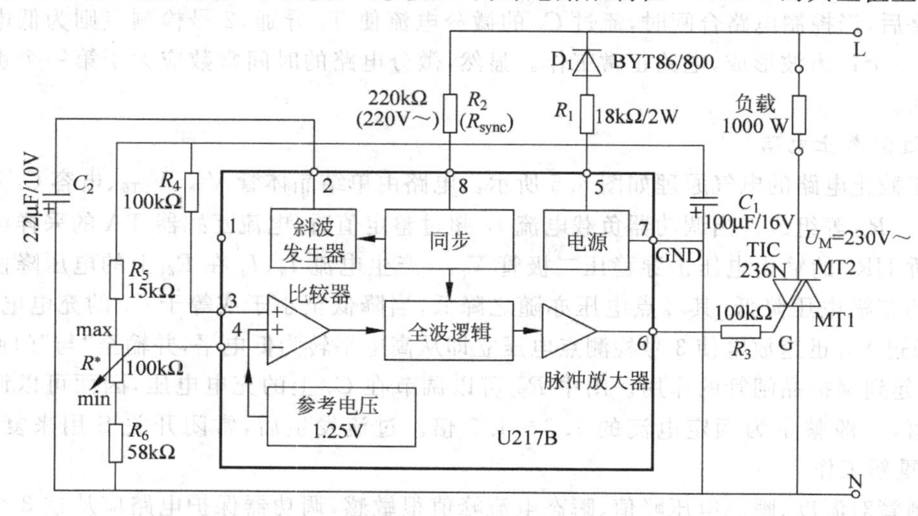

图 6.6　UC217 的内部结构和典型运用电路

斜坡电压由脚2外接的电容C_2和内部电路产生，内部恒流源对C_2电容充电，斜坡起始电压为−7.3V，终止电压为1.4V，斜坡电压的周期可通过电容C_2调整。同步电压信号由交流电压通过电阻R_2经IC的8脚输入，执行过零检测。脚4的电压与脚3及内部的参考电压进行比较，如果为负，通过同步检测，在交流电网电压过零时，由脚6提供一个100mA的负电流触发脉冲去触发双向晶闸管。触发脉冲宽度T_P与负载功率P、双向可控硅锁定电流I_L、交流线路电压U_{AC}及其角频率$\omega(\omega=2\pi f)$有关，T_P随负载功率增大而减小，随I_L增加而增加，同时U217B脚8上同步电阻R_{sync}(即R_2)增加时，触发脉冲宽度T_P则线性增加。改变电路中电阻R^*，就改变了比较器的输出脉宽，从而调节每个周期的触发脉冲数目，可以改变输出功率，如果R^*选用热敏电阻，就可以形成温度的闭环控制。

6.1.3 移相控制交流调压

采用移相触发控制可以实现交流电压调节，同样可以改变电热装置的功率，称为相控调功器。下面介绍一个由集成移相控制芯片TCA785组成的调压电路，它可以用在需要交流调压的设备中。

1. 集成移相触发控制芯片TCA785

TCA785是德国西门子(Siemens)公司开发的晶闸管单片移相触发集成电路，图6.7(a)为它的内部结构。它由同步过零(zero detector)、放电监控(discharge monitor)、同步寄存器(synchronous register)、控制比较(control comparator)、电压分配(voltage allocator)、脉冲形成与分配(pulse allocator)等多部分电路组成，采用DIP16封装形式，它的各个引脚功能如下。

16脚和1脚分别控制电源正端和接地端，10脚和9脚分别外接电容C_{10}和电阻R_9产生锯齿波，5脚为同步信号输入端，同步信号经过零检测送至同步寄存器控制外接的电容C_{10}放电，在每个正弦信号的过零点C_{10}迅速放电，并从0值开始充电，改变R_9、C_{10}的充放电时间，即可改变锯齿波的斜率；控制电压U_{11}引至11脚与锯齿波比较，当锯齿波电压达到U_{11}值时产生一个脉冲，生成控制信号送至脉冲形成及分配环节，控制角α的大小由控制电压U_{11}的幅度决定；14脚和15脚分别为正负半周对应的脉冲输出端，4脚和2脚分别为14脚和15脚的反相脉冲输出端，可以根据实际需要灵活选用；脉冲宽度分别由12脚和13脚外接的电容值决定，3脚和7脚为脉冲合成输出端，每个电源周期翻转两次；6脚为脉冲封锁端，当U_6="0"时，封锁有效，当U_6="1"时，解除封锁，通过该脚可以实现过流、过压或其他控制。TCA785的工作波形见图6.7(b)所示。

2. TCA785组成的交流调压电路

图6.8是以TCA785集成触发器为核心构成的单相晶闸管交流调压电路。交流电压AC经双向可控硅Q加到负载上，控制Q的触发角就可控制加到负载上的交流电压波形，达到调压的目的。电容C_1、C_2和电感L的作用是抑制谐波。

交流电源经电阻R_1限流、二极管D_1整流、稳压管D_W稳压后，获得控制电源送入TCA785的16脚；并且通过电阻R_2接到6脚，使芯片处于解除封锁状态。交流电源还通过电阻R_3送入TCA785的5脚作为同步信号；二极管D_2、D_3起限幅的作用。由TCA785的14、15脚输出的触发脉冲，经二极管D_4、D_5和限流电阻R_5送入双向可控硅Q的门极，使

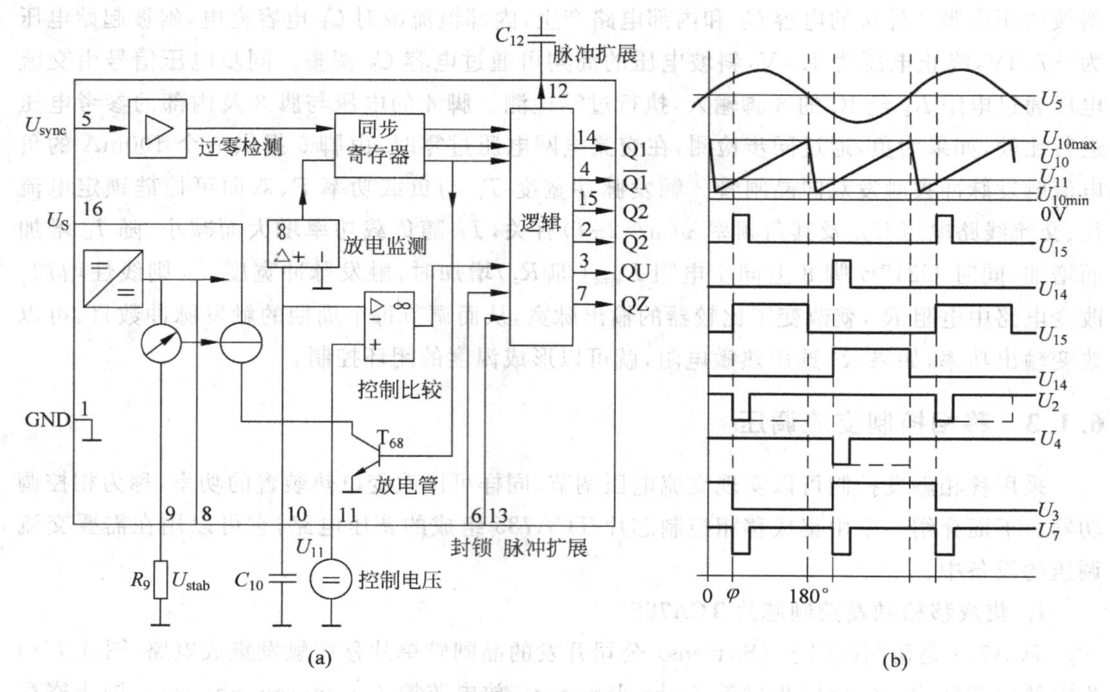

图 6.7 TCA785 集成移相触发器的内部结构及工作波形

双向可控硅 Q 每 180°被触发一次。脉冲宽度由 12 脚所接电容器 C_7 的大小决定；R_4 和电位器 R_{P1} 是振荡电阻，C_6 是振荡电容，调节电位器 R_{P1} 可以改变锯齿波的斜率；控制电压由芯片电源经电阻 R_7 和电位器 R_{P2} 分压引入 11 脚，调节 R_{P2} 即可改变 11 脚上的控制电压，使 TCA785 集成触发器 14、15 脚输出脉冲的触发角变化，从而调节负载上得到的交流电压。利用负反馈电路改变等效电阻，就可形成自动稳压系统。

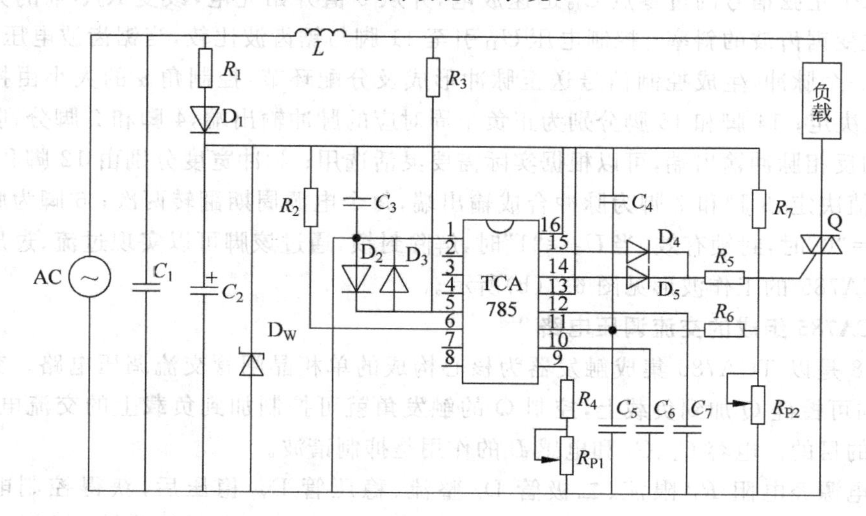

图 6.8 TCA785 单相晶闸管交流调压实用电路

6.2　晶闸管相控调速系统

无论直流电机还是交流电机，在改变它们的输入电压时，电机的转速将随之改变，调节电机的输入电压控制电机转速，称为调压调速。调压和调速系统的差异就是所控制的对象和目标不一样。

6.2.1　晶闸管相控整流直流电动机调速系统

1. 主电路及系统原理

晶闸管相控整流电路有单相、三相、全控、半控等，调速系统一般采用三相桥式全控整流电路，如图 6.9(a) 所示。在变压器二次侧并联电阻和电容构成交流侧瞬态过电压保护及滤波，晶闸管并联电阻和电容构成关断缓冲；快速熔断器直接与晶闸管串联，对晶闸管起过流保护作用。

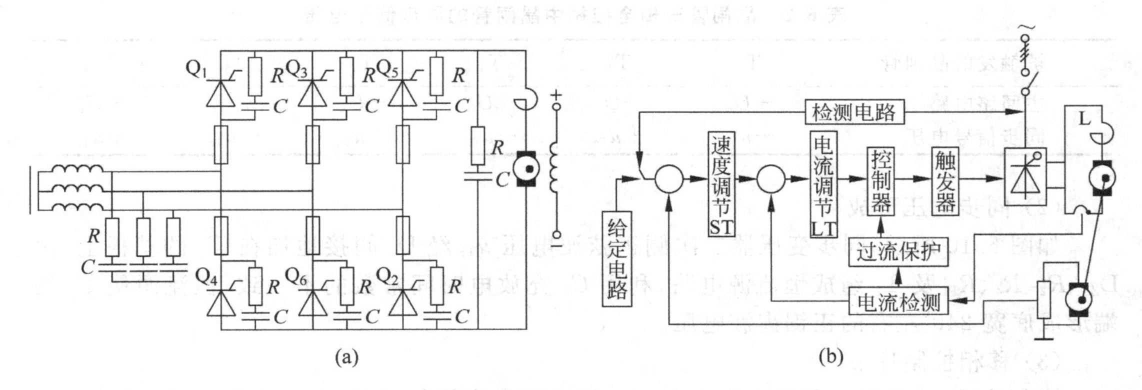

图 6.9　三相桥式全控整流主电路及系统原理图

系统采用转速、电流双闭环的控制结构，原理框图如图 6.9(b) 所示。两个调节器分别调节转速和电流，二者之间实行串级连接，转速调节器的输出作为电流调节器的输入，再用电流调节器的输出去控制晶闸管的触发电路。从闭环反馈的结构上看，电流调节环是内环，按典型 1 型系统设计；速度调节环为外环，按典型 2 型系统设计。为了获得良好的静、动态性能，双闭环调速系统的两个调节器都采用 PI 调节器。这样组成的双闭环系统，在给定突加(含启动)的过程中表现为一个恒值电流调节系统，在稳态中又表现为无静差调速系统，可获得良好的动态及静态品质。

2. 控制电路

控制电路主要包括触发器、控制器、速度调节器、电流调节器、检测电路等。下面介绍由分立元件组成的电路。

1) 触发器

锯齿波的触发电路原理如图 6.10 所示。输出为双窄脉冲，脉冲宽度在 8°左右。本触发电路分成 3 个基本环节：同步电压形成、移相控制、脉冲形成和输出。

(1) 同步信号与主回路的相位关系

同步是指触发脉冲与主回路电源相序同步。同步变压器 PT 一次侧和主回路整流变压

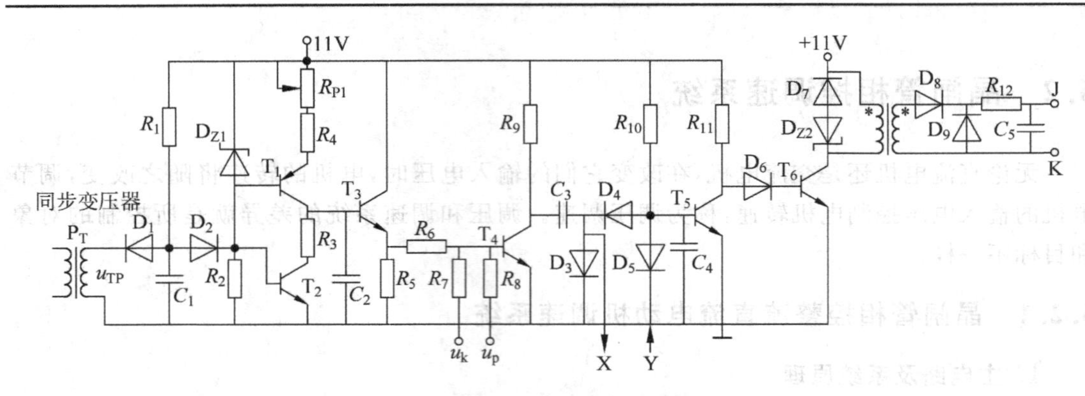

图 6.10 触发器原理图

器接在同一交流电源上，具有相同频率；主回路整流变压器为 Y_0/Y-12 连接组，晶闸管 T_1 的同步电压为 $-u_{Ta}$，晶闸管 T_2～T_6 的同步电压相序如表 6.2 所示。

表 6.2 晶闸管三相全控桥中晶闸管的同步信号电压

被触发的晶闸管	T_1	T_2	T_3	T_4	T_5	T_6
主回路电路	$+U_a$	$-U_c$	$\pm U_b$	$-U_a$	$+U_c$	$-U_b$
同步信号电压	$-u_{Ta}$	$+u_{Tc}$	$-u_{Tb}$	$+u_{Ta}$	$-u_{Tc}$	$+u_{Tb}$

(2) 同步电压形成

如图 6.10 所示，同步变压器二次侧正弦波电压 u_{TP} 经 D_1 间接地加在 T_2 的基极上，由 D_{Z1}、R_2、R_4、R_{P1} 及 T_1 组成恒流源电路，利用 C_1 充放电时间常数的不一致，恒流源使 C_2 两端形成底宽 240°左右的正锯齿波电压。

(3) 移相控制环节

控制信号 u_k 经 R_7，偏移信号 u_p 经 R_8，锯齿波同步信号经 R_6，3 个信号在 T_4 基极进行叠加，并对锯齿波同步信号进行垂直控制。改变控制电压 u_k 即能改变控制角 α 的大小，达到触发移相的目的。

(4) 脉冲形成和放大

当 T_4 由截止变为导通时，电容 C_3 放电产生负脉冲，使 T_5 截止，同时 T_6 导通并产生触发脉冲经脉冲变压器输出。图中 X 作为后一个晶闸管的补充触发信号输出，Y 为接收前一个晶闸管补充触发信号端，这样每一个触发电路输出均为双窄脉冲。

2) 输入器

输入器的作用是给触发器提供输入信号，其原理如图 6.11 所示。[1]端接电流调节器输出端，[2]端接触发器电路 u_k 端，[3]端接过流保护输出端。

R_{P1}、D_1、R_3 组成上限幅环节，R_{P2}、D_2、R_9 组成下限幅环节，以限制 u_k 的范围。当 IC_1 的 6 脚输出电压增加到某一数值时，D_1 导通，因上限幅环节控制，使[2]端电压限制在某一数值不再升高，上限幅值可由 R_{P1} 调节；当 IC_1 的 6 脚输出电压减小到某一数值时，D_2 导通，因下限幅环节控制，使[2]端电压限制在某一数值不再减小，下限幅值可由 R_{P2} 调节。T_2、T_3、R_{10}、R_{11} 组成的射极输出端为输出功率放大电路，为后面 6 个触发器提供控制信号。

当发生过电流故障时，控制系统会给 [3]端输入高电平，击穿 D_{Z1}，T_1 变为饱和导通，[2]端则输出 0V 电压，使 $\alpha \geqslant 90°$，避免事故的扩大。

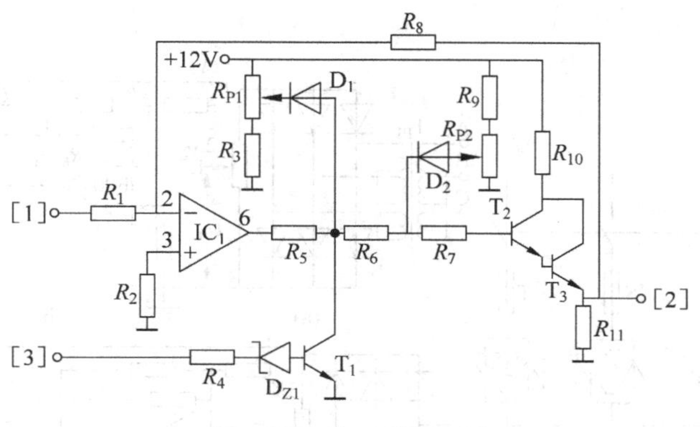

图 6.11　输入器原理图

3）电流调节器(LT)和速度调节器(ST)

电流调节器对其输入信号(给定量和反馈量)进行加法、减法、比例、积分、微分、延时等运算。它由以下几部分组成：运算放大器、二极管限幅电路、互补输出的电流调节器、输入阻抗网络和反馈阻抗网络等。速度调节器电路与电流调节器结构形式完全相同。

4）检测电路

电流反馈环节由霍尔元件及运算放大器组成，用以检测可控硅直流侧的电流信号，以获得与电流成正比的直流电压信号和过流信号。速度反馈环节把测速发电机输出电压变换为适合控制系统的电压信号。

6.2.2　晶闸管相控交流调压调速系统

1. 调压调速原理

异步电动机定子供电频率不变时，其电磁转矩与输入电压有效值的平方成正比，利用交流调压电路，可以达到调速目的，但在实际系统中，还必须能控制异步电动机正、反向运转，一般可在主电路中串入两个接触器来改变供电电压相序。

图 6.12 是一个简单的交流调压调速系统。它主要由给定电源、交流电压变换器、速度调节器、交流电流变换器、电流调节器、触发脉冲装置、晶闸管调压器、电动机等组成，该系统没有速度反馈，只有电压反馈，是个调压系统，用于对调速精度要求不高的场合。采用 6 只晶闸管组成调压器为异步电动机供电。

2. 控制系统主要部件

由图 6.12 可分析主要控制环节的工作原理。其中图 6.12(a)部分为交流-直流电压变换器，变压器 PT_1 原边接电机定子电压，副边输出经三相桥整流后，从 $2X_2$ 反馈一个与电机定子电压成正比的直流电压 U_u 至速度调节器(定子电压近似反映速度)。

图 6.12 中(b)部分为速度调节器。它从 $2X_1$ 输入给定信号 U_0，并和电压反馈信号 U_u 相比较，经速度调节器进行比例积分调节，可改变 $2R_7$、$2R_8$，$2C_5$ 的值，达到最佳控制性能。速度调节器输出 $2X_3$ 接电流调节器的输入 $3X_1$。

图 6.12 中(c)部分是交流电流变换器，它的信号来自电流互感器（100A/0.1A），经三相桥式整流后的直流信号从 $3X_2$ 至电流调节器。

图 6.12 中(d)部分为电流调节器。它的给定信号来自 $3X_1$(速度调节器的 $2X_3$)，反馈

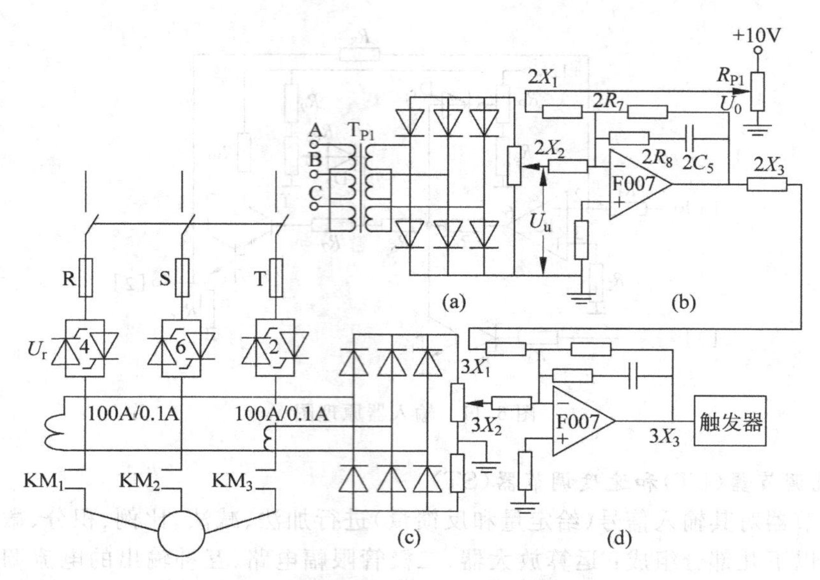

图 6.12　交流调压调速系统主要控制部件原理图

信号来自交流电流变换器的 $3X_2$，两个信号经电流调节器比例放大后，从 $3X_3$ 输出控制信号来控制 6 脉冲触发器的控制角 α，即控制异步电动机的定子电压。

触发器可用集成化 6 脉冲触发器组件 KCZ6，也可以应用上节介绍的 TCA785 组成。

3. 保护系统

1）零位启动保护

启动时，若给定电压不为零，电压调节器会使输出电压很高，电机的启动电流会是额定电流的 4～7 倍或更高，大电流和机械力的冲击可能损坏系统元件、部件和测试仪表，使系统不能正常工作。图 6.13 为零位启动保护电路，图中 $2X_1$ 给定电压由图 6.12 中(b)部分中零位保护电路 $2X_1$ 提供。当主接触器 KM 没通电时，其常闭触点 KM_4 闭合，若零位保护电路中电位器 R_{P1} 不在零位，给定电压使 T_1 和 T_2 导通，继电器 K 得电，其常闭触点 K_1 断开，K_1 触点和接触器 KM 线圈串联，主接触器无法得电，系统不工作。只有 R_{P1} 在零位时，主接触器 KM 才能得电，常闭触点自动脱离给定电源，零位保护电路不再起作用，电机启动并运转。

2）缺相保护

输入缺相会使电机及主要部件因局部产生过载而烧坏，图 6.14 是缺相保护电路。系统正常工作时三相电路对称，M 点电位和中性点 N 的电位接近，即 M、N 之间电位 U_{MN} 近似等于零，后面电路不工作；当输入三相交流电源缺一相时，M、N 间将产生电压，该电压经单相桥式整流、光电隔离，由中间继电器 K_2 控制操作回路、报警电路，对系统进行保护。

3）过流保护

三相调压器的最大输出电流可由电流调节器的设定值来限制。将速度调节器的最大输出值与电流变换器最大电流时的反馈量调至相等，即可实现限流。晶闸管因短路产生的过流由快速熔断器来保护。

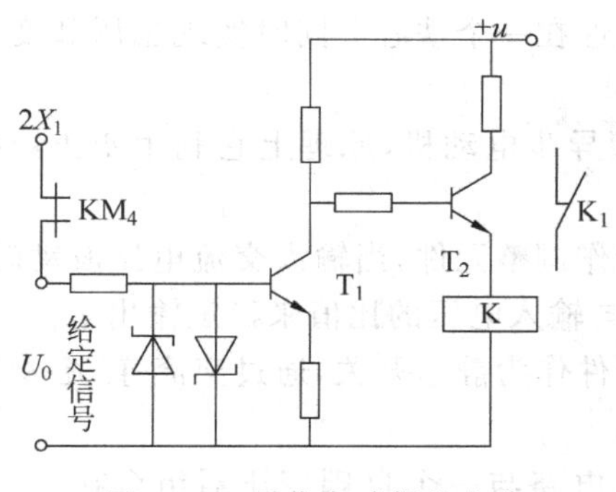

图 6.13　零位启动保护电路

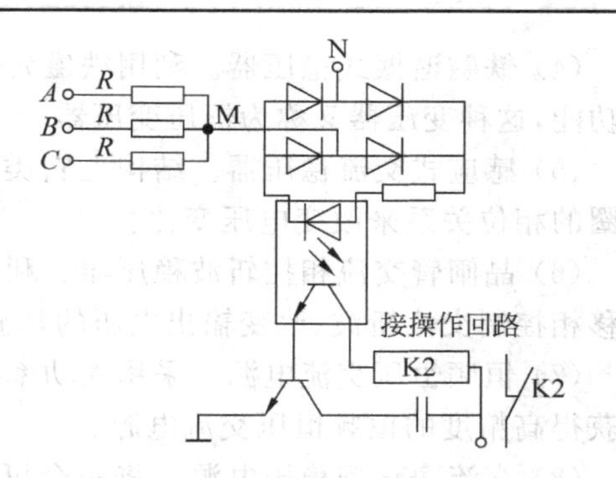

图 6.14　缺相保护电路

6.2.3　绕线式异步电动机串级调速

串级调速是利用有源逆变的原理对绕线式异步电动机进行调速，它是对转差功率调节，实现调速，调速装置的功率远小于电动机的功率，因此，特别适用于大功率(几千千瓦)绕线式异步电动机的调速。电路原理如图 6.15 所示，异步电动机转子转差频率电势经三相桥式不控整流电路得到电压 U_d，经过电感 L_d 滤波成为平稳的直流电压 U_S，再由三相桥式有源逆变电路转换为三相工频交流电，通过升压变压器和交流电连接，回馈到电网，调节晶闸管的导通角 β 来调节逆变回送到电网的能量，从而达到调速的目的。

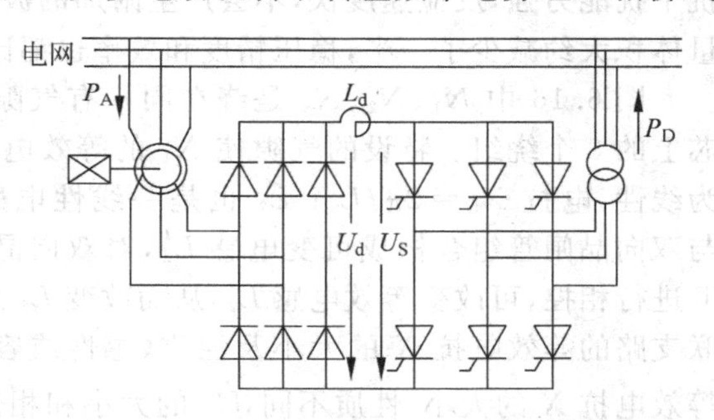

图 6.15　绕线式异步电动机串级调速原理图

串级调速系统由于其功率因数低，一般仅为 0.4 左右，所以影响了它的推广应用。如果在不控整流电路后增加一级全控器件的斩波器，使有源逆变器始终工作在最小逆变角 β_{min} 状态，改变斩波器的输出电压大小，改变电动机的转速，可以提高串级调速系统的功率因数。

6.3　交流净化型稳压电源

6.3.1　稳压电源类型

由于公用电网电压不可避免的会出现波动，交流稳压器已成为许多电子设备、电器和机电装置的基本组成部分。50Hz 工频交流稳压电源或稳压器的作用是将电压不稳定的 50Hz 交流电源变为电压稳定或可调的 50Hz 交流电源，工频交流稳压电源的类型很多，常用的有以下 8 类。

(1) 磁放大器式稳压器，采用磁放大器作为串联电压调整环节。控制磁放大器的直流绕组电流，可调节串联在交流主电路中的交流绕组的等效阻抗压降，由此稳定交流输出电压。

(2) 滑动式交流稳压器。当输出电压变动时，用滑动的方式改变变压器输出接点位置，即改变了变压器变比，由此实现输出电压的稳定。滑动的控制方式，可利用电压反馈系统控制伺服电机来改变滑动接点的位置。

(3) 分级自动改变变比的稳压电源。采用机械式或者静态双向开关分段自动改变变压器变比实现输出电压的近似稳定。

(4) 铁磁谐振式稳压器。利用铁磁元件的非线性在一个铁芯上同时实现稳压和变压双重功能，这种变压器又称为恒压变压器。

(5) 感应式交流稳压器。结构上它类似绕线型异步电动机，原理上它利用变压器感应线圈的相位关系来改变电压变比。

(6) 晶闸管交流相控斩波稳压器。利用晶闸管作调整元件，当输入交流电压波动时，通过移相控制交流斩波，改变输出电压的基波有效值与输入电压的比值来稳定输出电压。

(7) 恒频恒压交流电源。采用大功率半导体器件作为静态开关，通过交流-直流-交流变换获得高精度的恒频恒压交流电源。

(8) 交流净化型稳压电源。将一个可变的 LC 电路与一个自耦变压器组合在一起，提供补偿电压，控制 LC 电路的等效电感便可调节补偿电压，从而稳定负载电压。“净化”是指从市电输入的电源经过这种稳压器后，叠加在市电输入电压上的各种干扰明显被滤除。

6.3.2　交流净化型稳压电源

交流净化型稳压电源的基本原理图如图 6.16 所示。根据该原理电路生产的稳压电源抗干扰能力强，反应速度快，不会产生附加的波形失真。与广泛应用的交流稳压器相比，重量体积大约减少了一半，稳压精度和效率也都比较高，生产成本可降低 20%～30%。

图 6.16 中 N_1、N_2、N_3 是绕在同一有气隙的铁芯上的 3 个绕组。特设的气隙使 N_1 的等效电感 L_0 为线性，电抗 $X_0=2\pi fL_0$；L_2 也是一线性电感，L_2 与双向晶闸管组合构成可变电感 L_2'，对双向晶闸管 T 进行相控，可改变等效电感 L_2'，从而改变 L_2、C_2 并联支路的等效电抗 X 的大小及性质(感性或容性)，等效电抗 X 的大小、性质不同，$\dot{U}_1$ 的大小和相位(相对于 $\dot{U}_i$)也就不同，电源 $\dot{U}_i$ 和负载电压 $\dot{U}_o$ 之间的补偿电压 $\dot{U}_2$ 的大小和相位也随之改变；当 $\dot{U}_i$ 变化时，控制晶闸管的导通角可改变 $\dot{U}_2$，达到稳定输出电压 $\dot{U}_o$ 的目的。

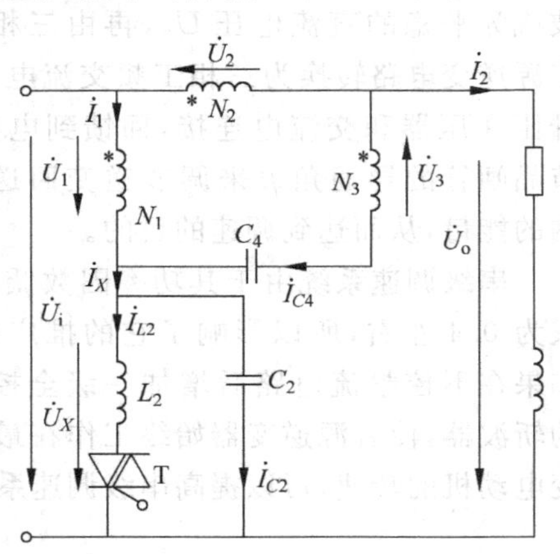

图 6.16　交流净化型稳压电源

为了对稳压原理有一个清晰的了解，先对电路的空载状态进行分析，即不考虑 N_3、C_4 支路的作用，也不考虑负载电流的影响。

设额定电压为 U_e，当 $U_i<U_e$ 时，控制 T 使 X 为感性，它与 X_0 按比例分担 $\dot{U}_i$，由图 6.16 所示 N_1、N_2 同名端可知 $\dot{U}_2$ 的补偿使 $\dot{U}_o$ 增大，只要 $I_{L2}-I_{C2}$ 适当，可有 $U_o=U_e$；当 $U_i>U_e$ 时，控制 T 使 X 为容性，且 $X>X_0$，则 $\dot{U}_2$ 与 $\dot{U}_X$、$\dot{U}_i$ 均反相，由图 6.16 知 $\dot{U}_2$ 的补偿使 $\dot{U}_o$ 减小，只要 $I_{C2}-I_{L2}$ 适当，也可有 $U_o=U_e$；当 $U_i=U_e$ 时，控制 T 使 $I_{C2}=I_{L2}$，则 $U_1=0$，$U_2=0$，仍可有 $U_o=U_e$。

由于这种补偿作用既可使 $\dot{U}_o$ 增大，也可使 $\dot{U}_o$ 减小，故又称之为双向补偿。

下面再来讨论 N_3、C_4 支路的影响。设负载电流为 $\dot{I}_2$，流过 N_1 的电流为 $\dot{I}_1$，则依自耦变压器工作原理有

$$\dot{I}_1=\dot{I}_0+N_2/N_1\dot{I}_2+(N_2+N_3)/N_1\dot{I}_{C4} \tag{6-5}$$

式中 $\dot{I}_0$ 是 N_1 的激磁电流，$\dot{I}_0=\dot{U}_1/(\mathrm{j}X_0)=-\mathrm{j}\dot{U}_1/X_0$。

$$\dot{I}_X = \dot{I}_{C2} + \dot{I}_{L2} = \dot{I}_1 + \dot{I}_{C4} = \dot{I}_0 + N_2/N_1\dot{I}_2 + (N_1+N_2+N_3)/N_1\dot{I}_{C4} \tag{6-6}$$

又

$$\begin{aligned}\dot{I}_{C4} &= (\dot{U}_1+\dot{U}_2+\dot{U}_3)/(-\mathrm{j}X_{C4}) = \dot{U}_1(1+N_2/N_1+\dot{N}_3/\dot{N}_1)/(-\mathrm{j}X_{C4})\\ &= (N_1+N_2+N_3)/N_1 \cdot \mathrm{j}\dot{U}_1/X_{C4}\end{aligned} \tag{6-7}$$

故有$\dot{I}_X=\dot{I}_0+N_2/N_1\dot{I}_2+[(N_1+N_2+N_3)/N_1]^2\mathrm{j}\dot{U}_1/X_{C4}$。

若控制晶闸管 T 使$\dot{I}_X$有一小增量 $\Delta\dot{I}_X$，$\dot{U}_1$ 有小增量 $\Delta\dot{U}_1$，根据式(6-7)可知，由于 N_3、C_4 作用，使 $\Delta\dot{I}_X$进一步增加$[(N_1+N_2+N_3)/N_1]^2\mathrm{j}\Delta\dot{U}_1/X_{C4}$，因此 N_3、C_4 与 N_1、N_2 构成了一个正反馈回路，这个正反馈支路放大了 $\Delta\dot{I}_X$的控制作用，提高了双向晶闸管相控的灵敏度。

图 6.16 所示的交流净化型稳压电源，电路无论是加负载或空载，工作状态均不变，输出稳定。加负载后的输出、输入各参数间的矢量关系可按克希霍夫电压电流方程画出，利用矢量图即可对不同输入电压、负载时的电路参数特性进行分析计算。

一台输入 180V～265V、输出 230V 的 5kVA 交流净化型稳压器，优化设计后选用了 $N_2/N_1=0.5$、$N_3/N_1=1$，经过调试、试验，且负载在额定功率内变化时输出电压均为 230V±2V，说明参数设计很合理。

6.4　晶闸管谐振型逆变器

晶闸管的关断需要其电流小于维持电流，如果要成为无源逆变器，最好利用谐振电路造成晶闸管电流过零，否则，需要大量元件组成强迫换流电路。下面介绍常用的串联谐振逆变电路。

6.4.1　谐振逆变器主电路结构

1. 串联谐振逆变电路

图 6.17(a) 为串联自然换流谐振逆变电路，图中 $L_1=L_2$ 是谐振电感，C_1 是谐振电容，R 是负载等效电阻。谐振电流波形如图 6.18 所示，在 $t=0$ 时触发 Q_1，在直流电压 E 的激励下 L_1、C_1 串联谐振，谐振电流 i_1 自然过零时晶闸管关断，反向电流通过 D_1 续流；在 $t=$

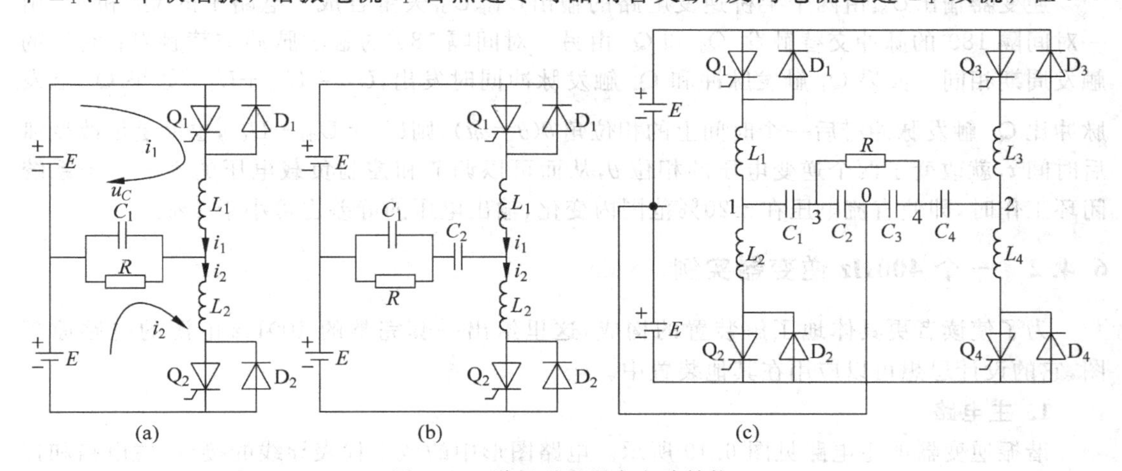

图 6.17　谐振逆变器主电路结构

$T/2$ 时触发 Q_2，在直流电压 E 的激励下 L_2、C_1 串联谐振，谐振电流 i_2 自然过零时晶闸管关断，反向电流通过 D_2 续流；在谐振电容 C_1 上得到的合成电流 i 接近正弦波。

通过仿真可知，当负载的等效电阻和谐振阻抗之比 $R/\sqrt{L/C}$ 为 3～5，电路谐振频率与工作频率之比值 $f^*=f_r/f_s=1.35$ 左右时，在谐振电容 C_1 上可以得到失真系数小于 5%的正弦波电压，对应 400Hz 逆变器 $f_s=400\text{Hz}$，$f_r=1.35f_s=540\text{Hz}$。

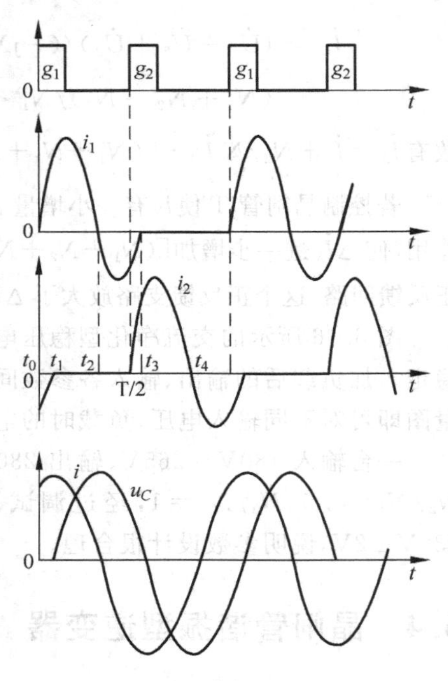

图 6.18　谐振电流波形

串联谐振逆变电路在负载变化时，谐振频率会变化，正弦波的正弦度会降低，如果负载过重，谐振频率进一步降低，自然换流点会后移，当换流点移到另外一个脉冲出现时，桥臂就会直通，因此这种电路承受冲击负载的能力比较差。

2. 电容分压电路

为使串联自然换流谐振逆变电路承受冲击负载的能力增强，可在电路输出端增设一个电容分压电路，如图 6.17(b) 所示。负载并联在部分电容两端，减小了负载变化对电路谐振频率的影响，因而使电路承受冲击负载的能力有所加强。该方案还减小了负载对输出电压的影响，当负载使得输出等效电容 C_1^* 减小，电路谐振频率增加(谐振周期减小)时，输出电压应降低，但是输出电压在等效电容 C_1^* 上面的分压比增加，使输出电压基本不变。通过仿真可知，当 $C_2=2C_1$ 时，无论是电阻性、电感性或电容性负载，当系统开环工作时(不移相调压)，从空载到满载，电压变化不超过 3%。

3. 移相调压

为了使逆变电压能调控，可以采用移相调压的方法实现。移相调压、谐振电容分压的晶闸管逆变器电路如图 6.17(c) 所示，它是由两个半桥逆变电路组成。

逆变器输出 $\dot{U}_{34}$ 由两个半桥逆变电路的输出 $\dot{U}_{30}$、$\dot{U}_{04}$ 矢量合成。电路中的 Q_1 和 Q_2 由一对间隔 180°的脉冲交替触发，Q_3 和 Q_4 由另一对间隔 180°的触发脉冲交替触发；它们的触发周期相同。如果 Q_1 触发脉冲和 Q_4 触发脉冲同时发出，$U_{34}=U_{30}+U_{04}$，如果 Q_4 触发脉冲比 Q_1 触发脉冲滞后一个时间上的相位角 $\theta(\theta=\omega t)$，则 $\dot{U}_{34}=\dot{U}_{30}+\dot{U}_{04}$，也就是说改变滞后时间 t，就改变了两个逆变电压的相位 θ，从而可以调节和控制负载电压的大小。当系统闭环工作时，即使直流电压在±20%范围内变化，输出电压的静差也可小于 1%。

6.4.2　一个 400Hz 逆变器实例

为了使读者更具体地了解装置的构成，这里给出一套完整的 400Hz 电源的电路原理图，它的设计思想可以应用在其他装置中。

1. 主电路

谐振逆变器的主电路见图 6.19 所示。电路图形中的数字代表导线的接点，主电路和控制电路相同的数字，表示它们互相连接。

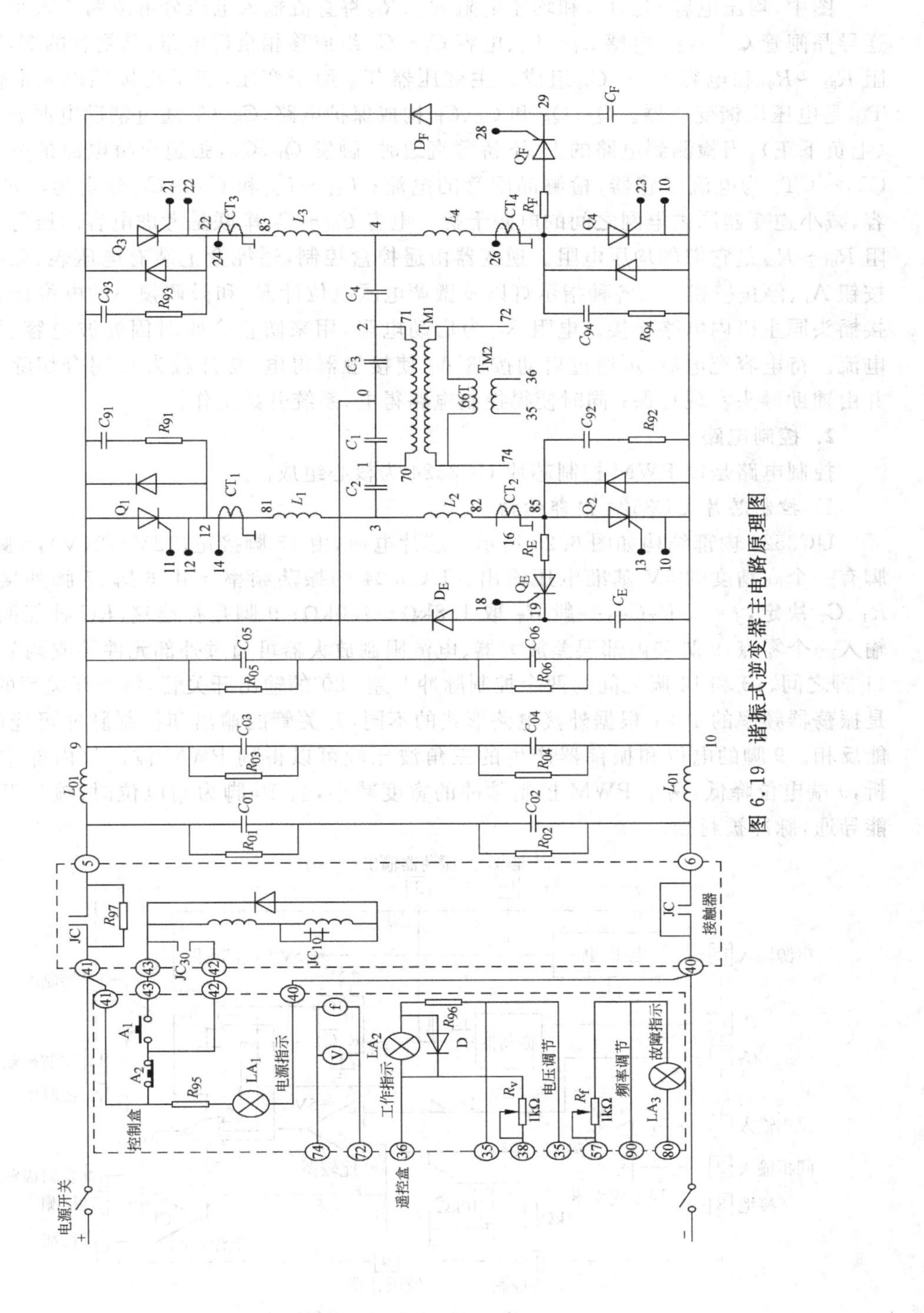

图 6.19 谐振式逆变器主电路原理图

图中,均压电容 C_{05}、C_{06} 和均压电阻 R_{05}、R_{06} 将直流输入电压分解成两个大小相等电压。逆导晶闸管 $Q_1 \sim Q_4$、电感 $L_1 \sim L_4$、电容 $C_1 \sim C_4$ 组成移相全桥电路,晶闸管的缓冲电路由电阻 $R_{91} \sim R_{94}$ 和电容 $C_{91} \sim C_{94}$ 组成。主变压器 T_{M1} 用于变压,变压比按照输入最低时设计;T_{M2} 是电压反馈变压器。Q_E、Q_F 和 C_E、C_F 构成保护电路,C_E、C_F 通过辅助电源充电到 150V(上负下正),当检测到电路的上、下桥臂直通时,触发 Q_E、Q_F,强迫全桥电路的晶闸管关断。$CT_1 \sim CT_4$ 为电流互感器,检测晶闸管的电流;$L_{01} \sim L_{02}$ 和 $C_{01} \sim C_{04}$ 分别为滤波电感和电容,减小逆变器同供电网之间的电磁干扰。电容 $C_{01} \sim C_{04}$ 串联是考虑电容耐压等级不够,电阻 $R_{01} \sim R_{04}$ 是它们的均压电阻。逆变器由遥控盒控制,遥控盒上装有电压表、频率表、启动按钮 A_1、停止按钮 A_2、各种指示灯以及微调电压电位计 R_v 和微调频率的电位计 R_f,通过转接插头同主机内电路连接。电阻 R_{97} 为启动电阻,用来防止合闸时因滤波电容引起的浪涌电流。待电容充电后,可通过启动按钮 A_1 使接触器得电,常开触头 C 闭合切除启动电阻,并由辅助触头实现自保;同时使得控制电路得电,系统开始工作。

2. 控制电路

控制电路是以 PWM 控制芯片 UC3524 为核心组成。

1) 控制芯片 UC3524 内部结构

UC3524 内部结构如图 6.20 所示。芯片电源,由 15 脚接正(12V～24V),8 脚接地;16 脚有一个高精度的 5V 基准电压输出。UC3524 的振荡频率 f 由 6 脚、7 脚外接电阻电容 R_T、C_T 决定,$f=1/R_TC_T$,一般 R_T 取 1.8kΩ～100kΩ;9 脚是补偿端,RC 补偿网络给电路输入一个零点,9 脚和内部误差放大器、电流限制放大器可通过外部元件接成调节器。12 和 11 脚之间、13 和 14 脚之间为两个控制脉冲互差 180°的输出开关管,每个开关管的脉冲频率是振荡器频率的 1/2;根据外接电路形式的不同,开关管的输出和控制脉冲可能同相,亦可能反相。9 脚的电位和振荡器产生的三角波比较可以得到 PWM 波。从内部结构不难分析,9 端电位降低,两个 PWM 控制脉冲的宽度减小,当 10 脚为高电位时,输出开关管不可能导通,脉冲被封锁。

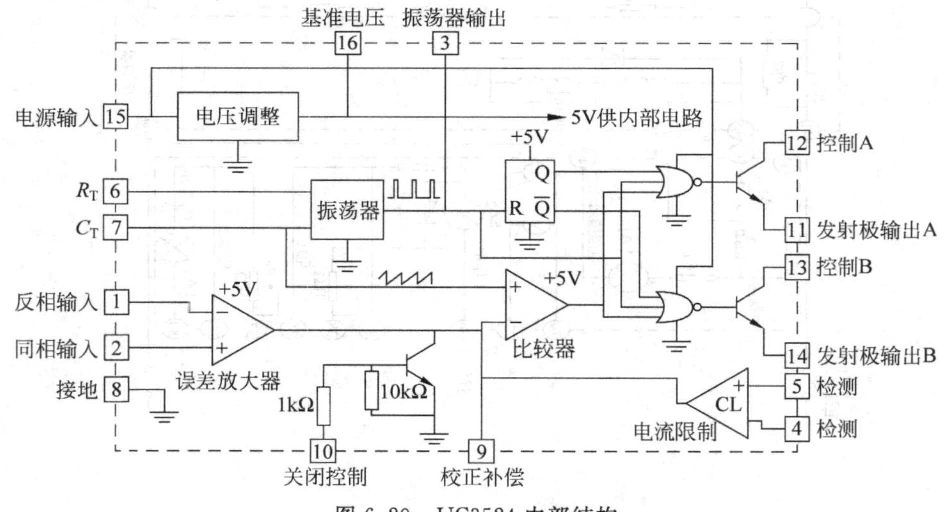

图 6.20 UC3524 内部结构

2) 控制电路原理

装置的控制电路如图 6.21 所示。

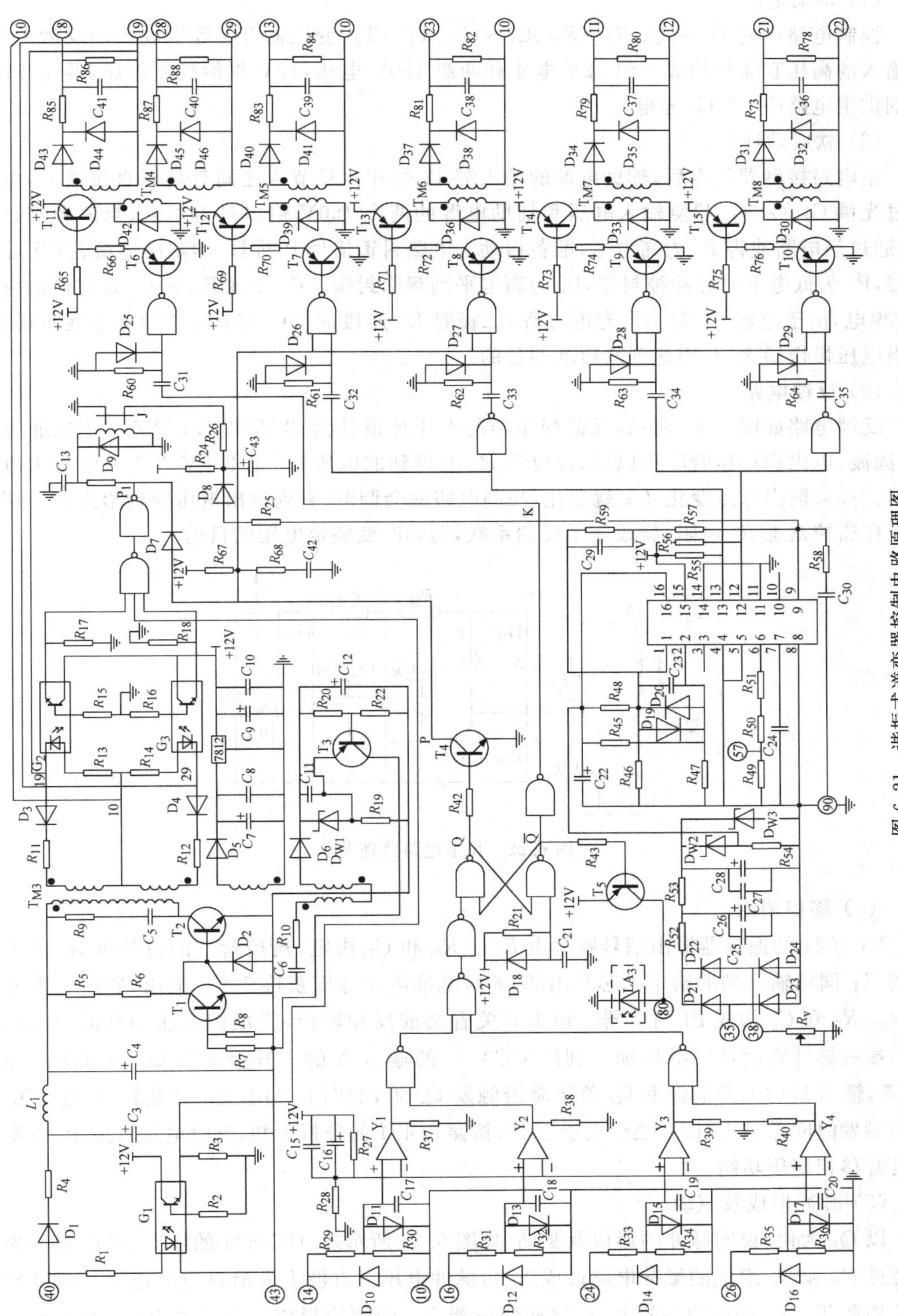

图 6.21　谐振式逆变器控制电路原理图

(1) 辅助电源

控制电路中的 $D_1 \sim D_6$、$R_1 \sim R_{22}$、$C_1 \sim C_{12}$、$T_1 \sim T_3$、变压器 T_{M3} 等组成单端反激电源，将输入的高压直流转换成一组 12V 电压和两组 150V 电压，12V 供给控制电路，两组 150V 分别供主电路中 C_E、C_F 充电。

(2) 软启动环节

主电路接触器得电后，辅助电源的输入端 43 号和 6 号节点之间有高压直流输入，电路通过光耦 G_1、G_2、G_3 检测输入电压和辅助电源的两个 150V 输出是否正常，当三者均正常时，通过门电路使得 P_1 为高电平，准备启动。电路封锁信号 P 同 D_7 的阳极连接、阴极同 P_1 连接，P_1 为低电平时脉冲被封锁，P_1 为高电平则解除封锁。P_1 经过 R_{23} 和 C_{13} 延时后继电器 J 才得电，由于电容 C_{43} 有一段充电过程，二极管 D_8 连接的 UC3524 的 9 脚电平逐步增加，输出电压慢慢增大，从而达到软启动的目的。

(3) 反馈电路

反馈电路如图 6.22 所示，反馈变压器的电压比设计为 22V/220V，22V 交流电通过整流、滤波、电阻和稳压管降压以后，在电阻 R_{54} 上得到的电压 U_F 是 2.5V 左右，U_F 作为电压反馈。如果输出电压变化，U_F 就变化，控制电路就会调节，直到输出电压回到给定值。调节安装在遥控盒上 R_v 电阻，就改变了反馈系数，达到改变整定电压的目的。

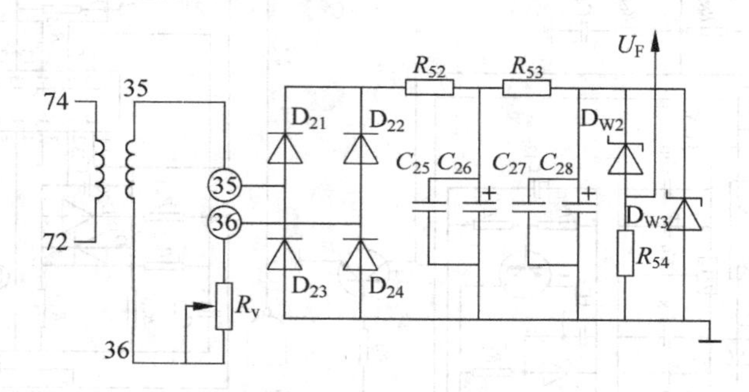

图 6.22 反馈电路原理图

(4) 移相调压

UC3524 的振荡器输出信号频率由 $R_{49} \sim R_{51}$ 和 C_{24} 决定，遥控盒上的电位器 R_f 用来微调频率；同相输入端的给定由芯片内部 16 脚基准电压分压获得 2.5V 电压，通过 9 脚外接的 R_{57}、R_{59} 和 C_{29} 构成 PI 调节器。输出开关管接成反相输出，当反馈电压增加时，UC3524 输出端的脉冲宽度从后沿增加。利用 UC3524 的输出 A 的上升沿触发 Q_1 管下降沿触发 Q_3 管，输出 B 的上升沿触发 Q_2 管下降沿触发 Q_4 管，如图 6.23 所示，脉宽越宽，Q_1、Q_4 之间的触发时间差越大(图中 Δt_2 大于 Δt_1)，按照 6.4.1 的分析可知，此时电压就减少，说明电路具有移相调压功能。

(5) 脉冲形成及驱动

以 Q_1 为例，说明脉冲的形成及驱动(如图 6.24 所示)。UC3524 的输出 A(12 脚) 的方波经过 C_{34} 和 R_{63} 组成的微分电路形成正、负脉冲电压。方波上升沿对应的正脉冲通过与非门反相和 T_9、T_{14} 进行功率放大，在脉冲变压器 T_{M7} 的原边形成一个脉冲电流，由副边向晶闸管 T_1 发送脉冲，B_7 起到了隔离驱动的作用，D_{35} 对脉冲反相限幅，R_{79} 和 R_{80} 起到分压和限

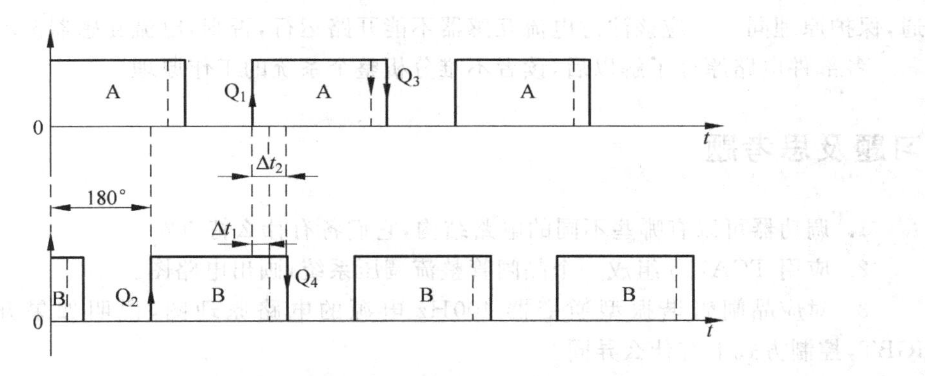

图 6.23　触发脉冲同脉冲宽度的关系

流的作用。D_{28}将负微分电压钳位，避免负电压损坏与非门。P 为控制系统的保护信号，当 P 点为低电平时，T_9 不可能导通，输出脉冲被封锁。

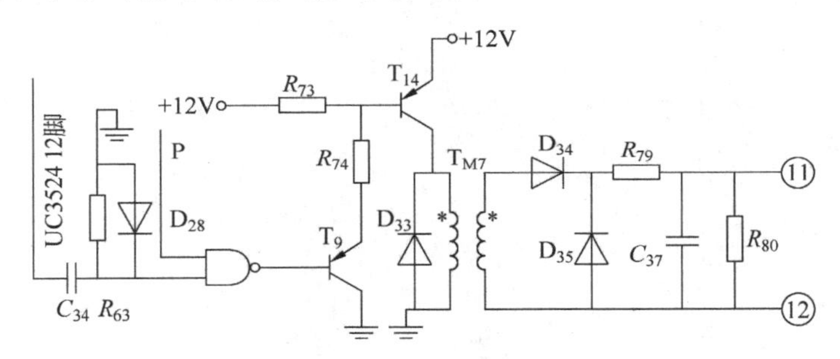

图 6.24　脉冲形成及驱动电路

（6）过流保护

过流判断电路原理如图 6.25 所示，它用来检测 Q_1、Q_2 是否直通。电流互感器 CT_1 检测到的交流电流引入 14、90 接线端，R_{29}、R_{30}将电流信号转换成为电压信号并分压，D_{10}将负电压钳位、D_{10}限制了到比较器 Y_1 的电压幅值（可不用），R_{27}、R_{28}分压为比较器的反相端设置一个很小的电位，当 Q_1 电流为正时，Y_1 的输出为高电平。CT_2 检测到的交流电流引入 16、90 接线端，同理，当 Q_2 电流为正时，Y_2 的输出为高电平。当 Y_1、Y_2 输出均为高时（说明 Q_1、Q_2 都有正电流流过，即有直通现象），与非门的输出 Y_{12}为低电平。Y_{12}通过图 6.25 中与非门组成的 RS 触发器和 T_4 等元件构成记忆保护电路，Y_{12}为低电平时 P 点为低电平，去封锁 Q_1～Q_4 的脉冲；同时 K 点变为高电平，脉冲变压器 B_4 的两个副边得到脉冲，分别触发 T_E、T_F，强迫关断 Q_2、Q_4，实现了过流保护。如果 Q_3、Q_4 有直

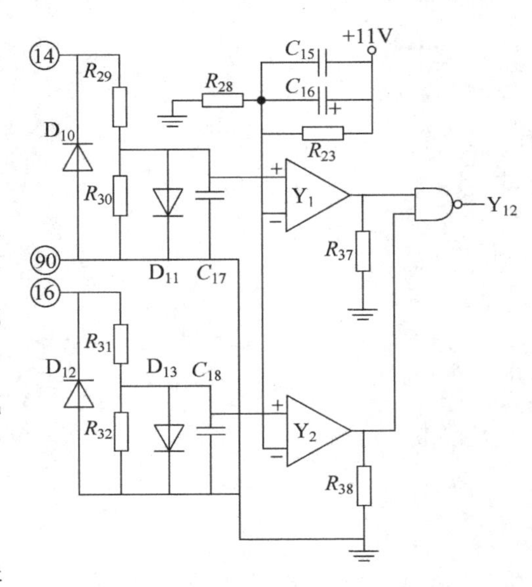

图 6.25　过流判断电路原理图

通，保护原理同上。应该注意电流互感器不能开路运行，否则，电流互感器两端会产生高压。

各部件电路原理了解以后，读者不难分析整个系统的工作原理。

习题及思考题

1. 调功器可以有哪些不同的电路结构，它们各有什么特点？

2. 应用 TCA785 组成一个晶闸管整流调压系统，画出电路图。

3. 对应晶闸管谐振型逆变器 400Hz 电源的电路原理图，说明如果开关器件改为 IGBT，控制方式上有什么异同？

4. 试说明用晶闸管组成的电力电子装置的实际应用价值。

第7章　电力系统用电力电子装置

电力系统包括发电站、输电线路、配电网络、用电负载等。本章介绍电力系统的无功补偿、有源滤波和直流输电系统的基本原理及实用价值。

7.1　电力系统无功补偿

7.1.1　无功补偿装置概述

如果用电设备的功率因数较低，就需要从电网吸收较多的无功功率。无功功率的吸收降低了发电、输电设备的利用率，增加了线路损耗和压降。如果是冲击性无功负载，还会使局部电网电压产生剧烈波动，影响正常供电。因此，有必要对电网进行无功补偿。补偿可在高压输电线路进行，也可在配电网络进行，一般选择后者。早期的无功补偿是利用同步调相机和电容补偿装置。同步调相机是专门用来产生无功功率的同步电机，在过励磁或欠励磁的情况下，分别能够发出容性或感性无功功率。通过对励磁电流大小的调节，就能调节无功功率的大小。但同步调相机有机械噪音、成本高等缺点。电容补偿则利用并联电容器来吸收系统容性电流，相当于为负载提供感性电流，至今仍是主要的无功补偿方式之一。

随着电力电子技术的发展，出现了开关型静止无功补偿装置，主要有阻抗补偿和开关变换电路补偿两种方案。

1. 阻抗补偿方案

阻抗补偿是利用电力开关器件在电路中接入合适的电容或电感，使得电路的总阻抗接近阻性，功率因数接近1。阻抗无功补偿器的类型如图7.1所示。

1）晶闸管投切电容器TSC(thyristor switched capacitor)

TSC电路如图7.1(a)所示，通过控制晶闸管开关在电网上投切并联电力电容器C，改变电网负载的总阻抗性质。电容器C从电网吸收容性电流，相当于为电网提供感性电流，从而补偿电网的无功。负载无功功率的大小是随机变化的，因此一般设置多个小容量的TSC，根据情况分级投切，才能得到较好的补偿效果。尽管这种方法的调节是有级的，但补偿电流不含谐波。

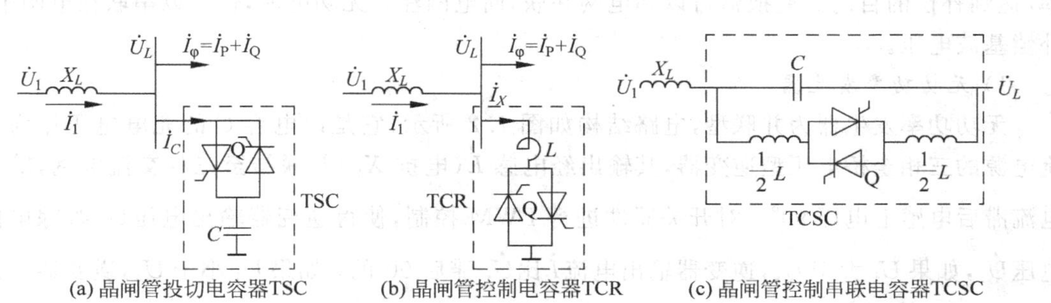

图7.1　阻抗无功补偿器

TSC电路简单，但系统有谐波时，电容器C可能和电路参数发生谐振，从而放大谐波，使得电容器组无法投运，甚至烧毁。可以采用一个合适的电抗器与电容器串联，构成无源电力滤波器，在基波频率下呈容性，等效为基波无功补偿装置，同时还起滤波器作用，抑制高次谐波，避免电容器组产生谐波过电流。

该方案中检测无功大小、判断投入的电容器组数和投入的时刻都是设计时所应该考虑的问题。

根据对电压和电流关系式的分析可知，线路电压过零时对应的线路电流值是无功电流的峰值，由此可得检测无功电流的一种方法。根据无功电流值可以计算出应该投入的电容器组数。

因为电容器两端电压不能突变，应在电网电压和电容器残压大小相等、极性一致时，触发晶闸管将电容器投入电网，从而避免产生大的容性电流冲击。为解决这一问题，可考虑以下两种方法：一是电容器从电网切除以后，通过放电电阻放电，使残压接近零，电容器再投入时，晶闸管过零触发；二是主电路采用二极管与晶闸管反并联方式，由于二极管的作用，电容器投入前的电压总是维持在电网电压负峰值，所以在电网电压负峰值时触发晶闸管即可避免电流冲击。

2) 晶闸管控制电抗器 TCR(thyristor controlled reactor)

TCR电路如图7.1(b)所示，通过晶闸管开关在电网上并联电抗器L，控制晶闸管的触发角α(90°～180°)，可改变等效电抗的大小，从而平滑调控电抗器的基波无功电流。因为电网负载实际多为感性，而TSC的电容只能按照等级改变，所以通常采用TCR配合TSC实现无功的平滑补偿。一般静止无功补偿装置SVS由固定容性支路和可调感性支路TCR组成。固定容性支路提供固定容性无功，TCR将跟随负载的变化提供可变感性无功ΔQ_I。

3) 晶闸管控制串联电容器 TCSC(thyristor controlled series capacitor)

上述两种方案都是通过将电容或电感并联到电网，从而改变等效阻抗。TCSC则是将电容器串联在电力传输线路中进行线路电感补偿，如图7.1(c)所示。通过晶闸管将电抗器与电容器并联，则能实现连续的调控，改变线路等效电感大小，提高输电线路的输电能力。但此方案容易引发电路的LC振荡(次同步谐振)，危害电网运行安全。为此，常在电感支路中串联一个小电阻R，阻尼电力系统的次同步谐振。

2. 电压源变流器型补偿方案

电压源变流器型补偿是利用电力电子开关组成变换器，向电网提供负载需要的无功功率，达到补偿的目的。变换器可以和电网并联，向电网注入无功电流，也可以串联在电网中，补偿基波电压。

1) 无功功率发生器

无功功率发生器为并联型，电路结构如图7.2所示，它是以电容C的充电电压作为直流电源的三相全桥电压型逆变器，其输出经电感L(电抗X_L)并联结至三相交流电网，输出电流滞后电感上电压90°。对开关器件进行PWM控制，使得逆变器输出电压$\dot{U}_i$跟踪电网电压$\dot{U}_s$，如果U_i大于U_s，逆变器输出电流$\dot{I}$比$\dot{U}_s$滞后90°的；如果U_i小于U_s，逆变器输出电流反向。因此，调控逆变器输出电压$\dot{U}_i$的大小，可以方便地改变向电网输出无功功率的大小和性质。无功功率发生器的控制与有源逆变类似，不同的是其输出无功功率。

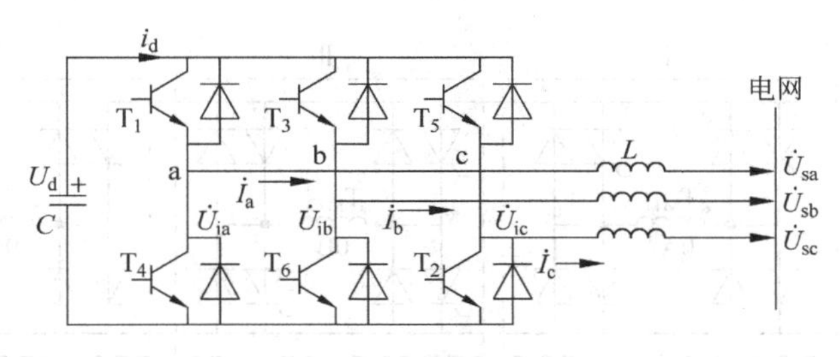

图 7.2 无功功率发生器

为了维持逆变器的直流电压源(电容 C 的电压)U_d 恒定,要求电网向其输入少量的有功功率,以补偿开关损耗和线路损耗。可以采用无功电流和直流电压的闭环控制,调节输出电压 $\dot{U}_i$ 的相位,使输出电流 $\dot{I}$ 除含有无功电流 I_Q 外,还有一定的负有功电流 $-I_P$。PWM 电压源变流器型无功功率发生器和早期采用的"旋转式同步补偿机"一样,可以连续调节输出无功功率,因此它又称为先进的静止型无功功率发生器 ASVG(advanced static var generator)。它是电网无功功率补偿技术的发展方向。

2) 开关型串联基波电压补偿器

基于 PWM 变换器的串联基波电压补偿器如图 7.3 所示,变换器输出电压 $\dot{U}_C$ 与负载电流 $\dot{I}$ 相差 90°,将无功功率串联注入电网,以调节电网电压。这种方案既能连续调控,又能双向补偿(升高电压或降低电压都能实现),且不会引发 LC 振荡,是一项先进的调控电网节点电压、补偿线路感抗、增强电力系统传输功率极限、增加电力系统稳定性的技术。这种 PWM 开关型串联基波电压补偿器被称为静止串联同步电压补偿器 SSSC(static synchronous series compensator)。

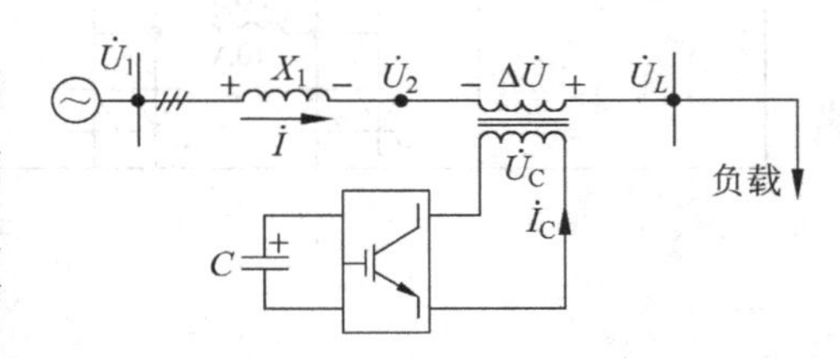

图 7.3 PWM 开关型串联基波电压补偿器

7.1.2 先进静止无功发生器 ASVG

前面介绍的是 PWM 控制的无功发生器原理,接下来介绍一个由可关断晶闸管(GTO)电压源变流器构成的先进无功发生器 ASVG。该装置主要由 18 脉冲电压型逆变器、直流电容器及变压器组成。

图 7.4 所示为三单相桥三重化 18 脉冲电压型逆变器的主电路结构图,其中 0A～0C、20A～20C、40A～40C 分别为变压器 T_{M11}～T_{M13}、T_{M21}～T_{M23}、T_{M31}～T_{M33} 的原边绕组 N_0,0a～0c 为变压器 T_{M11}～T_{M13} 的副边绕组 N_1,20a2～20c2、40a2～40c2 分别为变压器 T_{M21}～T_{M23} 和 T_{M31}～T_{M33} 的副边绕组 N_2,20a3～20c3、40a3～40c3 分别为变压器 T_{M21}～T_{M23} 和 T_{M31}～T_{M33} 的副边绕组 N_3。18 脉冲逆变器的三相桥臂由 3 个 6 脉冲电压型逆变器构成,每个 6 脉冲逆变器 GTO 驱动脉冲相对于系统参考电压相角为 0°、-20°、-40°。每个 6 脉冲逆变器又由 3 个单相逆变器构成,这些逆变器共用一个直流电压,每个 GTO 以 50Hz、180° 导通的方波驱动。单相逆变器输出电压脉宽通过调节左、右桥臂驱动脉冲间的相位来控制。9 个单相变压器副边采用曲折连接而输出三相 18 阶梯波的交流电压。以 0°桥为例,3 个单相逆变器Ⅰ、Ⅱ、Ⅲ构成一个 6 脉冲逆变器,作为 18 脉冲逆变器的 0°三相桥臂。图 7.4(b)所示为由 9 个单相曲折变压器组成的输出变压器副边绕组接法示意图,图 7.4(c)所示为 9

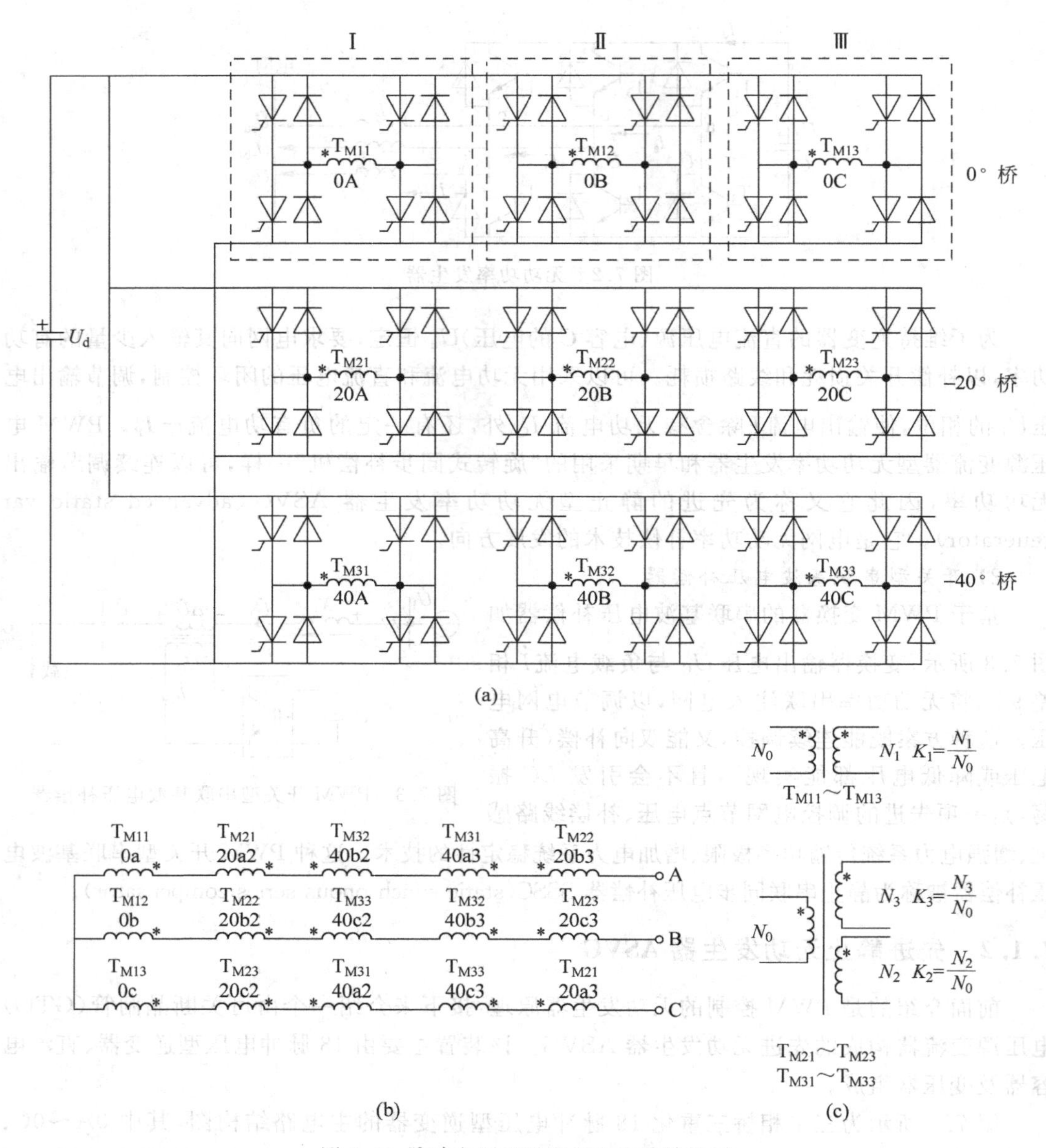

图 7.4 脉冲电压型逆变器主电路结构图

个单相逆变器各自对应的变压器结构。以 A 相绕组为例，其输出电压为

$$u_A = u_{0a} + u_{20a2} - u_{40b2} + u_{40a3} - u_{20b3} \tag{7-1}$$

因此，18 脉冲逆变器是基于单相曲折变压器的三单相桥三重化电压型结构，是单脉冲 PWM 控制工作方式，采用恒定电压控制加恒定无功功率控制，输出变压器由 9 个单相曲折变压器组成，冷却方式采用风冷。

1. 主电路分析

为满足 ASVG 装置高效率的设计要求，电压型逆变器采用单脉冲脉宽调制。逆变器输出电压的谐波通过 9 个单相逆变输出变压器副边绕组的曲折连接来消除。图 7.5 给出了每个单相桥 GTO 的触发方法（以 0°三相桥臂单向逆变器 I 为例）。

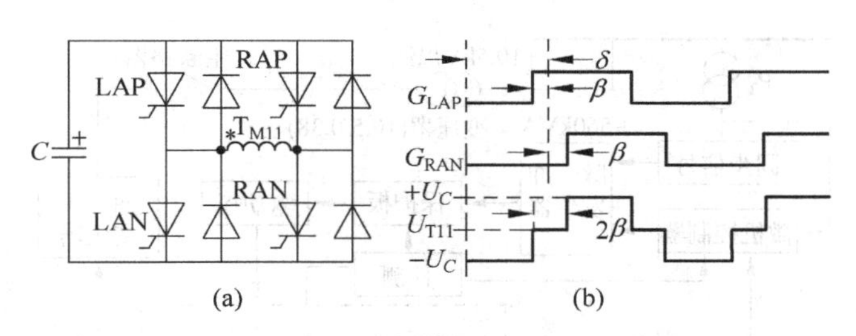

图 7.5　0°桥 A 相 GTO 的触发及输出电压波形

参考相角 δ 是逆变器输出电压与系统参考电压的相角差。每个桥臂上、下两个 GTO 的触发脉冲互成反相关系，频率为 50Hz，占空比为 50%。下管 RAN 门极触发信号 G_{RAN} 比上管 LAP 门极触发信号 G_{LAP} 滞后 2β，比参考角 δ 滞后 β。显然 T_{M11} 原边电压 U_{0A} 的正、负脉冲宽度为 $H=180°-2\beta$，所以通过调节 β 角即可控制逆变器输出电压大小。设系统参考相角为 0，则 G_{RAN} 上升沿相角为 $\delta+\beta$，G_{LAP} 上升沿相角为 $\delta-\beta$。当变压器副边绕组匝数之比满足式(7-2)时，逆变器输出线电压中最低谐波次数为 17。

$$K_1 : K_2 : K_3 = \cos 30° : \cos 50° : \cos 70° \tag{7-2}$$

输出线电压中剩余谐波次数为 $n=18k\pm1$，各次谐波有效值为

$$U_n = \frac{|\cos(18k\pm1)\beta|}{(18k\pm1)\cos\beta} \cdot \frac{6\sqrt{6}}{\pi} E_d K_1 \cos\beta \tag{7-3}$$

式中 E_d 为直流侧电压(500V)，$k=1,2,3,\cdots$。

令式(7-3)中 $k=0$，可得到线电压基波有效值为 $U_1=\frac{6\sqrt{6}}{\pi}E_d K_1\cos\beta$。

2. 直流侧电容器容值选择

直流侧电容用于为电压型逆变器提供一稳定的直流电压源。直流电容电压 $u_C(t)$ 由直流分量 $u_{C-}(t)$ 和交流分量 $u_{C\sim}(t)$ 组成。稳态运行时，$u_C(t)=E_d$，$i_C(t)=C\mathrm{d}u_{C\sim}(t)/\mathrm{d}t$。在系统电压平衡时，$i_C(t)$ 是由各逆变桥臂的交替通断形成的，在系统电压不平衡时 $i_C(t)$ 又叠加上两倍周波的交流分量。为了减小输出电压谐波含量并确保 GTO 元件的安全运行，要求 $u_{C\sim}(t)$ 的幅值在允许的范围内，而电容容值的选择由可允许 $u_{C\sim}(t)$ 的幅值决定。

电容电流 $i_C(t)$ 与电容器和系统间交换的瞬时有功功率 $P_C(t)$ 的关系为

$$i_C(t) = \frac{P_C(t)}{E_d} \tag{7-4}$$

此外，$P_C(t)$ 和 $u_{C\sim}(t)$ 的关系为

$$\int_0^{T/2} P_C(t)\mathrm{d}t = \frac{1}{2}C[(1+\varepsilon)E_d]^2 - \frac{1}{2}C[(1-\varepsilon)E_d]^2 \tag{7-5}$$

由式(7-4)和式(7-5)可得

$$C = \frac{\int_0^{T/2} i_C(t)\mathrm{d}t}{2\varepsilon E_d} \tag{7-6}$$

图 7.6 为装置整体结构及与系统连接图。ASVG 可以快速、连续地输出或吸收无功功率，通过电压型逆变器的多重化连接可以增大 ASVG 装置的输出容量，并减小输出电压谐波含量。直流电容的选择应以抑制系统电压不平衡时电容上两倍周波交流电压幅值为依据。基于逆变系统方法的控制器具有快速的无功响应速度。

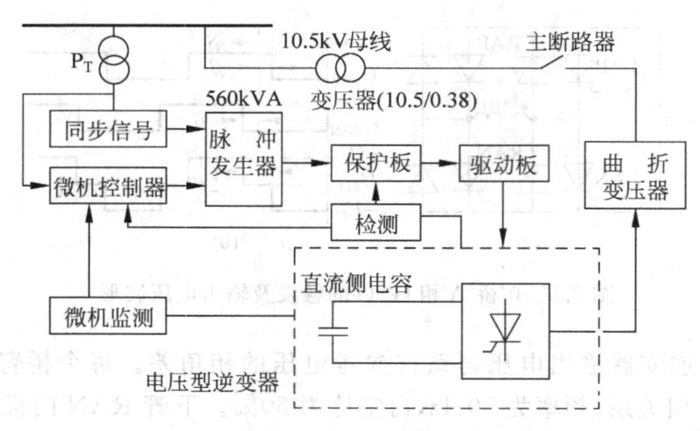

图 7.6 ASVG 装置整体结构示意图

7.2 电力系统有源滤波装置

7.2.1 概述

随着现代科技的发展,一方面,危害电能质量的因素不断增加,例如,以电力电子装置为代表的非线性负荷的使用、各种大型用电设备的启停等;另一方面,各种对电能质量和可靠性要求越来越高的用电设备不断普及,如高性能办公设备、精密实验仪器、计算机、通信及数据处理系统、精密生产过程的自动控制设备等。上述问题的矛盾越来越突出,这使得电能质量问题对电网和配电系统造成的直接危害和可能对人类生活、生产造成的损失也越来越大,因此电能质量的好坏直接关系到国民经济的总体效益。

1. 电网的供电质量问题

理想交流电源输出电压是标准的正弦波,即正弦波上没有叠加任何谐波,且无任何瞬时扰动。实际的电网电压因为许多内部原因和外部干扰,其波形并非标准正弦波,而且受电路阻抗所限,其电压值也不是稳定不变的。造成干扰的原因很多,发电厂本身输出的交流电不是纯正的正弦波、电网中大电机的启动、开关电源的运用、各类开关的操作以及雷电等都可能对电网产生以下不良影响。

(1) 电压浪涌(surge)。电压浪涌指市电电压有效值高于额定值的110%,并且持续时间超过一个至数个周期。它主要是因为电网上连接的大型电气设备突然卸载时产生的电压冲击。

(2) 电线噪声(electrical line noise)。电线噪声是指射频干扰(RFI)和电磁干扰(EMI)以及其他各种高频干扰。电动机运行、继电器动作、广播发射以及电气风暴等,都会引起电网噪声干扰,电网电压噪声会对负载控制线路产生影响。

(3) 高压尖峰(spike)。尖峰的峰值达到6000V,持续时间为0.1ms~10ms。它主要由于雷击、电弧放电、静电放电以及大型电气设备的开关操作而产生。

(4) 频率偏移(frequency variation)。频率偏移是指市电频率变化超过3Hz以上。主要由于应急发电机的不稳定运行或频率不稳定的电源供电所致。

(5) 暂态过电压(transient)。暂态过电压也称电压瞬变,是指峰值电压高达20kV、持续时间为1μs~100μs的脉冲电压。其产生的主要原因及可能造成的破坏类似于高压尖峰,只是在量上有所区别。

(6) 持续低电压(under voltage)。持续低电压也称欠电压，是指市电电压有效值低于额定值，并且持续较长时间。产生原因包括大型设备启动及应用、主电力线切换、大型电动机启动以及线路过载等。

(7) 电压下陷(sag or brownout)。电压下陷也称电压跌落，是指市电电压有效值介于额定值的 10%～85%之间，且持续时间超过一个至数个周期。大型设备开机、大型电动机启动以及大型电力变压器接入电网都会引发这种情况。

上述污染和干扰对计算机及其他敏感先进仪器设备造成的危害不尽相同：电源中断，可能造成硬件损坏；电压跌落，可能造成硬件提前老化、文件数据丢失；过电压、欠电压以及电压浪涌，可能会损坏驱动器、存储器、逻辑电路，还可能产生不可预料的软件故障；噪声电压和瞬变电压，会损坏逻辑电路和文件数据。另外，国民经济的重要部门，如通信、金融、机场、医院、发电厂、变电站等，对电能的质量要求及供电可靠性都有很高的要求。

2. 谐波对电力系统的危害

电力电子装置的广泛应用，使电能质量问题变得更加突出。电力系统中装置和负载的非线性特性引起的畸变波形，可分解为基波和谐波。谐波频率是基波整数倍，此外，电弧设备、调功器、电力载波信号等还会产生一种间谐波，它的频率不是基波频率的整数倍。

谐波对电力系统的危害主要有以下几个方面：

(1) 谐波增加了公用电网的附加输电损耗，降低了发电、输电设备的利用率。

(2) 在电缆输电的情况下，谐波以正比于其电压幅值的形式增加了介质的电场强度，缩短了电缆的使用寿命，还增加了事故概率和修理费用。

(3) 谐波会影响甚至严重影响用电设备的正常工作。比如谐波对电机产生附加转矩，导致不希望的机械震动、噪声。还会引入附加铜损、铁损，以及过电压，导致局部过热，绝缘老化，缩短设备使用寿命。瞬时的谐波高压还可能损坏其他一些对过电压敏感的电子设备。

(4) 谐波还引起某些继电器、接触器的误动作。

(5) 谐波使得常规电气仪表测量不准确。

(6) 谐波对周围的环境产生电磁干扰，影响通信、电话等设备的正常工作。

(7) 谐波容易使电网产生局部的并联或串联谐振，而谐振导致的谐波放大效应又进一步恶化和加剧了所有前述问题。

国家标准 GB/T14549—1993 对电能质量公用电网谐波作出了限定，因此减小谐波影响是电力工程必须考虑的重要问题。

3. 无源与有源滤波技术

采用由电力电容器、电抗器适当组合而成的 *LC* 滤波电路吸收谐波电流，是抑制谐波污染的有效措施，这种方法通常称为无源滤波。无源滤波具有投资少、效率高、结构简单、运行可靠及维护方便等优点，是目前广泛采用的抑制谐波及无功补偿方法。由于无源滤波器是通过在系统中为谐波提供一并联低阻通路，其滤波特性是由系统和滤波器的阻抗比决定，因而存在以下缺点：

(1) 滤波特性受系统参数的影响较大。

(2) 只能消除特定的几次谐波，而对某些次谐波会产生放大作用。

(3) 有时滤波要求与无功补偿、调压要求难以协调。

20 世纪 70 年代初期，日本学者提出了有源滤波器 APF 的概念。其基本原理是针对电网中的非线性负载，检测其谐波电流，作为电流指令控制一个与电网并联的电流发生源，使其输出电流跟踪指令电流，该电流源就提供了非线性负载所需的谐波电流，电网只需提供基波电流。

7.2.2　有源滤波器 APF

有源滤波器 APF 的主电路拓扑结构和 PWM 开关型无功发生器一样，但是控制的目标不一样，它的作用是产生非正弦电流来补偿非线性负载的谐波电流。根据拓扑结构的不同，有源电力滤波器可分为串联型、并联型和两者混合使用的统一电能质量调节器。

有源电力滤波器的主电路有两种类型的变流器，即电流型 PWM 逆变电路和电压型 PWM 逆变电路。电流型有源电力滤波器虽然可靠性较高，但却有较高的损耗，并且在交流侧需要并联大电感，因此在一般场合下较少使用。而电压型 PWM 变流器在直流侧带有大电容，因为其轻便且特性较好，所以使用较多。

近 30 年来，对 APF 的研究主要集中在控制方法和补偿分量的实时检测上，如瞬时无功功率理论，同步 dq 坐标系原理，同步检测方法和陷波滤波技术等。

图 7.7 给出了各类有源电力滤波器与供电系统、负载之间的联线示意图。图 7.7(a)、图 7.7(b)是单独使用 APF 的补偿方式。单独使用 APF 时所要求的装置容量较大，这在经济上是不合算的，因而大多数 APF 采用并联或混合型补偿方案。而混合型 APF 是目前研究的一个热点，其中有源电力滤波器这部分的容量一般仅占总补偿容量的 5%～10%。

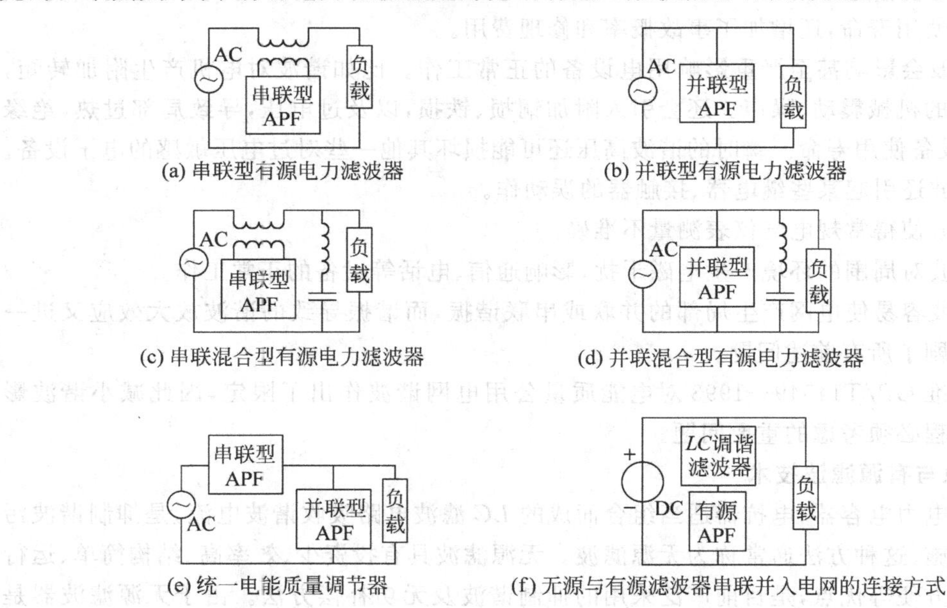

(a) 串联型有源电力滤波器　(b) 并联型有源电力滤波器

(c) 串联混合型有源电力滤波器　(d) 并联混合型有源电力滤波器

(e) 统一电能质量调节器　(f) 无源与有源滤波器串联并入电网的连接方式

图 7.7　不同形式的有源电力滤波器与负载之间的连接原理图

有许多非线性负载，如家用设备，连接在单相电源系统中；一些不带中线的三相负载由三相电源供电；还有许多单相非线性负载，如计算机、家用电灯等，分布在三相四线制系统中。因此，从结构上分，电力滤波器有单相、三相三线和三相四线等。

近几年 50kVA 以下的有源电力滤波装置迅速增加，反映了社会对谐波抑制重要性的认识在提高。一些国家如日本和美国，投运的有源电力滤波器容量已超过 1000kVA。一些标准（如 IEEE-519[15]）的相继出台，使有源电力滤波器的使用大为增加，有许多装置都需要电压和电流的联合补偿。可将串联型有源电力滤波器与并联型有源电力滤波器混合使用，如图 7.8 所示，全控型开关器件的变换器Ⅰ交流端电压经变压器 T_M 串接在电力传输线上，变换器Ⅱ并接在电网上。两个变换器都是 DC/AC 双向变换器，由大电容提供中间直流电源。由电容、变换器Ⅰ、变换器Ⅱ及其控制系统所组成的电力电子变换系统可以对负载端基波电压、线路电流、线路的有功功率和无功功率进行综合调控，故称为统一电能质量控制器。它的基本原理和 Delta 变换式 UPS 相似，不同的是 UPS 中间直流端有蓄电池。

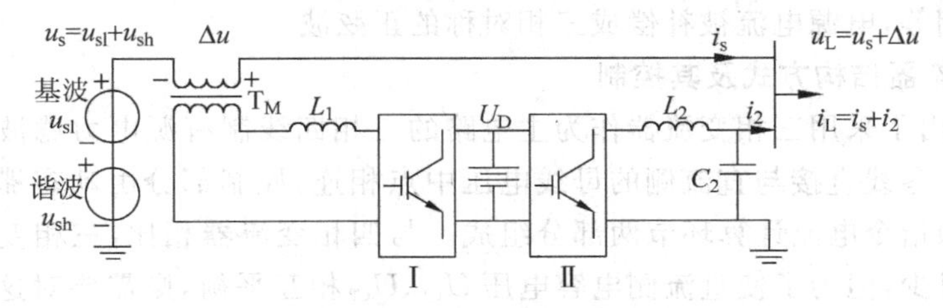

图 7.8　串-并联型 APF

7.2.3　三相四线制有源电力滤波器

在三相四线制系统中如何应用有源电力滤波器是近年来许多国内外研究者所关心的问题。由于三相四线制系统中零线的存在，使有源电力滤波器主电路及控制电路的构成不同于三相三线制系统中的有源电力滤波器。不同的零线电流补偿方法产生出不同的主电路结构形式和控制方式，就主电路而言有四相变流器和三相变流器两种不同的方式。

1. 四相变流器结构方式及其控制

在三相四线制系统中，有源电力滤波器除了要对三相电流进行谐波补偿外，还要对零线电流进行抑制，以消除电源侧的零线电流，使三相电流对称。用四相变流器构成的三相四线制有源电力滤波器主电路，是一种控制相对简单的补偿电流方法。图 7.9 给出了这种电路与负载连接的原理示意图。

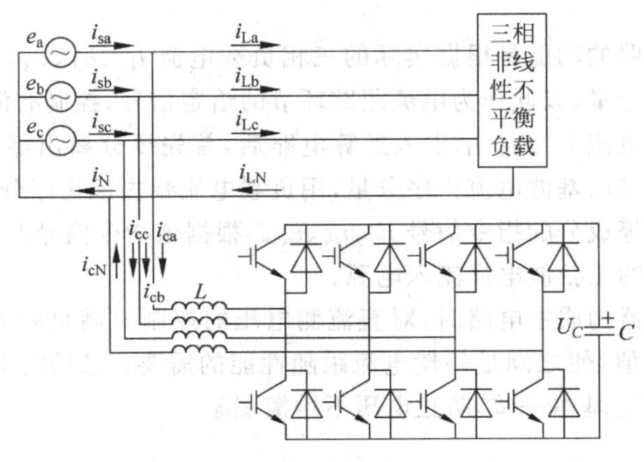

图 7.9　四相变流器主电路结构及其与负载之间的连线

在四相变流器中，四对桥臂分别用于产生 a、b、c 三相及零线补偿电流。其中第 4 对桥臂专门用于对零线电流进行补偿。在指令运算电路中，通过零线电流分离的方法，可以检测出各相负载电流中的零序分量，将各相电流零序分量相加，即可得到系统的零线电流，将其反极性后作为零线补偿电流的指令信号 i_{cN}^*，通过控制第 4 对桥臂进行电流跟踪控制，产生零线补偿电流 i_{cN}，i_{cN} 与 i_{LN} 大小相等、方向相反，两者相抵，从而消除电源侧的零线电流。

第 1、2、3 对桥臂分别用于产生 a、b、c 三相的补偿电流 i_{ca}、i_{cb}、i_{cc}，各自对应的指令信号 i_{ca}^*、i_{cb}^*、i_{cc}^* 由指令运算电路完成。主电路中的第 1、2、3 对桥臂根据指令信号产生补偿电流 i_{ca}、i_{cb}、i_{cc}，令补偿电流 i_{ca}、i_{cb}、i_{cc} 与负载电流 i_{La}、i_{Lb}、i_{Lc} 中的谐波、基波负序和零序分量之和大小相等、方向相反，两者相抵消后，注入电网的电流 i_{sa}、i_{sb}、i_{sc}，即与负载电流 i_{La}、i_{Lb}、i_{Lc} 的基波正序分量相等，电源电流被补偿成三相对称的正弦波。

2. 三相变流器结构方式及其控制

图 7.10 给出了采用三相变流器作为主电路的三相四线制有源电力滤波器的原理示意图。三相电源的零线直接与直流侧的母线电压中点相连，控制部分由动态滞环 PWM 电流跟踪控制环节和指令电流计算环节两部分组成。与四相变流器相比，三相变流器需要的电力电子器件数目少，但为了使直流侧电容电压 U_{C1}、U_{C2} 相互平衡，则需要对这两个电压的差值进行控制。

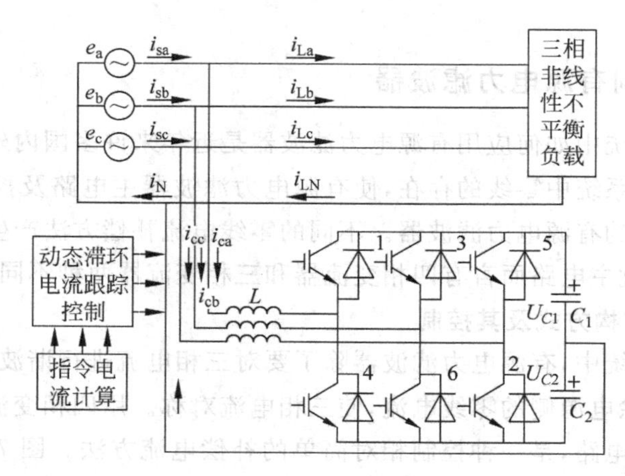

图 7.10　三相四线制有源电力滤波器的原理图

指令电流运算电路的功能是根据实际的三相负载电流 i_{La}、i_{Lb}、i_{Lc}，求出谐波、基波电流负序分量和零序电流分量，以此作为电流跟踪环节的给定信号，控制有源电力滤波器输出的补偿电流。三相负载电流 i_{La}、i_{Lb}、i_{Lc} 引入运算电路后，首先要分离出零序电流，再用三相三线制系统的计算方法求出基波电流正序分量，用负载电流减去该正序分量即得到包括谐波、基波负序和零序分量等成分的指令信号 i_{ca}^*、i_{cb}^*、i_{cc}^*。根据该指令信号产生补偿电流，再与负载电流合成三相对称的正弦波电流流入电源。

当采用三相变流器构成主电路时，对直流侧电压的控制应满足两方面的要求：一是控制直流侧电压总的幅值，使之满足补偿电流跟随性能的需要；二是要平衡两个电容器上各自的电压，即使 U_{C1}、U_{C2} 基本一致，防止电压不均衡现象。

7.2.4 电力有源滤波装置

1. 控制方案

电力有源滤波器采用的控制方案主要有3种：检测负载电流方式、检测电源电流方式和复合控制方式。由于谐波补偿的目的在于消除电网谐波，而检测电源电流方式对电网电流构成了闭环控制，相比校，检测负载电流方式可以更加有效地抑制电网谐波，且控制又比复合方式简单，因而常被采用。

图7.11给出了并联型电力有源滤波器控制方案，包括一个电流环和一个电压环。图中i_s为电网侧电流，i_f、i_h分别为i_s中的基波分量和谐波分量，i_L为谐波源电流，i_c为逆变器输出电流，LC为平滑滤波器，T_M为耦合变压器，C_d为逆变器直流侧储能电容，u_{dc}为逆变器直流侧电压，u_{dc}^*为逆变器直流侧电压设定值。

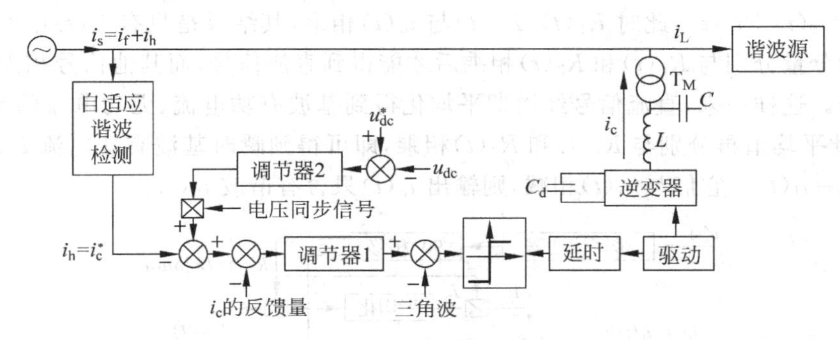

图7.11 并联电力有源滤波器结构框图

自适应谐波检测电路从电网侧电流中实时检测出谐波i_h，将其作为控制逆变器输出的给定电流i_c^*。i_c^*与逆变器输出电流i_c的反馈量进行比较，其误差信号经调节器1运算输出后，作为调制波与高频三角载波相比较，产生的PWM信号经驱动电路放大后去驱动三相逆变器中的功率器件。为了避免同一桥臂上两个功率器件在换流时出现的瞬间短路，还设置了死区延时，以保证同一桥臂上器件顺序通断。电压源逆变器的输出电流经LC滤波后由变压器T送至电网负载侧。只要逆变器的给定电流i_c能完全反映电网谐波i_h，其输出就能完全补偿负载所需的谐波，使电网不再提供谐波电流。其中，LC滤波器按滤除开关频率的谐波设计，可以用交流电抗器和小容量的电容器来组成。

对于电压源型逆变器，由于其经过三相变压器与电网连接，如果开关器件不工作，电网电压会经变压器作用于逆变器的交流侧，通过与开关器件反并联的续流二极管给直流电容充电。此时，逆变器作整流器用。实际上，逆变器在正常工作时，逆变与整流状态共存。因而，本方案中省略了专门的逆变器直流电源整流电路，而采取了在给定电流i_c中附加基波有功电流分量的办法以稳定逆变器直流侧电压。如图7.11所示，给定直流电压u_{dc}^*与反馈直流电压u_{dc}相比较，其误差信号经调节器2运算输出，并且与电网电压同步，以获得相应的基波有功电流信号。此信号与给定电流信号i_c^*相作用后的值才是真正的逆变器电流给定信号。

对于这样一个电压外环、电流内环的结构，刚开机时，由于调节器1先饱和，故电压环先动作，逆变器主要工作于整流状态，电网对直流侧电容C_d充电，电压u_{dc}逐渐抬升至给定值。

之后，调节器1退饱和，调节器2动作，逆变器主要工作于逆变状态。在这种状态下，根据瞬时无功功率的理论，电力有源滤波器瞬时有功电流 i_p 的平均值为零，直流电压 u_{dc} 保持不变。但是，因为 i_p 中有交流成分，且存在电路损耗，故直流电压 u_{dc} 会有波动。因此，电压环此时也会有些动作，但其值对电流环的影响不大。

整个电路由于采用了电流滞环控制，因此响应速度快，精度高。

2. 自适应谐波检测

谐波的检测是电力有源滤波器的关键环节，它对检测的实时性要求很高。采用自适应电网谐波检测是一种比较理想的检测方案。

图7.12中，$u(t)$为电网电压信号，该信号经中心频率为50Hz的带通滤波器滤除谐波电压后获得基波电压信号，$R_1(t)$为与电网电压同步的基波信号，基波信号再经90°相移环节后得到信号 $R_2(t)$。$i_s(t)$为电源侧电流，$i_f(t)$、$i_h(t)$分别为电源侧基波电流和谐波电流。若输出 $i_o(t)=i_f(t)+i_h(t)$，此时 $R_1(t)$、$R_2(t)$与 $i_o(t)$相乘，其结果是只有 $i_o(t)$中的基波有功分量和无功分量分别与 $R_1(t)$和 $R_2(t)$相乘后才能得到直流信号，而其他信号相乘后只能得到交流信号。这样一来，直流信号经周期平均化得到基波有功电流、无功电流的平均值 I_p、I_q。然后，此平均值再分别与 $R_1(t)$和 $R_2(t)$相乘，即可得到瞬时基波有功电流 i_p、无功电流 i_q，而 $i_p+i_q=i_f(t)$。它们与 $i_s(t)$相减，则输出 $i_o(t)$只含有谐波 $i_h(t)$。

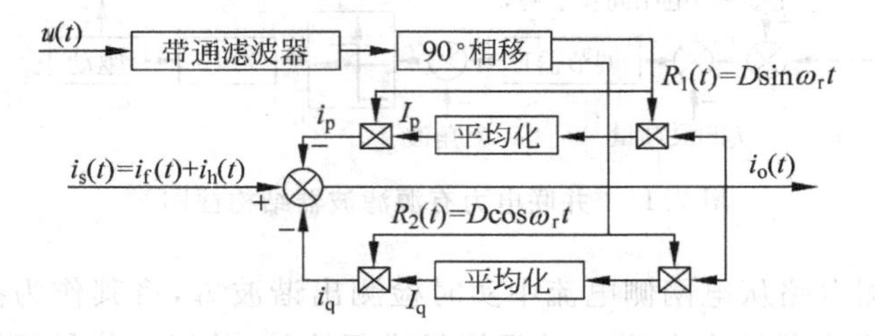

图7.12 电网谐波自适应检测原理图

对于该电路，令 $R_1(t)=D\sin\omega_r t$，$R_2(t)=D\cos\omega_r t$，平均化所用积分器的增益为 G。可求得自适应谐波检测电路的传递函数为

$$H(s)=\frac{s^2+\omega_r^2}{s^2+D^2Gs+\omega_r^2} \tag{7-7}$$

由式(7-7)可知：

(1) 当 $\omega=\omega_r$ 时，$|H(j\omega)|=0$，即系统对工频有无限大的衰减，并且即使工频发生偏移，系统中心频率也随之变化，自动适应。

(2) 当 $\omega\geqslant\omega_r$ 或 $\omega\leqslant\omega_r$ 时，$|H(j\omega)|$近似为1，这保证了谐波信号的顺利通过。

(3) 当电网电压畸变时，产生相移的两个正交参考信号 $R(t)$的干扰会被抵消，系统仍只输出谐波。

7.3 电力系统谐波与无功功率综合补偿

谐波污染和低功率因数问题给现代电力系统带来了危害，并联型有源电力滤波(APF)是一种较好的解决方法，能对谐波和无功功率进行动态补偿。

7.3.1　两类逆变器组成综合补偿系统

图 7.13 所示的补偿系统由一个多重化逆变器和一个 PWM 逆变器组成。多重化逆变器用于基波无功功率的补偿，可用若干个 6 脉波逆变器组成。PWM 逆变器仅用于补偿负荷中的谐波电流和多重化逆变器产生的谐波电流。L_q 上的电压为 u_{pcc} 和 u_q 的差值，一般情况下该电压较小，因此 PWM 逆变器所承受的电压也较小，可显著降低 PWM 逆变器容量和开关损耗。

但是，这种补偿方式一般需采用 3 个单相的 PWM 逆变器和一个多重化逆变器，增加了装置的复杂性。

图 7.14 所示为采用双 PWM 电压源逆变器的谐波和无功功率补偿系统，逆变器 2 工作频率较低、补偿电流较大，用于补偿负荷的基波无功功率和低频次谐波电流，可由通流能力较大的 GTO 构成；逆变器Ⅰ工作频率较高、补偿电流较小，仅对高频谐波分量进行补偿，可由 IGBT 构成。

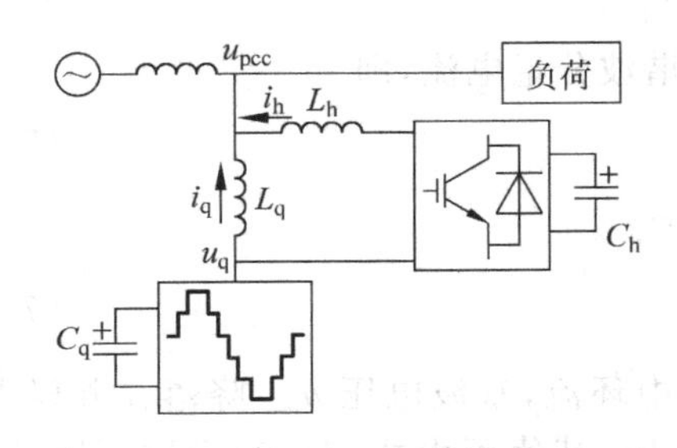

图 7.13　并联解耦补偿器电路图

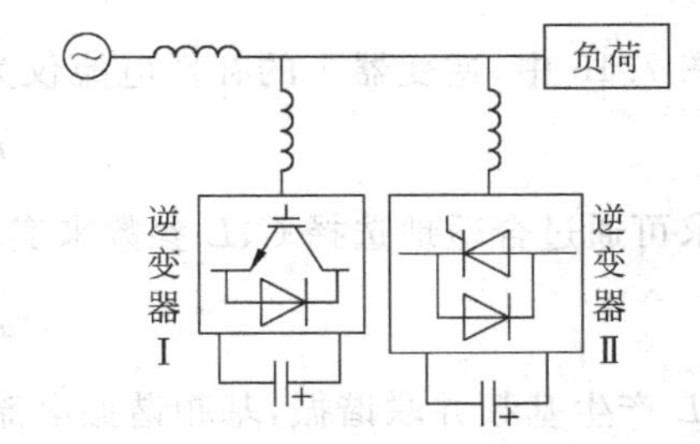

图 7.14　采用双 PWM 逆变器的有源补偿系统

该方式存在的一个问题是，逆变器Ⅰ仍需承受系统的基波电压，其开关元件的电压额定值较高。

图 7.15 为一谐波与无功功率综合补偿系统框图。逆变器Ⅰ采用 IGBT 开关器件构成，逆变器Ⅱ采用低开关频率的大容量 GTO 构成，补偿对象为感性负载。图中 L_s 为系统等值电感，L_h、L_q 分别为逆变器Ⅰ和逆变器Ⅱ输出端的串联电感，C_r、R_r 用于滤除逆变器Ⅰ的开关脉冲。

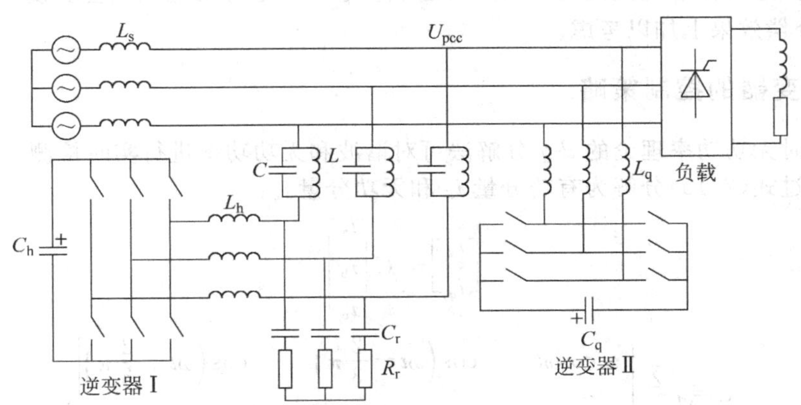

图 7.15　谐波与无功功率综合补偿系统

忽略 C_r、R_r 的影响，补偿系统单相简化后等值电路如图 7.16 所示，其中 Z_f 包括 L、C 与逆变器Ⅰ的输出感抗。设下标 1、h 分别表示基波与 h 次谐波分量。由图 7.16 可知，若要使逆变器Ⅰ容量减小，则应使逆变器Ⅰ承受电压 u_f 和输出电流 i_f 减小。而

$$u_f = u_{f1} + \sum_h u_{fh} = u_{pcc1} + Z_{f1} i_{f1} + u_{pcch} + \sum_h Z_{fh} i_{fh} \tag{7-8}$$

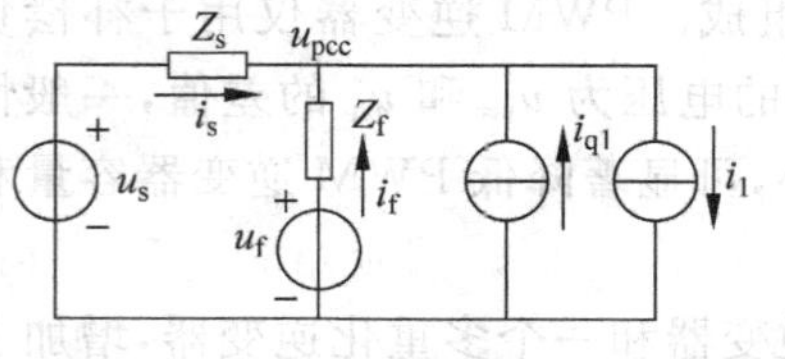

若

$$u_{pcc1} + Z_{f1} i_{f1} = 0 \tag{7-9}$$

假设 $u_{pcch}=0$，则逆变器Ⅰ只承受谐波电压，即

$$u_f = \sum_h u_{fh} = \sum_h Z_{fh} i_{fh} \tag{7-10}$$

图 7.16 补偿系统单相简化等值电路

式中 $i_{fh}=i_{1h}$。

在逆变器与无源滤波器相串联的混合补偿中，可通过控制逆变器注入基波电流使母线电压的基波分量全部降落在 Z_{f1} 上，即满足式(7-9)。此时，逆变器输出电流为

$$i_f = i_{f1} + \sum_h i_{fh} \tag{7-11}$$

而在图 7.15 中，逆变器Ⅰ的补偿电流仅为负荷中的谐波分量电流，即

$$i_f = \sum_h i_{1h} \tag{7-12}$$

此要求可通过合适地选择 C、L 参数来实现，令

$$\omega_1 L = \frac{1}{\omega_1 C} \tag{7-13}$$

使 C、L 产生基频并联谐振，基频谐振电流只在 C、L 中环流，基波电压 u_{pcc1} 降落在并联谐振回路上，式(7-9)得到满足。逆变器Ⅰ只承受谐波电压，其值可由式(7-10)求取。因此，该种电路拓扑结构的逆变器容量仅由谐波电压和谐波电流确定，容量可最大程度得到降低。考虑电力电子器件实际的耐压和通流能力，可在逆变器与谐振回路间加装适当变比的变压器。

对于直接与系统相并联的常规型 APF，其逆变器承受电压 u_f' 为

$$u_f' = u_{pcc1} + \sum_h u_{fh}' \tag{7-14}$$

式中 u_{fh}' 为常规型 APF 逆变器输出端连接电感上的谐波电压降。

可见，在同等补偿条件下，图 7.15 中逆变器Ⅰ承受的电压小于常规型 APF 逆变器承受的电压，因此，逆变器Ⅰ直流侧电容耐压可选取较小值。电感的选取还应从使谐波阻抗最小和 APF 的补偿效果上加以考虑。

7.3.2 逆变器的控制策略

基于瞬时无功功率理论的 d-q 分解法可对谐波和无功功率进行实时检测。将负载三相瞬时电流通过式(7-15)分解为有功分量 i_d 和无功分量 i_q：

$$\begin{bmatrix} i_d \\ i_q \end{bmatrix} = C \begin{bmatrix} i_a \\ i_b \\ i_c \end{bmatrix} \tag{7-15}$$

其中，

$$C=\sqrt{\frac{2}{3}}\begin{bmatrix} \cos\omega t & \cos\left(\omega t-\frac{2}{3}\pi\right) & \cos\left(\omega t+\frac{2}{3}\pi\right) \\ -\sin\omega t & -\sin\left(\omega t-\frac{2}{3}\pi\right) & -\sin\left(\omega t+\frac{2}{3}\pi\right) \end{bmatrix}$$

i_d、i_q 经过低通滤波后的直流分量 i_{df}、i_{qf} 对应于三相电流中的基波正序分量，i_d、i_q 与 i_{df}、i_{qf} 相减后的交流分量 i_{dh}、i_{qh} 对应于谐波、负序等畸变成分。将 i_{dh}、i_{qh} 进行反变换，即可得到逆变器Ⅰ应补偿电流的指令值 i'_f。

d-q 分解法中的直流分量 i_{qf} 与基波无功功率对应。为使逆变器Ⅱ根据无功功率需要进行补偿，将 i_{qf} 作如下修正有

$$i'_{qf} = Ki_{qf} \tag{7-16}$$

$K=1$、$K<1$、$K>1$ 分别对应无功功率的全补偿、欠补偿和过补偿。图7.17所示为补偿系统控制电路简化框图。控制参量 i'_{df} 反映了对逆变器Ⅱ直流侧电容电压的调节量，将 i'_{df} 与 i'_{qf} 进行反变换可得逆变器Ⅱ应补偿电流的指令值 i'_{q1}。

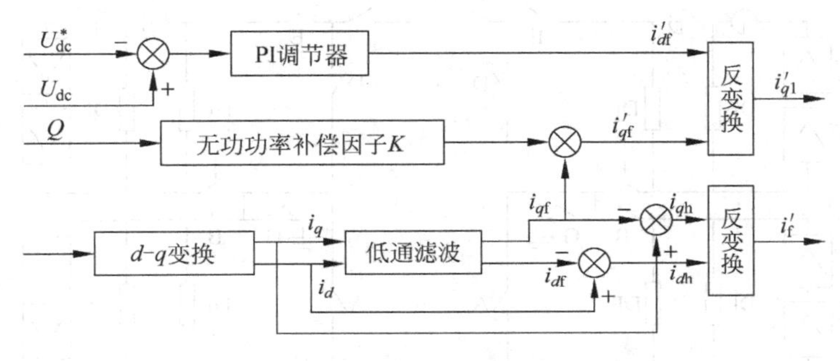

图7.17　控制电路简化框图

7.4　远距离直流输电系统

7.4.1　直流输电的基本原理

1. 基本原理

图7.18是直流输电系统的原理图，它包括两个换流站和直流输电线。两个换流站的直流端分别接在直流线路的两端，交流端则分别连到两个交流电力系统Ⅰ和系统Ⅱ。

当系统Ⅰ向系统Ⅱ输电时，换流站 H_1 作整流站运行，换流站 H_2 作逆变站运行。与交流线路不同，直流线路只输送有功功率。换流站 H_1 送到直流线路的功率和换流站 H_2 从直流线路接受的功率分别为 $P_{d1}=U_{d1}I_d$ 和 $P_{d2}=U_{d2}I_d$，两者之差为线路损耗。

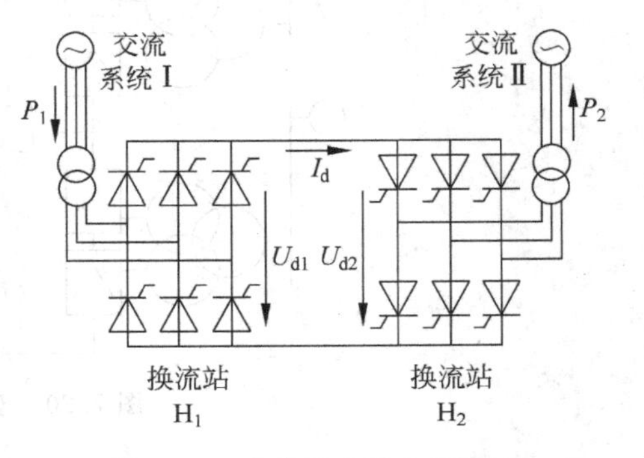

图7.18　直流输电基本原理图

当换流站 H_2 作逆变站运行时，直流电压 U_{d2} 与作为整流站运行的换流站 H_1 的直流电压 U_{d1} 的方向相同。当 U_{d1} 大于 U_{d2} 时，就有如图7.18所示的电流流通。只要改变两端直流电压 U_{d1} 和 U_{d2}，就可调节直流电流 I_d 的方向，从而也就改变直流线路的功率。根据需要，可通过调节，使输送的功率或电流不变。

一个换流站既可作整流站也可作逆变站运行。直流输电系统通过调节换流器的触发控制角，将两端换流站的直流电压极性同时反向，使 U_{d2} 大于 U_{d1}，就实现输送功率翻转。

2. 直流输电主接线

两端直流输电系统有各种不同的接线方式，主要有单极一线方式、单极二线单点接地方式、双极二线不接地方式、双极二线中性点两端接地方式、双极二线中性点单点接地方式和双极中性线方式等。它们各具特点，适合于不同情况，在实际工程中均有采用。

葛洲坝-上海直流输电系统主接线方法如图 7.19 所示。它采用带金属转换回路的双极二线中性点两端接地方式，即用一根输电线作回路两端接地，虽然增加了一些刀闸，如图 7.19 中的 A～G 刀闸，但运行方式灵活，通过刀闸的组合主要有以下 4 种运行方式。

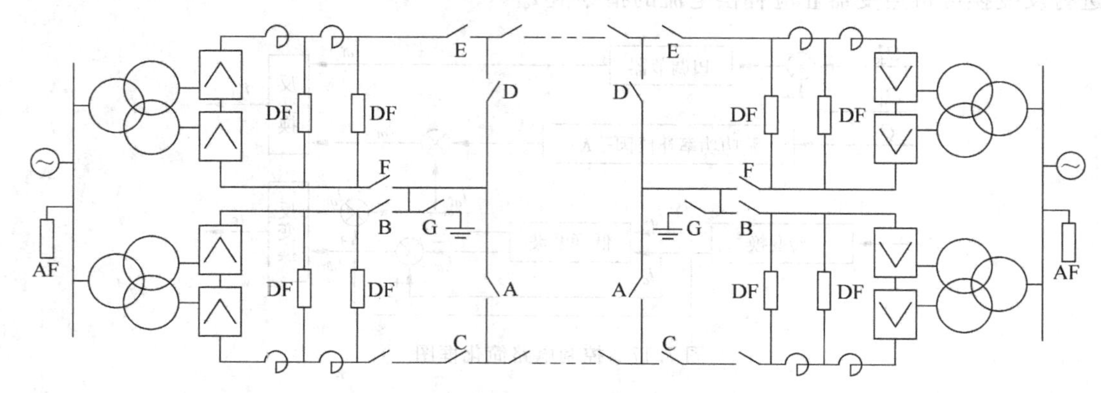

图 7.19　葛洲坝-上海直流输电系统主接线图

AF—交流滤波器　DF—直流滤波器

1）双极方式(BP)

A 和 D 刀闸拉开，其他刀闸均合上，图 7.20 为简化线路图。这种方式是将整流站和逆变站的中性点均接地，属于正常运行方式，双极对地的电压为＋500kV 和－500kV。

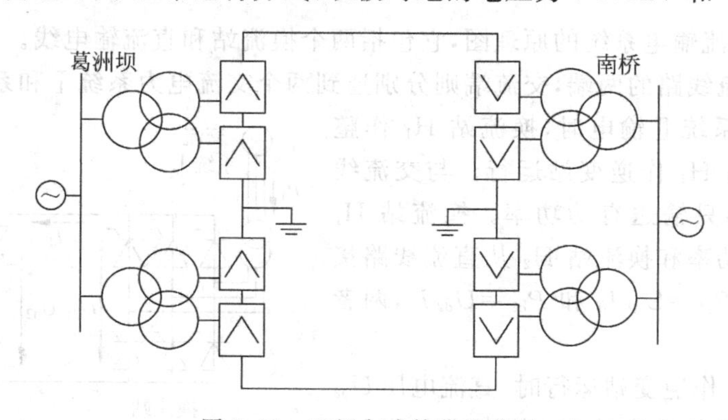

图 7.20　双极方式简化线路图

从理论上说，正常时正负两极平衡，接地点没有电流流过，但实际上由于变压器的阻抗和控制角不同，总有约 1％的不平衡电流从接地回路流过。该方式的优点是当一根线路有故障或一极换流器有故障时，可以利用健全极和大地构成回路，保持输送至少 50％

的功率。

2）单极大地回线方式(GR)

该方式即单极一线方式。双极方式运行时，当任意一端的负极换流器有故障时，将刀闸A合上，刀闸B、C拉开，就使负极换流器被隔离，形成正极线的单极大地回线方式，图7.21为其简化线路图。以此方式作长时间运行，必须考虑大地电流对沿线设备的电腐蚀、对通信设备的干扰和接地电极的损耗等问题。

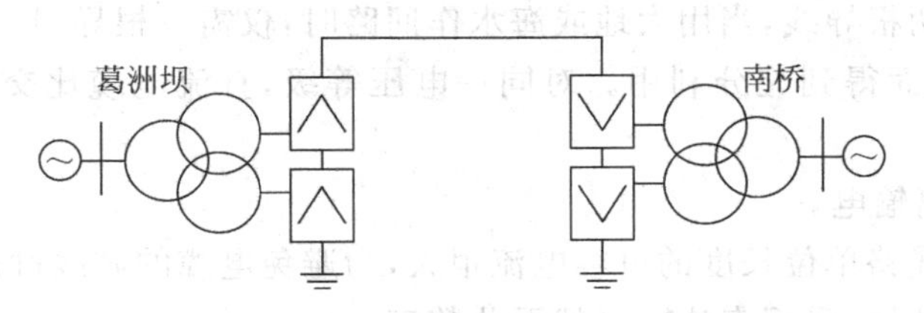

图 7.21　单极一线方式简化线路图

3）单极金属回线方式(MR)

该方式即单极二线单点接地方式。如果原来以正极线的单极大地回线方式运行，需要转换金属回线方式时，只要合上刀闸A，拉开接地刀闸G，就形成正极线的单极金属回线方式运行，其简图如图7.22所示。反之，则可从金属回线方式转换成单极大地回线方式。此方式可避免对地下埋置物的腐蚀和接地电极的损耗，但线损较大。单点接地后，电流对地不形成回路，但可将一根线的电位钳制到零，从而使绝缘设计较为简单。葛洲坝-上海直流输电系统中，电位钳制接地点设置在终端南桥站内。

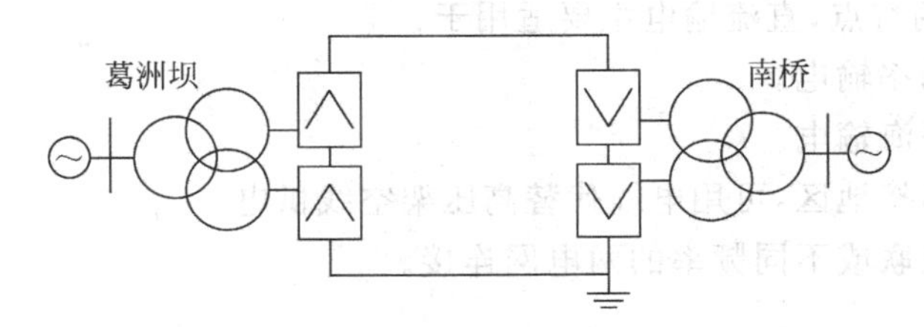

图 7.22　单极二线单点接地方式简化线路图

4）单极双极线并联大地回线方式(LP)

单极双极线并联大地回线方式即单极大地回线方式，在两根极线路都良好的情况下，为了减少线损，通过两端换流站内的刀闸将两极线路并联运行。在图7.19中，拉开刀闸B和C，合上其他所有刀闸，其简图如图7.23所示。

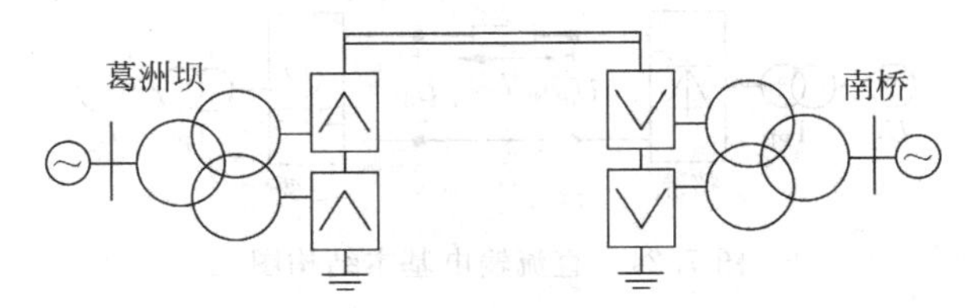

图 7.23　单极大地回线方式简化线路图

7.4.2　直流输电特点

1. 主要优点

(1) 方便电网互联,两端连接的交流系统不需要同步运行,可按各自的电压、频率、相角运行。

(2) 线路造价低,功耗小。对于架空线路,常见三相交流输电线路需3根导线,而单极直流输电线路只需两根导线,当用大地或海水作回路时,仅需一根导线。同时直流输电设备无集肤效应,导线截面得到充分利用。对同一电压等级,直流电缆比交流电缆的造价要低得多。

(3) 适宜远距离输电。

高压交流电缆线路单位长度的电容电流很大,为避免电缆的芯线过热,需要在电缆线路中安装并联电抗器补偿,采用直流输电就无此弊病。

2. 主要缺点

(1) 换流装置价格昂贵,结构复杂,换流装置中的桥阀是由许多高电压、大电流可控硅元件串联而成,并附带有均压电阻器、电容器、电抗器、冷却装置等组成,约占总投资1/3。

(2) 消耗无功功率,换流器在运行时,需要消耗较大的无功功率。

(3) 产生谐波,换流器运行中,会在交流侧和直流侧产生谐波。

(4) 控制装置复杂,虽然直流输电系统能方便而迅速地调节与控制功率、电流、电压、频率、无功功率,但控制装置复杂,通常需采取双重化措施,以保证可靠运行。

3. 直流输电的适用场合

根据直流输电的特点,直流输电主要适用于:

(1) 远距离大功率输电。

(2) 海底电缆隔海输电。

(3) 出线走廊拥挤地区,可用电缆代替高压架空线供电。

(4) 两大系统互联或不同频率的两电网连接。

7.4.3　直流输电的基本结构

直流输电基本结构如图7.24所示,U_1是发电机的输出电压,经变压器T_{P1}升为高压再整流,转换成直流高压,直流高压输电到异地后经过有源逆变将电能传输到用电网络,U_2是经过配电变压器T_{P2}降压后供负载用的电压。直流输电经历了整流和逆变两种电力变换。

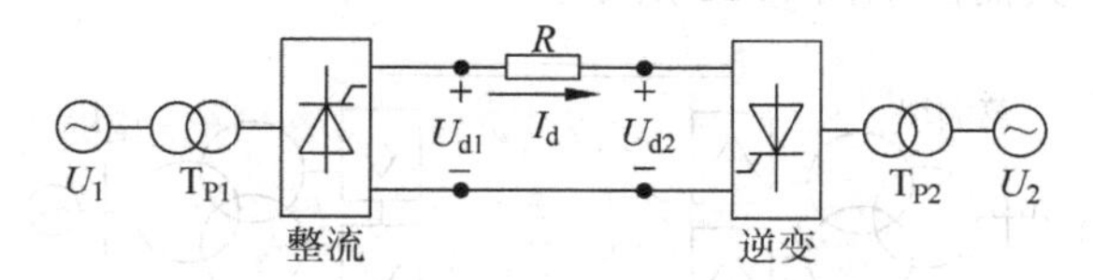

图7.24　直流输电基本结构图

1. 直流输电用变流器

整流器和逆变器统称换流器,又叫换流阀。直流输电的关键设备是换流器,由于它们都同交流电网相连，有条件使晶闸管自然关断，因此，换流阀用晶闸管作为开关器件。早期的晶闸管是用空气冷却，20世纪80年代后采用水冷却，大大减少了控制阀的几何尺寸，使换流器的结构更为紧凑。随着电力电子技术的发展，晶闸管承受电压和电流的能力不断增强，控制阀中使用的晶闸管数量不断减少。1985年英-法直流联网工程中，两个直径为56mm的晶闸管并联后电流为1850A，要用125个晶闸管串联才能够承受额定电压，每极500MW用了3000个组件。而在1997年印度的Chandrapur直流背靠背互联工程中，用单个直径为100mm的晶闸管，其额定电流就达2450A，反向承受电压6kV，最大持续电流4000A。54个晶闸管串联成一个阀，每极500MW仅用了648个组件，比12年前减少了近75%，但这并不是目前晶闸管制造的极限水平。现在直径为150mm晶闸管反向承受电压已超过8kV，可以预期，换流阀中串联晶闸管的数量将会进一步减少，使换流器成本相应降低。

1）整流器的工作原理

换流器大多数用三相全控桥式接线，它由6桥臂组成，每个桥臂又称阀，用数十只至上百只可控硅元件串联，较少采用并联。为了便于理解，可把阀看成单个可控硅开关。

根据可控硅单向导通的性质，阀导通必须具备两个条件：阀电压必须是正向的，即阀阳极电位必须高于阴极电位；控制极必须加上适当的触发脉冲。

（1）无触发相位控制的换相

与硅整流相似，这种换相是相电压过交点C时就发出一触发脉冲使阀导通。整流器工作在无触发相位控制时的电压波形等同于三相桥不控整流时的电压波形。

（2）有触发相位控制的换相

改变控制角α，整流器电压波形亦不同，可以根据需要进行控制。

2）逆变器

换流器工作在控制角α大于90°的工作状态时称为有源逆变器。

逆变器与整流器的根本区别是导通的相位不同。

作为逆变器必须由交流系统提供换相电流，以实现逆变器的各只阀按正确次序换相，称为有源逆变。

无论是整流还是逆变，电子开关对应于交流系统中的换流阀，应该按一定的时序导通和关断。

2. 直流输电的控制和调节

由于换流阀的单向导电性，电流只能从同一方向流过换流器。因此，可以利用换流器这一特性，使它在直流线路的一端按整流器运行，另一端按逆变器运行，从而传输并控制从一个交流系统（发送端）到另一个交流系统（接收端）的功率。

忽略换相压降，其稳态直流电流为

$$I_d = \frac{U_{doZ}\cos A - U_{doN}\cos B}{R} \tag{7-17}$$

式中U_{doZ}为整流器的无相控理想空载直流电压，它与整流侧的交流电压成正比，$U_{doZ}=1.35U_Z$；U_{doN}为逆变器的无相控理想空载直流电压，它与逆变侧的交流电压成正比，$U_{doN}=1.35U_N$；R为直流线路电阻。

控制直流电流I_d，便可确定直流电压和直流功率，一般有以下几个基本方法：

（1）改变整流器的触发滞后角A，增大A，I_d减小。

(2) 改变逆变器的触发越前角 B，增大 B，I_d 增大。

(3) 改变整流器的交流电压 U_Z，增大 U_Z，I_d 增大。

(4) 改变逆变器的交流电压 U_N，增大 U_N，I_d 减小。

改变换流器的触发角，优点是控制范围大而且迅速，是主要控制手段。改变换流器的交流电压一般靠调节换流变压器的分接头来实现，所以只作为控制的补充手段。

3. 直流输电调节的控制策略

对于有不同需要的直流输电工程有不同的控制调节系统，以下介绍几种控制策略。

1) 定电流调节

定电流调节装置能自动地保持电流为定值，既能改善直流输电的运行性能，又能限制过电流和防止换流器过载，因此是直流输电系统的基本调节方式。定电流调节原理是比较系统实际电流 I_d 和电流整定值 I_{d0}，当两者出现偏差时，便改变整流器的触发角，以使 I_d 等于或接近 I_{d0}。

2) 定熄弧角调节

直流输电系统中，换流器作为逆变器运行时，必须限制最小逆变角装设定熄弧角 C 调节器，以确保直流输电系统的安全和经济运行。定熄弧角 C 调节器的原理方框图如图 7.25 所示。

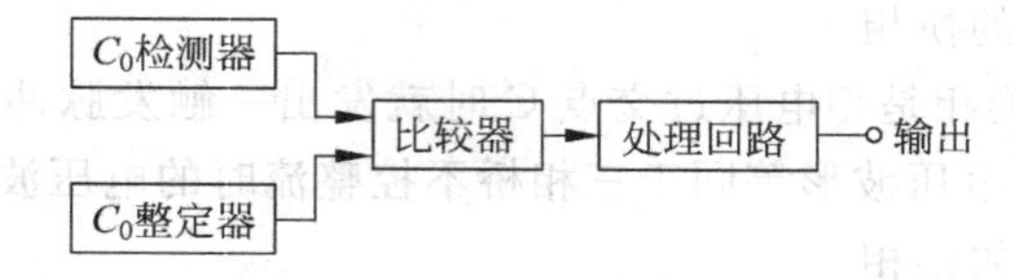

图 7.25　定熄弧角 C 调节器原理框图

3) 定直流功率调节

如果由于某种原因，交流功率和直流功率均减小，实测的直流功率 P 和功率整定值 P_0 的差值($\Delta P=P_0-P$)经控制放大器后，产生一个与差值 ΔP 成比例的信号，再经延时，作为电流调节器的电流指令，电流调节器使直流电流增大，直到直流功率恢复到整定值 P_0 为止，反之亦然。

4) 定直流电压调节

定电压调节的原理和定电流调节相似，仅受控量改为相应的直流电压。为了防止换相失败，逆变侧仍需装定熄弧角调节器 C，当 $C<C_0$ 时才进行调节。这种调节方式适用于受端交流系统短路阻抗较大(弱系统)的场合。其优点是提高了换流站交流电压的稳定性，能防止换相失败。缺点是逆变器的 C 角大于 C_0 时，换流器消耗的无功功率较大。

5) 定无功功率的调节

直流输电的逆变站，除供给交流系统有功功率外，还消耗了无功功率。换流器能在较大范围调节有功功率，也能大幅度、快速地调节其消耗的滞后无功功率。利用这种特点就能解决换流站的无功功率调节，提高交流系统电压的稳定性。

4. 直流输电系统的保护配置

直流输电系统的保护配置包括以下的几种形式：

(1) 换流变压器保护。

(2) 交流滤波器保护。

(3) 直流滤波器保护。

(4) 断路器失灵保护。

(5) 阀组和极保护。

(6) 接地极线路保护。

综上所述，远距离直流输电的主电路拓扑结构与基本的相控整流和有源逆变电路相同，但由于应用在特高压电路上，因而还有相当多的实际工程问题需要解决。

7.4.4 直流输电的滤波装置

随着对环境问题的日益重视，以及高等级、大功率 HVDC 输电技术的广泛应用，滤波装置在 HVDC 系统中越来越占据重要的地位。

1. 高压直流输电系统交流侧的滤波装置

在换流站的交流侧，高压直流(HVDC)系统通常采用无源滤波器(passive filter，PF)来抑制谐波。换流器在正常工作状态下，消耗的无功功率可能达到其传输有功功率的 50%。由于所有滤波器在工频下都呈容性阻抗，因此滤波装置除了抑制谐波以外，还可以兼作无功功率补偿之用。采用的调谐滤波器有单调谐滤波器、双调谐滤波器、三调谐滤波器和自调谐滤波器等。滤波装置大都并联在换流变压器交流侧的母线上，只在少数工程中将滤波装置连接到换流变压器的第三绕组。在高压直流输电系统(400kV、1000MW)的 Dickinson 换流站交流侧所采用的无源滤波器拓扑如图 7.26 所示。

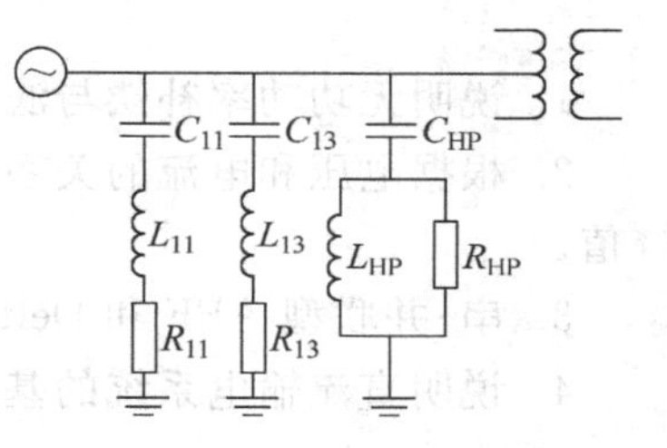

图 7.26 Dickinson 换流站交流侧采用的无源滤波

图 7.26 中，两个分别针对 11 次、13 次特征谐波的单调谐波器和一个高通滤波器并联在换流变压器的交流侧。

无源滤波器的设计方法简单，性能稳定可靠，但其滤波效果依赖于系统阻抗特性，并且容易受到网络上的谐波污染、温度漂移、滤波电容老化以及非线性负荷变化的影响。为了改善调谐滤波器的性能，可以采用一种自调谐滤波器，它能连续调节电容和电感(通常是调节电感量)，保持滤波器在谐振点附近工作，消除了频偏时失谐的影响。自调谐滤波器的品质因数 Q 可以选取较大值，这样既可提高滤波效果，又可降低滤波器的损耗。自调谐滤波器除了具有优质的滤波性能和高品质因数优点外，还可以产生少量的无功功率。

2. HVDC 输电系统直流侧的滤波装置

在换流站的直流侧，平波电抗器本身可以起到抑制谐波的作用，但单靠平波电抗器还不足以满足谐波抑制的要求，还需要装设滤波装置。HVDC 系统通常采用无源滤波器和有源电力滤波器(active power filter，APF)构成混合型滤波器对谐波进行抑制。由于电力电子器件的损耗与通过器件的电流和开关频率成正比，所以对于大功率的低频谐波信号采用无源滤波器，对于小功率的高频谐波信号则采用有源滤波器更为有利。目前，在 HVDC 系统的直流侧通常采用 APF 和 PF 混联的拓扑结构。其中 PF 通常使用双调谐滤波器用以滤除含有较大谐波能量的低次谐波，而利用 APF 消除高次谐波。图 7.27 所示为 ABB 公司在 HVDC2000 工程项目中采用的 APF 与 PF 串联的直流滤波器详细拓扑结构。其中，1 是换流器，2 是平波电抗，3 是光耦传感器(OCT)，4 是无源滤波器，5 是 DSP，6 是 PWM 放大器，

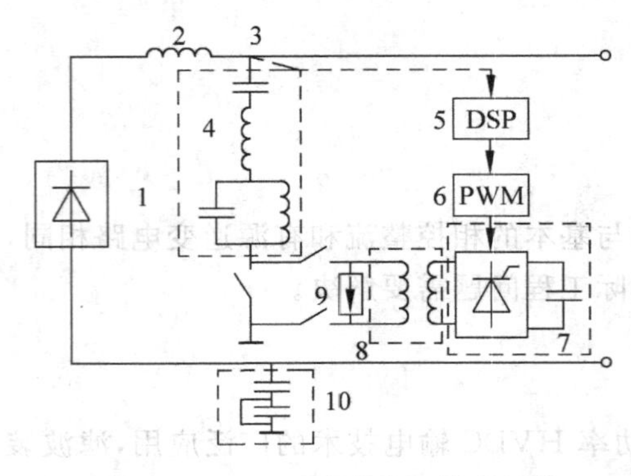

图 7.27　HVDC 中直流滤波器拓扑

7 是 APF，8 是高频变压器，9 是涌流保护器，10 是中线滤波器。

这种混联结构将无源滤波器结构简单、成本低的特点及有源滤波器补偿性能好的特点有机地结合在一起，既可克服大容量有源滤波器结构复杂、损耗大、成本高的缺点，又可使整个系统获得良好的性能。另外，还可以方便地对现有 HVDC 换流站进行改造。在有源电力滤波器维护时，无源滤波器仍能正常工作，不影响 HVDC 换流站的正常运行。

习题及思考题

1. 说明无功功率补偿与滤波的必要性，简述常用的方法。

2. 根据电压和电流的关系式分析，线路电压过零时对应的线路电流值是无功电流的峰值。

3. 串-并联型 APF 和 Delta 变换式 UPS 在电路结构和调节原理上有何异同？

4. 说明直流输电系统的基本结构、原理和特点。

第 8 章　电力电子装置的研制与试验

本章以 400Hz 中频电源实例说明电力电子装置的研制过程和基本设计方法，并简介了文献检索、电磁兼容技术、结构设计和电路仿真的基本常识。

8.1　电力电子装置的研制流程

随着科学技术的发展，对电力电子装置的要求越来越高，其规格品种也越来越多。根据市场需求和用户特定要求研制各种电力电子装置是电力电子科技人员经常面临的任务，一般的研制流程如图 8.1 所示。

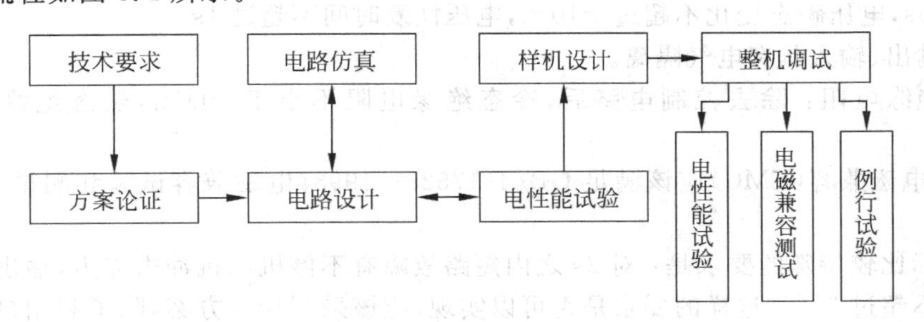

图 8.1　电力电子装置的研制流程

一般情况下，装置的技术要求由用户以"技术条件"的协议形式提出，包括输入条件、输出指标及工作环境等要求。对于通用设备，往往由生产厂家根据当前市场情况提出有竞争力的技术指标。

根据要求，需要对各种主电路结构和控制方法比较，选择合适的方案，并对所选择的方案进行论证，确认它的可行性再对电路的参数进行设计，必要时，可以通过仿真对所选参数进行验证，然后按照设计的电路选用器件，构建试验平台。按照技术要求在试验平台上进行各项试验，根据试验情况对设计参数进行调整，再试验，直到电气性能满足技术要求，再作样机设计，样机设计不仅仅考虑电气性能，还要考虑结构等问题。样机完成以后，还须调试，并且通过相关试验，它们是电气性能试验、电磁兼容试验和例行试验。后面两个试验分别要到电磁兼容试验室和例行试验室进行，应达到的指标均有相应的国家标准。

8.2　研究对象的方案论证

8.2.1　研究对象的技术条件

本例为 4kW、400Hz 中频电源，协议要求它的主要技术性能指标如下：

(1) 设备应能在环境温度 0℃～45℃，相对湿度 95%，有凝露、有霉菌的环境条件下正常工作。

(2) 输入电压为三相 360V～400V,(50±5%)Hz。

(3) 主要电气性能:

输出电压为单相(230±2%)V,(400±0.5%)Hz;

输出功率为 4kW;

输出电流为 22A;

功率因数 $\cos\phi=0.8$;

效率大于 85%;

工作制为连续。

(4) 可靠性:平均故障间隔时间不小于 3000h,平均故障修复时间不大于 30min。

(5) 过载能力:120%额定负载下能够正常工作 3min,对 2s 之内短路故障,有不停机的抗冲击能力。

(6) 输出电压波形畸变率:总谐波畸变率不超过 3%,其中单次谐波畸变率不超过 2%。

(7) 动态特性:突加或突减 50%负载时,频率瞬态变化不超过±1.5%,频率恢复时间不超过 0.5s,电压瞬态变化不超过±10%,电压恢复时间不超过 1s。

(8) 输出、输入具有电气隔离。

(9) 绝缘电阻:除去控制电路后,冷态绝缘电阻不小于 10MΩ,热态绝缘电阻不小于 5MΩ。

(10) 电磁兼容(EMC)应该满足 GB/T 17626—1998《电磁兼容试验和测量技术》系列国家标准。

该指标比较特殊的要求是:对 2s 之内短路故障有不停机的抗冲击能力,输出电压总谐波畸变率不超过 3%。这样的要求是否可以实现,应该采用什么方案,除了利用自己的科研成果外,还应该查找大量文献资料,提高研究起点。

8.2.2 文献检索

文献有科技图书、科技期刊、专利文献、会议文献、科技报告、学位论文、标准文献、产品资料等等类型。下面简介与电力电子专业密切相关的文献。

1. 文摘(abstracts)

文摘简明扼要地摘录相关文献的主要内容,并按一定的著录规则编排起来,它是一种检索工具,供读者查阅。和本专业相关的有《电工文摘》和《科学文摘》等。

《电工文摘》是中国机械工业联合会北京综合技术经济研究所主编,报道性文摘、简介和题录三结合,以文摘为主的方式全面报道有关电工方面的国内外期刊、会议录、标准、专利以及科技报告等文献。《科学文摘》(Science Abstracts)是英国电气工程师协会主编,提供作者和主题两种索引。

2. 国外期刊

与电力电子、电力传动相关的国际著名学术机构有:美国电气电子工程师学会(The Institute of Electrical and Electronics Engineers,IEEE),英国电气工程师学会(The Institution of Electrical Engineers,IEE)等。各学会均有自己的期刊和年会会议录。期刊有:IEEE 工业应用汇刊(IEEE Transaction on Industry Applications)、IEEE 功率电子学汇刊(IEEE Transaction on Power Electronics)等。

3. 国内期刊

国内相关的学术组织有中国电力电子学会、中国电源学会、中国电机工程学会等,出版有期刊和年会会议录。期刊有《电力电子技术》、《中国电机工程学报》、《电工技术学报》、《电气传动》、《电源技术应用》等。

4. 会议文献

相关的年会有 IEEE 工业应用学会年会、国际电力电子学会议、中国电力电子与传动控制学术会议等，对应的论文集反映了当今国内外电力电子技术的应用现状和发展趋势。

5. 机读文献(machine-readable)

机读型文献是使用计算机进行存储和阅读的一种文献形式。它利用计算机技术和磁性存储技术，通过程序设计和编码，把文字信息变成计算机可以识别的机器语言，近年来应用较广。与电力电子专业相关的常用网站有中国期刊网、中国数字图书馆、万方数据库等。输入关键词，就可以给出相关的文献目录，根据需要进一步查阅。

8.2.3　方案论证

由于电压等级、功率大小和应用范围的不同，相同的变换功能所采取的方案却不一样。所选取的方案是否合理、可行，能否满足关键技术的要求，往往需要进行分析论证。实现同样的目标，方案并不是惟一的，各种电路在实际调试时还会出现很多问题，选择方案时最好考虑本单位的技术储备情况。下面对本例作方案论证。

1. 主电路

1) 电路结构

该实例要求输入电压为三相 360V～400V，输出电压为 230V、功率为 4kW，电压、电流等级为中等，考虑采用 AC-DC-AC 方案。三相交流输入经不控整流和大电容滤波后，整流电压平均值为线电压的 1.3～1.35 倍。电路输入三相 360V～400V，按严重情况考虑，直流电压变化范围是 468V(1.3×360V)～540V(1.35×400V)的直流电压。采用全桥逆变主电路结构和 SPWM 硬开关调制方式。输入电压 360V、调制比为 1 时，逆变桥输出的基波电压有效值为

$$U_b = (468/\sqrt{2})\text{V} = 331\text{V} \tag{8-1}$$

如果死区、滤波电感和开关管引起的压降共有 10%影响，可得到 298V 电压。改变调制比，能满足输出电压要求。但是设备要求输出、输入有电气隔离，故需要输出变压器。不考虑变压器副边电感压降，初步计算，输入电压最低时变压器的变压比 $k=230/298=0.77$。

2) 开关器件

逆变桥母线最高直流电压 540V，考虑线路电感等引起的附加电压和所需安全余量，可以选用额定电压 1200V 的半导体开关器件。

根据额定功率 4kW、输出电压 230V、$\cos\phi=0.8$ 计算电流。

输出电流额定值为

$$I_o = 4000 \div (230 \times 0.8)\text{A} = 22\text{A} \tag{8-2}$$

$$120\% I_o = 26.4\text{A}$$

额定输出电流幅值 $I_{op}=22\text{A}\times\sqrt{2}=31\text{A}$，过载时的电流幅值为 $120\% I_{op}=37.2\text{A}$。如果不考虑滤波电容的影响，则变压器副边电流等于输出电流。

变压器原边电流有效值 $I_1=k\cdot I_2=k\cdot I_o=0.77\times22\text{A}=16.9\text{A}$，$120\% I_1=20.3\text{A}$。

变压器原边电流幅值 $I_{1p}=k\cdot I_{2p}=0.77\times31\text{A}=23.9\text{A}$，$120\%I_{1p}=28.7\text{A}$。

根据 $120\%I_{1p}=28.7\text{A}$，考虑冲击负载和缓冲电路等引起的附加电流以及安全系数，可以初步选用 100A 的半导体开关器件。

如果用 SPWM 硬开关调制方式，通过仿真可知，载波比为 21 时，死区对于波形的影响较小，据此，开关器件的工作频率可选为 400×21＝8200Hz。工作频率能够在 8.2kHz 以上的开关器件有 P-MOSFET 和 IGBT。但是高压 P-MOSFET 的额定电流不大，需要采用多管并联。根据以上分析选用 IGBT 器件比较合理。

3）缓冲电路

4kW 逆变器的功率不大，可以采用简单的有能耗串联缓冲和并联缓冲电路。

4）主电路原理图

主电路原理如图 8.2 所示。电阻 $R_1\sim R_3$、交流接触器、按钮组成合闸充电和启动环节，L_1、$C_1\sim C_8$ 是直流滤波和抑制干扰的滤波环节，IGBT 开关管 $T_1\sim T_4$ 组成逆变桥，L_2 是串联缓冲，每个开关管旁 R_S、C_S、D_S 是并联缓冲电路，T_{M1} 是主变压器，T_{M2} 是反馈变压器，TA 是电流互感器，L_3、C_9 通过主变压器组成低通滤波环节，$C_{10}\sim C_{13}$ 和 L_4 组成抑制输出干扰的滤波。

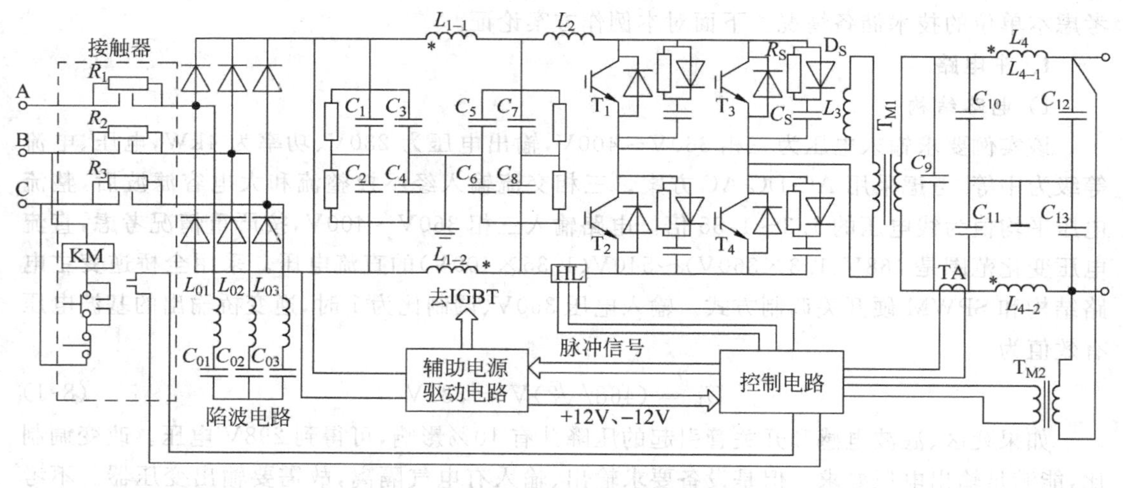

图 8.2　400Hz 电源主电路原理图

2. 控制系统

1）波形控制

装置采用 SPWM 硬开关调制方式。对总波形畸变率 THD 小于 3%的高要求，应从高精度给定正弦和波形反馈入手。有文献表明，应用电压平均值反馈和瞬时值反馈相结合的技术可以使输出电压波形畸变率 THD 小于 3%。

2）保护策略

实例要求，电源装置对于 2s 之内能够消除的短路故障，具有自动恢复正常供电的功能。此要求具有实际意义，例如，电源向多个负载供电，某个负载短路，电源采取限流措施，以及故障设备的保险丝 2s 之内会熔断时，如果此限流状态的故障时间超过 2s，则再来记忆性封锁脉冲，保护器件。该策略使电源具有较强的抗冲击性负载能力。

3）系统框图

根据一般电源的结构和本例的特殊要求，可以设计如图 8.3 所示中频电源控制系统框图。框图中的正弦波发生器、三角波发生器、SPWM 形成电路等在 3.1 节 50Hz 逆变器中已经介绍。因 400Hz 是 50Hz 的 8 倍，故应将 EPROM 的扫描频率提高到 8 倍即可。每个环节都有条件实现。

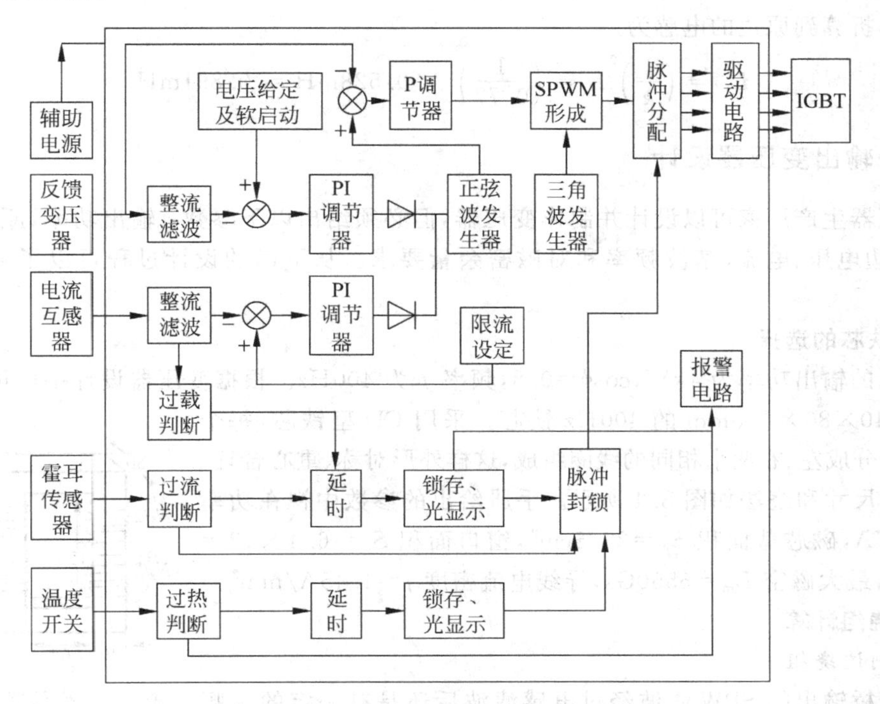

图 8.3 中频电源控制系统框图

以上分析说明，所选方案是可行的，下面介绍主电路和控制环节的设计。

8.3 主电路设计

8.3.1 输出滤波器

输出滤波器的作用是减小输出电压中的谐波，并保证基波电压传输。因滤波电容和负载并联，它可以补偿感性电流，但是，滤波电容过大，反而会增加变压器的负担。因此，在设计滤波电路时，首先确定滤波电容的值。设计基本原则就是在额定负载时，使容性电流补偿一半的感性电流。

$$I_C = \frac{P\sin\phi}{2U_o\cos\phi} = \frac{4000\times 0.6}{2\times 230\times 0.8}\text{A} = 6.52\text{A} \tag{8-3}$$

$$C_{13} = \frac{I_C}{U_o\omega} = \frac{6.52\times 10^6}{230\times 2\pi\times 400}\mu\text{F} \approx 11.28\mu\text{F} \tag{8-4}$$

取 $C_{13}=12\mu$F，选择 50Hz、500V 的交流电容；50Hz 的交流电容用于 400Hz 时，耐压降低，应降压使用，一般按 50Hz 额定电压的 60%应用。

对单极倍频 SPWM 调制方式进行理论分析，逆变桥输出电压除基波外，还含有高次谐波。其中最低次谐波阶次为 $2p-1$ 次，p 为半周期内单极性波头数，本装置开关频率 f_s 选用 7.2kHz，$p=18$，因此，最低次谐波频率 $f_i=(2\times18-1)\times400\text{Hz}=14\,000\text{Hz}$，考虑死区的影响，一般选取输出滤波器的谐振频率为最低次谐波频率的 1/5～1/10。本例对于波形谐波畸变率的要求比较苛刻，取谐振频率为 2kHz 计算，可得 $L=0.528\text{mH}$，如果变压器变比 $k=0.77$，折算到原边的电感为

$$L_1=\left(\frac{1}{k}\right)^2L=\left(\frac{1}{0.77}\right)^2\times0.528\text{mH}\approx0.891\text{mH} \tag{8-5}$$

8.3.2 输出变压器设计

变压器生产厂家可以设计并制作变压器，但必须给出以下参数：输出功率，原边电压、电流，副边电压、电流，基波频率和对磁密余量要求。从下面的设计过程可以了解它们的作用。

1. 铁芯的选择

电源的输出功率为 4kW，$\cos\phi=0.8$，频率 f 为 400Hz。根据变压器设计手册可以初步选择 CD40×80×120mm 的 400Hz 铁芯。采用 CD 型铁芯，每个绕组一般分成左、右两个相同的线圈组成，这样外形对称、重心合理。铁芯外形尺寸和绕法如图 8.4 所示。手册给出的参数中视在功率为 6.4kVA，磁芯截面积 $S_c=28.5\text{cm}^2$，窗口面积 $S_0=6.4\times12=76.8\text{cm}^2$，最大磁密 $B_m=6550\text{Gs}$，导线电流密度 $j=1.45\text{A/mm}^2$。

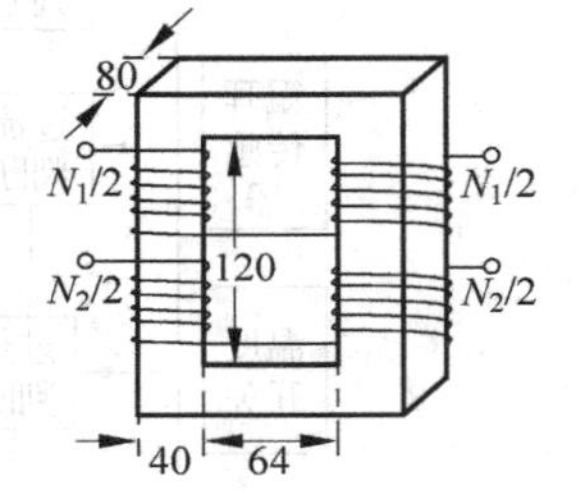

图 8.4 变压器示意图
(图中单位为 mm)

2. 绕组计算

1) 副边绕组

逆变桥输出的 SPWM 波经过电感滤波后还是有一定的高频分量，一般取磁密 $B_r=80\%B_m$ 应用。设变压器输出电压 230V，$B_r=0.8\times6550\text{Gs}=5240\text{Gs}$，根据变压器电压的关系式

$$U_o=4.44fN_2B_rS_c\times10^{-8}=4.44\times400\times N_2\times5240\times28.5\times10^{-8}\text{V}=230\text{V} \tag{8-6}$$

可得 $N_2\approx86.7$，取 N_2 为 90 匝。

设导线电流密度 $j=1.45\text{A/mm}^2$，副边输出电流额定值 22A，则导线截面应为

$$q=I_o/j=(22/1.45)\text{mm}^2=15.17\text{mm}^2 \tag{8-7}$$

选用两根 $2\times4.25\text{mm}^2$ 的玻璃丝包扁线并联绕制，左右线圈各绕 45 匝，再串联，两根导线截面 q 为 $2\times2\times4.25\text{mm}^2=17\text{mm}^2$，符合要求。

2) 原边绕组

首先计算输入电压最低时，原边绕组能够得到的电压。逆变桥输出的基波电压理想值 $U_b=331\text{V}$(见式(8-1))，两只开关管的压降 4V 左右，开关频率 $f_S=7.2\text{kHz}$，死区设为 $t_d=4\mu\text{s}$，则死区引起的最大电压损失为

$$\Delta U=f_St_dU_b=7.2\times10^3\times4\times10^{-6}\times331\text{V}\approx9.5\text{V} \tag{8-8}$$

基波电流在滤波电感上压降为

$$U_L=2\pi fLI_1=2\pi\times400\times0.891\times10^{-3}\times16.9\text{V}\approx37.8\text{V}$$

漏感的阻抗压降一般为 3%～5%的基波电压，按 12V 估算，忽略相位关系，变压器的原边电压 U_1 为

$$U_1 = (331 - 4 - 9.5 - 37.80 - 12)\text{V} \approx 267.7\text{V}$$

变压器变比为

$$k = U_2/U_1 = 230/267.7 \approx 0.86$$

$$N_1 = N_2/k = 90/0.86 \text{ 匝} \approx 105 \text{ 匝}$$

取 N_1 为 106 匝，左、右线圈各 53 匝串联。原边电流为 20A，选用 2.1mm×7.0mm 规格的玻璃丝包扁线，导线截面 q 约为 14.7mm²，导线电流密度 j=1.36A/mm²，满足要求。

变压器的实际变比是

$$k = N_2/N_1 = 90/106 \approx 0.85 \tag{8-9}$$

原边绕组左、右线圈可以设计成串联或者并联，但副边绕组左、右绕组不适合设计成并联，因为如果左、右绕组不对称，感应的电压有差别，会产生环流。

变压器的热容量比较大，3 分钟 120%过载不会影响发热，因此，导线电流密度是按照额定电流计算。计算忽略了变压器的励磁电流，也没有考虑滤波电容的无功电流补偿作用，补偿电流大于变压器励磁电流的影响，计算的简化相当于为变压器的导线电流密度和随后的器件选择略留有余量。

3. 窗口占空比

除了导线截面外，绕组的套筒、导线的外层绝缘材料、绕组的层间绝缘材料、导线间空隙都会占用铁芯窗口面积。如果简单地按照导线截面计算窗口占空比，应该在 0.5 以内，控制用小变压器的窗口占空比应该在 0.3 以内。本变压器的窗口占空比为

$$\delta = q/S_0 = (14.7 \times 106 + 17 \times 90)/(76.8 \times 100) \approx 0.40$$

8.3.3　缓冲电路设计

1. 开通缓冲设计

在桥式电路中开通缓冲电感的设置还限制了二极管反向恢复期间的桥臂电流上升率，1200V IGBT 的 $\mathrm{d}i/\mathrm{d}t$ 额定为 200A/μs，所以选择电感

$$L_o \geqslant \frac{U_d}{\mathrm{d}i/\mathrm{d}t} = \frac{540\text{V}}{200\text{A}/\mu\text{s}} = 2.7\mu\text{H} \tag{8-10}$$

电感应该是线性的，可以直接用导线绕制成空心电感，圆导线做成的单层圆柱形线圈电感的大小为

$$L = \mu_o N^2 \frac{S}{l} \tag{8-11}$$

式中 μ_o 为常系数 12.57×10^{-7}，N 为线圈匝数，S 为线圈截面积，l 为线圈长度。可依此公式绕制线圈，并用电感表测量，且同时调整线圈至其值为 2.7μH 即可。

2. 关断缓冲的设计

设 IGBT 的电流恢复时间是 t_{fi}=1.5μs，又 I_{1pm}=28.7A，按照临界缓冲计算电容值 C_s。

$$C_s = \frac{I_m \cdot t_{fi}}{2V_D} = \frac{28.7 \times 1.5 \times 10^{-6}}{2 \times 468}\text{F} \approx 0.046\mu\text{F} \tag{8-12}$$

可选用 1200V/47nF(0.047μF)的高频电容。

电阻 R_S 的取值应按以下条件：

(1) 使电容电荷在开关器件开通时放电完毕，即 $5R_SC_S < T_{on(min)}$，其中 $T_{on(min)}$ 为调制过程的最小导通时间。这个时间在SPWM的调制方式中比较难估计，一般在满足另一个条件的情况下，将 R_S 取小。

(2) 产生的附加电流 $\Delta i_2 = \dfrac{U_d}{R_S}$ 不易过大。

按照以上要求可以取 $R_S = 15\Omega$。

(3) R_S 的功率

$$P_S = 0.5C_SU_d^2f = 0.5 \times 0.047 \times 10^{-6} \times 540^2 \times 7.2 \times 10^3 \mathrm{W} \approx 49\mathrm{W}$$

实际选用的电阻功率至少增加一倍，否则，温升比较高。用20只5W/75Ω金属膜电阻串、并联可以组成100W/15Ω的无感电阻。

D_S 选用快恢复二极管MUR30100，它是1000V、30A的二极管，其反向恢复时间约为35ns。

8.3.4 直流滤波电路设计

本装置中直流滤波电路主要担负低通滤波的作用，滤除三相整流的6脉动波。为了保持母线电压为平稳直流，整流电路必须向滤波电容提供电能。三相全桥整流电路的输出电压和电流脉动频率为300Hz，整流电路向电容补充能量的间隔周期为3.3ms。

电容上电压的波动幅度一般控制在直流母线电压的0.5%～1%，设 $\Delta U_C = 4.5\mathrm{V}$，逆变电路的平均输入电流 $I_d = P_o/\eta U_C = 4000/(0.85 \times 468)\mathrm{A} \approx 10\mathrm{A}$，根据电容上电荷的增量和电压增量的关系

$$\Delta U_C = I\Delta t/C \tag{8-13}$$

可得

$$C = I\Delta t/\Delta U_C = 12 \times 3.33 \times 10^{-3}/4.5\mathrm{F} = 8880\mu\mathrm{F} \tag{8-14}$$

取 $C = 9400\mu\mathrm{F}$，可用8只4700μF/400V电解电容器并、串组合为800V、9400μF的电容。

对于 LC 滤波电路，它的谐振频率是脉动频率 f_m 的1/5时可以将脉动电压衰减4%左右。三相整流后，直流脉动频率是300Hz，本例按照5倍计算电感，即

$$\frac{1/2\pi\sqrt{LC}}{f_m} = \frac{1}{5} \tag{8-15}$$

则 $L = 0.75\mathrm{mH}$。

在设计滤波电路时要注意阻尼系数 $\xi = \dfrac{1}{2R}\sqrt{\dfrac{L}{C}}$，当阻尼系数小于1，在切除充电电阻或者负载突变时电路容易发生振荡，电容上将出现过高的浪涌电压，甚至使得装置无法正常运行。

值得提出的是，如果逆变桥输入是直流也需要直流滤波电路，保证器件的开关过程中直流母线电压纹波比较小，滤波电路计算方法同上，只是脉动频率 f_m 取开关频率，单极倍频取开关频率的两倍，L、C 的值会小得多。

8.3.5　主开关器件的选择

主开关器件在前面已经估算过，这里再根据变压器的实际变比等条件计算。设备技术指标中要求逆变器能承受 120%额定负载 3min，变压器的变比是 0.85，原边电流幅值为

$$120\% I_{1p} = 120\% I_{op} k = 37.3 \times 0.85\text{A} = 31.7\text{A} \tag{8-16}$$

并联缓冲引起附加电流

$$\Delta i_2 = U_{CC}/R_1 = (540/15)\text{A} = 36\text{A}$$

所以开关管的电流峰值 $I_T = 31.7\text{A} + 36\text{A} = 67.7\text{A}$，考虑一定的余量，选择 100A 的 IGBT。

此外，IGBT 开通时，二极管在反向恢复时间 $\Delta t = 0.2\mu s$ 内，有可能在桥臂产生一个上下直通的尖峰电流，空心电感 $L_o = 3\mu H$，产生的电流尖峰为

$$\Delta i_L = \frac{U_d \Delta t}{L_o} = \frac{540 \times 0.2 \times 10^{-6}}{2.7 \times 10^{-6}}\text{A} = 40\text{A} \tag{8-17}$$

$$I_{Tm} = 66\text{A} + 40\text{A} = 110\text{A}$$

但是，在 10μs 时间以内，IGBT 容许流过的电流是额定值的两倍，因此，选择 100A 的 IGBT 是可行的。

IGBT 承受的电压应该考虑线路电感引起的压降，电感的磁场能量在开关关断时会转成电容的电场能量，即 $0.5 L I_{Tm}^2 = 0.5 C_s \Delta U^2$，电感引起附加电压为

$$\Delta U = \sqrt{L/C_s} I_{Tm} \tag{8-18}$$

设直流电容到开关管的线路电感（含缓冲电感）为 3μH，则

$$\Delta U = \sqrt{3 \times 10^{-6}/(0.047 \times 10^{-6})} \times 28.5\text{V} = 228\text{V} \tag{8-19}$$

IGBT 承受最高电压为 $U_T = 540 + 228 = 768\text{V}$，实际上选择 1200V 的 IGBT。如果正常工况下 IGBT 实测尖峰电压较高（超过 60%额定电压），可在逆变桥的母线上跨接 1μF 左右的高频电容，串联缓冲电感的能量转换到母线电容上，IGBT 承受尖峰电压会大大减小。

本例选用富士公司的 2MBI100-120 型号的 IGBT，它是由两只 1200V/100A 的 IGBT 和两只同 IGBT 反并联的二极管组成的模块。

为了方便读者学习设计方法，以上设计过程忽略了一些次要问题，必要时，读者再查阅相关资料。

8.4　控制系统及辅助电源设计

控制系统框图如图 8.3 所示，基本采用 3.1 节介绍的控制电路。下面讨论本例需要解决的相关问题。

8.4.1　抗冲击负荷的电路设计

1. 冲击负荷的类型

1）变压器

一般负荷都通过变压器从电源吸取电功率以实现变压和隔离，即使合闸的时候变压器副边为开路，由于变压器铁芯存在饱和现象，也可能出现很大的冲击电流。最不利情况下合闸电流可达额定电流的 5～8 倍。

2）整流负载

许多负载实际需要的是直流电源，它们将交流电经变压器隔离后整流、滤波以得到直流电，在负载合闸瞬间，由于滤波电容未经充电，直流输出电压$U_d=0$，且滤波电感一般很小甚至没有，由于电容两端电压不能突变，因此对这种负载合闸时存在短路冲击电流，这种负载是最常见且最恶劣的冲击负荷。

以上冲击负荷虽然出现的时间不长，但是都可能损坏器件。如果直接采用记忆封锁脉冲的办法，那么，这类负载始终无法投入；如果加大开关管的电流定额，装置的成本太高。下面介绍的滞环瞬时限流电路是解决冲击负荷的措施之一。

2. 滞环瞬时限流电路

瞬时限流电路原理是利用逆变器主电路处于续流状态时输出电流自然减小这一特点。当输出电流的峰值达到事先设置的限流值时，立即封锁正在导通的功率开关管，强迫电路进入续流状态，使输出电流减小。当电流减小到低于限流值的某一设定值时，撤除封锁信号，让电路中原有的控制信号重新发挥作用。若电流又上升到限流值，则重复上述过程，直到电流不再达到限流值为止。

此电路的优点是，在负荷产生冲击电流时，装置始终在自己的极限电流附近工作，冲击电流一旦衰减到限流值以下，控制系统原有的控制信号立即发挥作用，恢复时间相当短。此电路对于不同大小的冲击负荷甚至输出短路，均能有效地限制输出电流而不会停机，当冲击电流衰减之后或短路点被熔断器断开之后，逆变电源自动恢复正常。

实现瞬时值限流方法可用如图8.5所示滞环比较器实现，当检测出的电流信号电压U_f大于比较器上限U_h时，U_L变为低电平，该信号通过封锁电路将主电路的4个开关管全部关断，强迫输出电流走续流通道，使它减小。一旦电流下降到比较器的下限值U_l时，U_L变为高电平，控制电路恢复正常运行控制。滞环比较器的低电平可设为0V，比较器的上限值U_h和下限值U_l可以用下面方法计算：

$$
\begin{aligned}
U_l &= \frac{U_{CC}R_{23}}{R_1+R_{23}} \\
U_h &= \frac{U_{CC}R_2}{R_{13}+R_2}
\end{aligned}
\tag{8-20}
$$

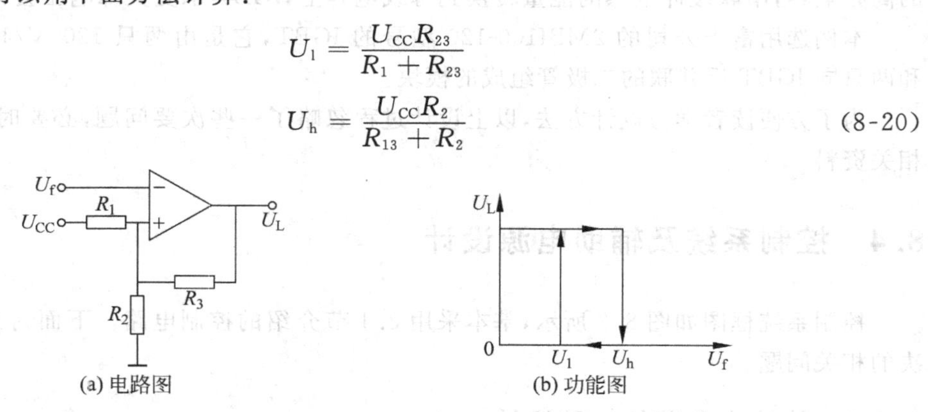

图8.5 滞环比较器

R_{23}表示R_2和R_3并联值，R_{13}表示R_1和R_3并联值。上限值U_h和下限值U_l差别不能太小，否则开关管频率过高，影响运行可靠性。

装置选用LP-100的霍耳电流传感器，采样电阻$R_M=33\Omega$，当母线电流为100A时，采样电压为3.3V。$U_{CC}=12V$，$R_1=36k\Omega$，$R_2=8.2k\Omega$，$R_3=100k\Omega$，则滞环比较器的上限值U_h是2.8V，下限值U_l是2.1V，分别对应85A和64A的电流。

电流达到 85A 瞬时封锁脉冲，电流下降到 64A 时，开放脉冲，如此反复，可以达到限制电流的目的。该电路对各种 PWM 电路都适用，有较大的实用价值。

3. 短路保护

如果瞬时封锁环节能够正常工作，即使负载短路，瞬时电流也会被迫限制在 85A 以内，但瞬时封锁时，开关频率会超过载波频率，开关损耗大，属于非正常状态。因此，应该设置一个过电流延时电路，该状态出现数秒，就记忆性封锁脉冲。

此外，为了防止瞬时封锁环节有故障，应该设置一个大电流记忆性脉冲封锁的保护环节，本例按 120A 设计，保护延时 3μs。

图 8.3 的过流判断环节包括滞环比较器和一般的比较器，根据情况采取不同的保护方法。

8.4.2　调压环节

为了提高调压精度，并且减小波形畸变，输出电压的调节分二级完成。第一级由给定电压和平均值反馈电压的误差信号通过 PI 调节器调节产生正弦波的控制电压 U_C，以改变标准正弦波的幅值，使得输出电压数值稳定；第二级是标准正弦波与电压反馈信号通过 P 调节器产生调制正弦波，完成电压波形调节。设置给定电压在逆变器启动过程中逐渐增加，从而使系统具有软启动功能。

8.4.3　过温保护

当电源过载、风机损坏等都会使设备温度升高，如果不及时解决，可能使半导体器件损坏。尽管用户没有提出过温保护的要求，但是从电源的安全考虑，过温保护功能是有必要的。

温度开关起到温度检测和比较的作用，装置选用 70℃的温度开关，一旦温度到达 70℃，温度开关改变状态，系统报警，因为装置的热容量较大，温度上升有一个过程。设计延时 5 分钟再封锁脉冲，保护装置，使用户有足够的时间处理相关问题。

8.4.4　辅助电源

本装置输入是交流电能，辅助电源可以直接通过小功率变压器将三相 380V 交流变换为多路低压，分别经过整流、滤波、集成稳压器(如 7812、7912、7820 等)，便能够得到相互隔离的多路低压直流电能。本装置辅助电源提供＋12V、－12V 和三路 20V 相互隔离的直流电压。

8.4.5　驱动电路

驱动电路采用 4 片 EXB841 驱动 4 只 IGBT，它的应用方法已在 5.3 节介绍。

8.5　电磁兼容技术和措施

设备的电磁兼容性能是它能否“生存”的必要条件之一，设计人员必须具备一定的电磁兼容常识。

8.5.1　电磁兼容性概念

所谓电磁兼容性简称 EMC(electromagnetic compatibility)，俗称抗干扰，是指干扰可以在不损害信息的前提下与有用信号共存。电力电子装置的电磁兼容性应从两个方面考核，一是不干扰其他设备，不影响其他设备的正常运行；二是自身不受其他设备的干扰，对于电磁兼容容许的干扰信号，装置应该能够正常工作。国际电工委员会(IEC)对此制定了一系列电磁兼容标准(EMC)，如IEC 555、IEC 917、IEC 1000等。我国电磁兼容问题目前已广泛受到政府、企业和消费者的关注，国家政府已采用相关国际标准，制定了GB/T 4365—1995等100多项电磁兼容国家标准，EMC认证工作也于1999年正式展开。为了解决电磁兼容性问题，下面简单分析形成电磁干扰的原因和抑制原则。

1. 形成电磁干扰的条件

(1) 向外发送电磁干扰的源——噪声源。

(2) 传递电磁干扰的途径——噪声耦合和辐射。

(3) 承受电磁干扰的客体——受扰设备。

2. 抑制电磁干扰的原则

(1) 抑制噪声源，直接消除干扰原因。这就需要采用合适的电路结构和缓冲技术，使装置输入、输出电流波形好，并使 di/dt 和 du/dt 尽可能小。

(2) 消除噪声源和受扰设备之间的噪声耦合和辐射，切断电磁干扰的传递途径，或者提高传递途径对电磁干扰的衰减作用。

(3) 加强受扰设备抵抗电磁干扰的能力，降低其对噪声的敏感度。使系统抵抗电磁干扰的能力与其所处的电磁环境相适应，并且不影响其他设备正常工作而进行的设计工作，称为电磁兼容性设计。电磁兼容设计的任务应从上述3个方面采取相应措施。

8.5.2 常用的抑制电磁干扰的措施

有关电磁兼容的理论至今并不完善，往往通过一些电噪声抑制措施来作电磁兼容设计。电噪声是指，叠加于有用信号上，扰乱信号传输，使原来的有用信号发生畸变的变化电量，简称噪声。经验性的常用措施如下。

1. 用电路和器件抑制电磁干扰

电压尖峰的出现，很容易引起电磁干扰信号，抑制电压尖峰是抑制噪声源的方法之一。抑制电压尖峰的措施比较多，例如电路中继电器、线圈等感性负载在断电时产生的反电势引起的电压尖峰可采用并联二极管续流，或接入 RC 电路等办法加以抑制。还有浪涌吸收器、压敏电阻、瞬态抑制二极管等都可以抑制电压尖峰。

为了防止干扰信号通过电路传递，在一些电路中可以利用光电耦合器、变压器等进行电路的电隔离。

用电路和器件抑制电磁干扰的方法比较多，可以根据情况采用。

2. 滤波

开关模式的各种电源接在线路上，不仅要受到线路中的各种干扰，而它本身又是一个大的干扰源，会通过传导和辐射方式向交流电源和空间传播，不仅污染电网，而且还可能对通信设备及电子仪器的工作造成影响。干扰主要是由于电源的开关管、二极管、储能电感、变压器等器件上的电压、电流急剧的上升、下降而产生的。通常应用线路滤波器克服这种干扰。

滤波器是由电阻、电感和电容构成的电路网络，它利用电感和电容的阻抗和频率的关系，将叠加在有用信号上的噪声分离出来。用无损耗的电抗元件构成的滤波器能阻止噪声通过工作电路，并使它旁路流通；用有损耗元件构成的滤波器能将不期望的频率成分吸收掉。在抗干扰措施中用得最多的是低通滤波器。滤波电路中很多专用的滤波器件，如穿心电容器、三端电容器、铁氧体磁环，它们能够改善电路的滤波特性。恰当地设计或选择滤波器，并正确地安装和使用滤波器，是抗干扰技术的重要组成部分。

按照干扰信号的流通路径不同，分为差模和共模干扰。差模是指两线间的差值干扰信号，共模是指两线对壳地的干扰信号。差模滤波与共模滤波分别是对上述两个信号的阻止或吸收。

图 8.6 给出了一般线路滤波器的基本电路，各个器件的作用如图中所标。差模滤波电容（又称 X 电容）跨接在输入端之间，对差模电流起旁路作用。电容值为一般为 0.1μF～1μF。

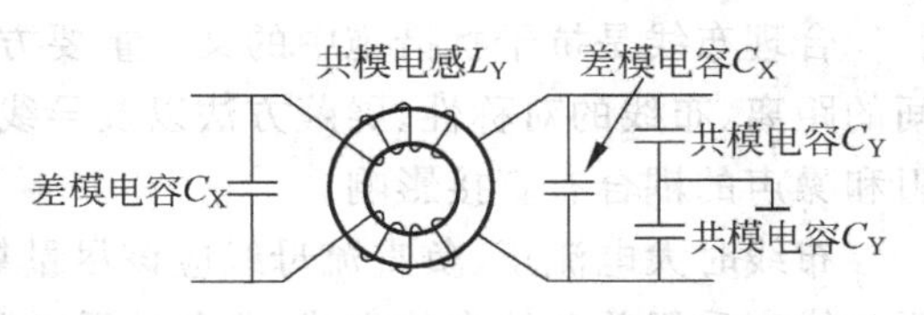

图 8.6　线路滤波器的基本电路

共模滤波电容（又称 Y 电容）跨接在线路与机壳地之间，对共模电流起旁路作用，电容值不能过大，否则会超过安全标准中对漏电电流（3.5mA）的限制要求，一般在 10 000pF 以下。医疗设备中对漏电流的要求更严，在医疗设备中，这个电容的容量更小，甚至不用。

共模扼流圈的结构是：将传输电流的两根导线（例如直流供电的电源线和地线，或交流供电的火线和零线）按照图示的方法绕制，两根导线中流进和流出的电流在磁芯中产生的磁力线方向相反、强度相同，磁芯中总的磁感应强度为零，磁芯不会饱和。而对于两根导线上方向相同的共模干扰电流，在磁芯中产生的磁力线方向相同，呈现较大的电感。因而这种电感只对共模干扰电流有抑制作用，而对差模电流没有影响，因此叫共模扼流圈。共模扼流圈的电感量范围为 1 毫亨到数十毫亨，取决于要滤除的干扰的频率，频率越低，需要的电感量越大。

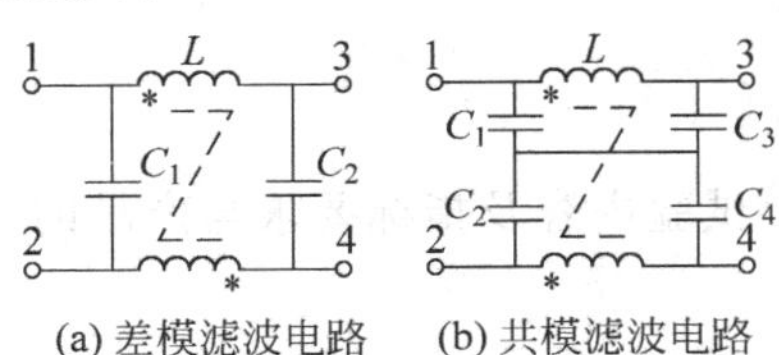

图 8.7　常用抗扰滤波电路

在要求比较高的电力电子装置中，往往不仅安装共模电感，还应该有差模电感，起到对差模电流的抑制作用。在图 8.7(a)中，L 是在一个铁芯上的两个线圈，两根导线中流进和流出的电流在磁芯中产生的磁力线方向相同，它们组成差模电感，由 1、2 端引入的差模干扰信号由于 L 的阻止和 C_2 的回路作用，到达 3、4 端就被大大衰减；由 3、4 端引入的干扰信号由于 L 的阻止和 C_1 的回路作用，到达 1、2 端也被大大衰减。在图 8.7(b)中，L 也是在一个铁芯上的两个线圈，但是，两根导线中流进和流出的电流在磁芯中产生的磁力线方向相反，它们组成共模电感，由 1、2 端引入的共模干扰信号由于 L 的阻止和 C_3、C_4 的对地旁路作用，到达 3、4 端就被大大衰减；由 3、4 端引入的共模干扰信号由于 L 的阻止和 C_1、C_2 的对地旁路作用，到达 1、2 端也被大大衰减。

对于低频差模干扰用陷波器滤波比较合理，陷波器是利用 L、C 对需要滤除的谐波发生串联谐振（等效阻抗为零），谐波电流会“陷入”该 L、C 电路。

3. 屏蔽

屏蔽是指通过各种屏蔽物体对外来电磁干扰的吸收或反射作用来防止噪声侵入；或相

反,将设备内部产生的辐射电磁能量限制在设备内部,以防止干扰其他设备。用良导体制成的屏蔽体适用于电场屏蔽,用导磁材料制成的屏蔽体适用于磁场屏蔽。屏蔽体分为电磁屏蔽体和静电屏蔽体,电磁屏蔽体主要用来抑制高频开关干扰,它利用电磁场在屏蔽体内产生涡流而起屏蔽作用,两者使用的材料相同,只是后者接地才有效;而对于电磁屏蔽体,即使不接地,对抑制高频电磁干扰也是有效的,但由于导体没有接地,因静电耦合效应,也增加了对干扰电压的感应。所以为防止磁路耦合,应用高磁导率的材料将相关部分隔离。

对抑制电磁干扰,屏蔽起着和滤波同等重要的作用,并且屏蔽、滤波和下面将叙述的接地技术紧密相关。

4. 布线

合理布线是抗干扰措施中的又一重要方面。导线的种类、线径的粗细、走线的方式、线间的距离、布线的对称性、屏蔽方法以及导线的长短、捆扎或绞合方式等都对导线的电感、电阻和噪声的耦合有直接影响。

布线时大电流正、负直流母线应该尽量靠近,以减小强磁场的发射区域。每个开关管的驱动线宜采用单独绞合的方式,避免接受其他开关管的驱动信号的干扰,如果是同一个桥臂的驱动信号相互干扰,会使得电路发生桥臂直通的短路故障。如果检测电路的连接线通过强磁场区域,也应该采用绞合的方式走线。

5. 接地

屏蔽、滤波和接地技术紧密相关。装置中需把各级电路和结构件的接地线按类划分成信号地、控制地、电源地和安全接地等,应根据具体设备的设计目标决定分别是采用一点接地、多点接地还是混合接地方式。为避免出现接地环路,必要时还要采用隔离技术。

在装置调试过程中,可能发生各种干扰现象,可以分别考虑以上措施处理,灵活应用。

当前绿色电源装置的研制是解决电磁干扰的有效方法,它是21世纪电力电子研究的热点。很多国家和地区对电源装置都在制订各自的电磁兼容性标准或参照国际的电磁兼容性标准。

8.5.3 电磁兼容性测试

电磁兼容设计是否合理往往需要经过电磁兼容试验。试验内容及指标要求与产品的应用场所相关。通常对电力电子装置要求的测试项目如下:

(1) 电源线传导发射测试:测量装置电源线上的传导发射。

(2) 电源线传导敏感度测试:考核装置对注入其电源线上的标准规定的电磁量是否敏感。

(3) 电源尖峰信号传导敏感度测试:考核装置对加入到其电源线上的标准尖峰信号是否敏感。

(4) 电场辐射发射测试:测量装置的电场辐射发射。

(5) 磁场辐射敏感度测试:考核装置对施加的标准磁场辐射是否敏感。

(6) 电源频率及尖峰信号磁感应场辐射敏感度测试:考核装置对400Hz磁感应场及尖峰信号磁感应场辐射是否敏感。

(7) 电场辐射敏感度测试:考核装置对施加标准规定的辐射电场是否敏感。

测试方法及应达到的指标均有相应的国家标准。

8.5.4 电磁兼容设计

对系统进行电磁兼容性设计必然离不开国家电磁兼容标准的规定和技术协议要求的电磁兼容性测试项目。

常用的标准有 IEC(国际电工委员会标准)及 GB(国标)对高次谐波限制的标准,在进行装置的整体测试时须参考以上标准。

下面简介本装置为减小电磁干扰所作的设计。

1. 滤波电路

滤波电路如图 8.2 所示。

1) 输入陷波电路

由于三相整流电路中存在 3 次、5 次谐波,尤以 3 次谐波最大。本例的陷波器由 L_{01}、L_{02}、L_{03}、C_{01}、C_{02}、C_{03} 组成,每相的 L、C 串联对 3 次谐波谐振,使得 3 次谐波电流"陷入"陷波器。考虑对于基波 L、C 串联的阻抗不能太小,而且应该为容性(为电路作无功补偿),本设备取 C_{01}、C_{02}、C_{03} 为 30μF,取 L_{01}、L_{02}、L_{03} 为 37.5mH。

2) 差模、共模滤波

C_1、C_2、C_7、C_8 和 L_1 组成直流输入端差模滤波器。C_1、C_2 取值 1000μF、串联等效电容 $C_{1\text{-}2}$ 是 500μF,前面已设计 C_7、C_8 串联等效电容 $C_{7\text{-}8}$ 为 9400μF,电感 L_1 为 1mH。C_1、C_2、L_1 对于 14.4kHz 脉冲频率的衰减倍数为

$$20\lg(\omega^2 L_1 C_{1\text{-}2}) = 20\lg[(2\times\pi\times 14.4\times 10^3)^2\times 10^{-3}\times 500\times 10^{-6}] = 72\text{dB}$$

一般衰减倍数大于 60dB 可以满足要求。

C_3、C_4、C_5、C_6 和 L_1 组成直流输入共模滤波电路,C_{10}、C_{11}、C_{12}、C_{13} 和 L_4 组成输出端共模滤波,电感阻止共模电压,电容吸收共模干扰电流。共模滤波电容大,滤波效果好,但电容大对于人身安全有影响,行业标准规定 1kW 的装置其共模滤波电容不能超过 0.1μF,共模干扰信号一般比较小,因此滤波电感一般为 μH 级,本例共模滤波电容取 0.15μF,L_4 取 200μH,实际测试满足要求。

2. 屏蔽

控制电路板和辅助电源板均放在屏蔽盒里,使得它们不受主电路产生的强磁场干扰;整机机壳散热孔均为短窄缝,机门采用了棱簧铜梳簧片使门缝连续导电。这样,机壳相当一个大的屏蔽盒,使得开关器件在开关过程产生的电磁场干扰信号不影响其他设备,其他设备的电磁场干扰信号也不影响装置的正常工作,从而提高了整机的电磁兼容性。

3. 布线

每个器件的定位应有利于接线、电磁兼容性和散热。图 8.8 所示为装置中散热板上元件的布局。

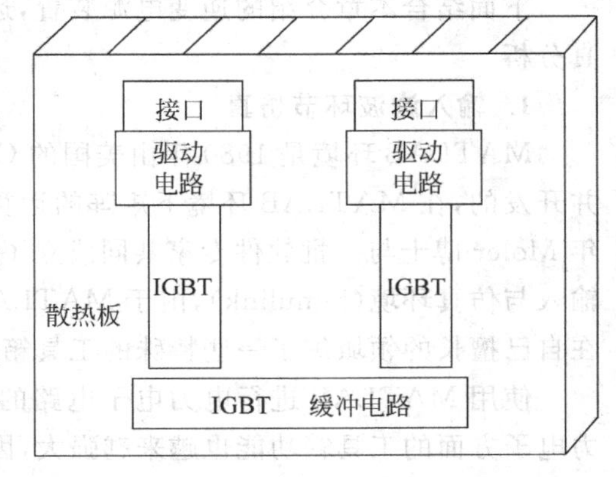

图 8.8 散热板上元件布局

设计的电路是否能够正常运行,参数设计是否合理,必须要通过试验证实。也可先通过电路仿真的方法作仿真试验,确认设计基本正确,再搭建试验平台。

*8.6　电路仿真

8.6.1　电路仿真的意义

用仿真的方法不仅可以初步验证电路原理和参数设计的正确性，还能仿真试验极限条件下的特殊情况，从而有效地减少电力电子装置的设计费用，缩短电力电子装置的设计周期，优化参数设计，提高装置的可靠性。

8.6.2　计算机仿真方法简介

在电力电子电路的仿真中，目前还没有一种仿真软件和方法可以完全替代所有的试验，不同的方法和软件有不同的特点和针对性，因此必须对各种方法的特点有所了解，了解各种建模仿真方法的性质和局限性，并进一步了解这些局限性对仿真结果的影响。

比较以下有代表性的两种方法：

1. 系统级

尽可能考虑每个元件所有特性后所建模型为基础的仿真。

2. 元件级

电力电子电路仿真的特点是电力电子电路含有开关这种非线性时变元件，使得电力电子电路难以直接用线性时不变方程来直接描述，从而给仿真带来麻烦，因此电力电子电路仿真的关键是如何处理好开关元件在仿真模型中的描述问题。

计算机仿真时对电路中开关元件模型的处理方法有很多种，如等效电阻法、状态方程法、状态空间平均法，其中我们应用得较多的是状态空间平均法。

目前电力电子电路仿真可借用很多专用仿真软件来进行，但不同仿真软件特点不一样，能够应用的仿真模型也不一样，仿真前要仔细分析仿真的目的，从而有针对性的建立模型和选择仿真软件。MATLAB 在系统级仿真方面具有较大的优势，而 Pspice 则在元件级仿真方面表现很出色。需要指出的是，目前仿真软件的发展是非常迅速的，过去侧重于一个方面性能的软件，都在想办法弥补其不足，使其功能更强大，适用面更宽。

8.6.3　电路仿真实例

下面结合本章介绍的逆变电源装置，运用 MATLAB 软件和 OrCad/Pspice 对其进行仿真分析。

1. 输入滤波环节仿真

MATLAB 环境是 1980 年由美国的 Cleve Moler 博士在讲授大学线性代数时开始构思并开发的，在 MATLAB 环境下矩阵的运算变得异常容易，因此该软件得到广泛流行，1992 年 Moler 博士与一批软件专家共同成立了专门的公司对它进行改进，并推出了交互式模型输入与仿真环境(Simulink)，由于 MATLAB 提供了强大的矩阵处理和绘图功能，很多专家在自己擅长的领域编了一些特殊的工具箱，更加推动了 MATLAB 应用范围的扩大。

使用 MATLAB 进行电力电子电路的仿真可满足大部分的目标要求，且简单、方便，电力电子方面的工具箱功能也越来越强大，因此已成为电力电子电路仿真的重要工具。

三相整流后的 LC 直流滤波环节如果和三相整流的脉动电压发生谐振，不仅影响本电源的正常运行，还有可能威胁到三相电源的正常供电。这里对所设计电路参数运用 Matlab 软件进行仿真。应用 SIMULINK 自带的 SimPowerSystem 模块，可以轻松搭建如图 8.9 所示的仿真电路。其中 LC 滤波电路的参数为：$L=0.75\text{mH}$，$C_3=9400\mu\text{F}$。

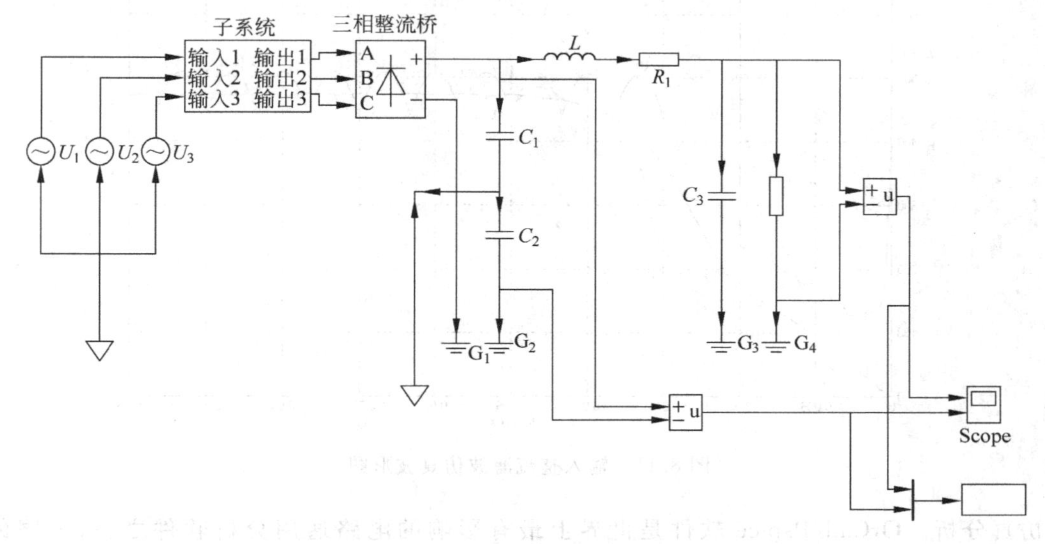

图 8.9　输入整流滤波仿真框图

子系统用来模拟启动充电限流电阻的切除，其结构如图 8.10 所示。仿真波形如图 8.11 所示。

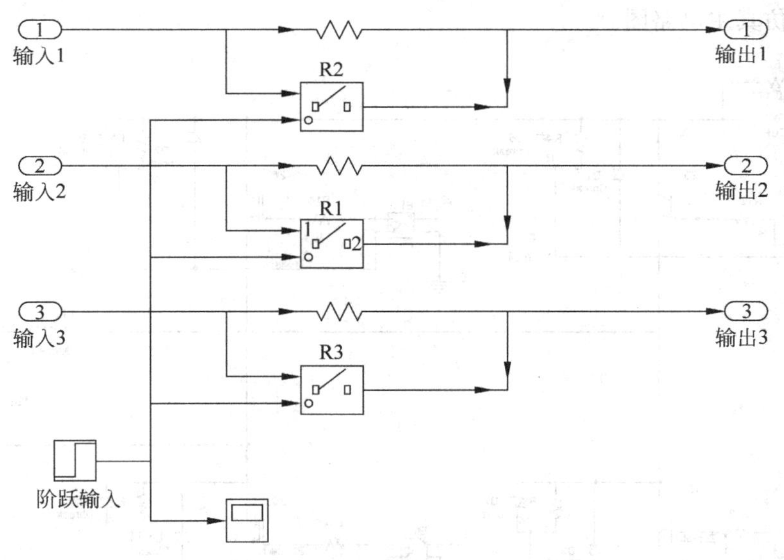

图 8.10　子系统的内部结构图

U_1 为整流桥输出电压，U_2 为 LC 滤波器输出电压，由仿真波形可知，上述 LC 滤波器参数选择较为合理，使得输出波形比较平滑。

2. 输出滤波环节仿真

输出滤波器的设计没有考虑到死区和变压器的影响。下面运用 OrCad/Pspice 软件进

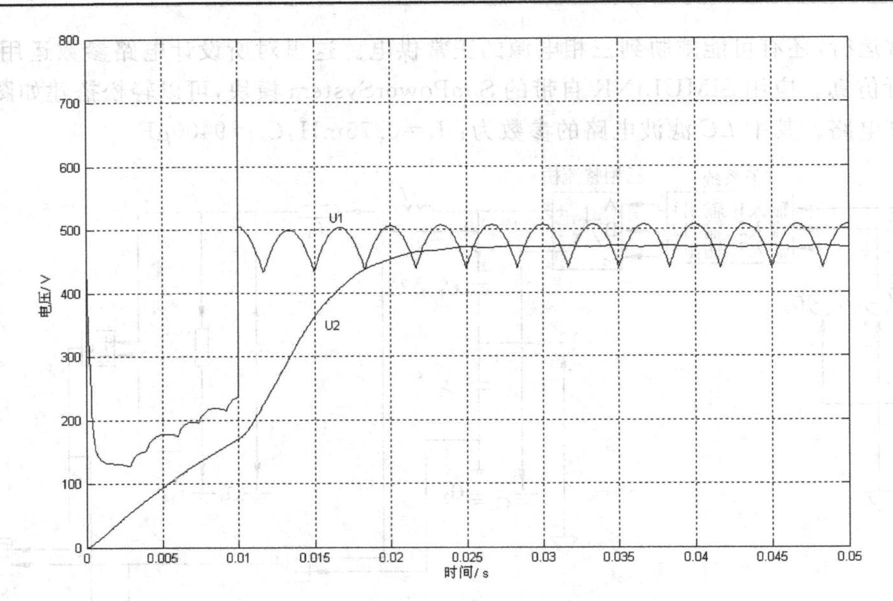

图 8.11 输入整流滤波仿真波形图

行仿真分析。OrCad/Pspice 软件是世界上最有影响的电路通用分析软件之一,美国的 OrCad 公司是世界上知名度很高的 EDA 公司。1998 年 OrCad 公司与开发 Pspice 软件的 Microsim 公司实现了强强联合,推出了最新版本 OrCad/Pspice 9,不仅大大丰富和完善了模拟电路的分析功能,也进一步增强了数字电路、数/模混合电路的分析功能。图 8.12 是 SPWM 逆变仿真主电路图。

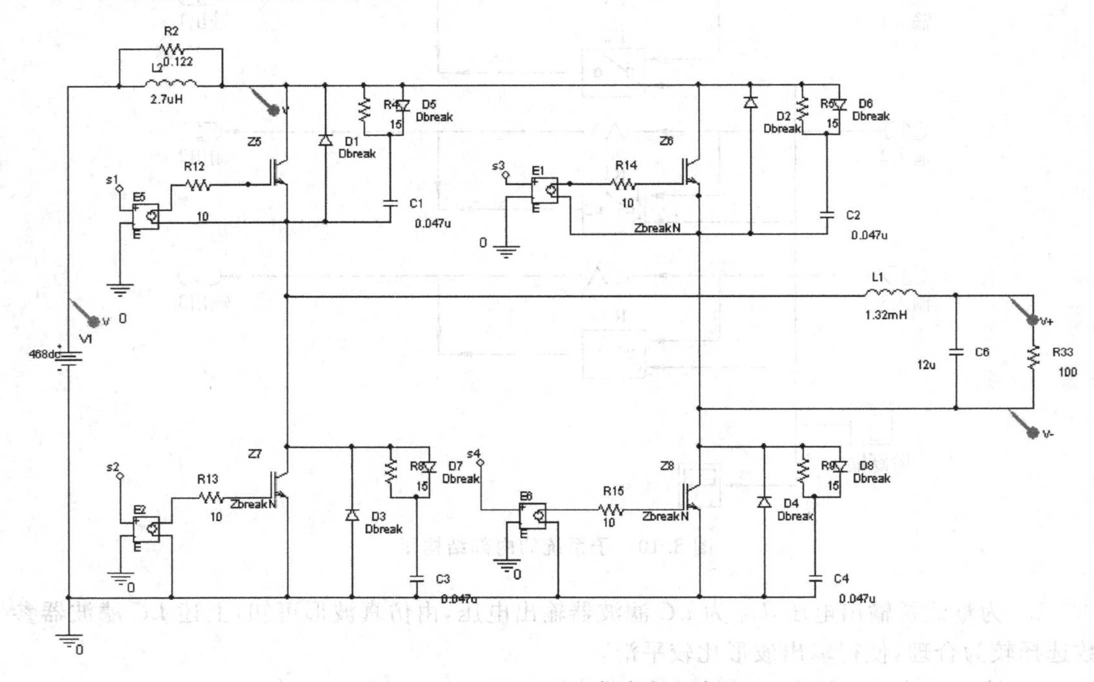

图 8.12 SPWM 逆变仿真主电路图

元件参数皆按前面计算所得，输出 LC 滤波电路 $L_1=1.32\text{mH}$，$C_6=12\mu\text{F}$，缓冲电路中 $R=15\Omega$，$C=0.047\mu\text{F}$。仿真波形如图8.13所示，它初步验证了前面计算参数的合理性。

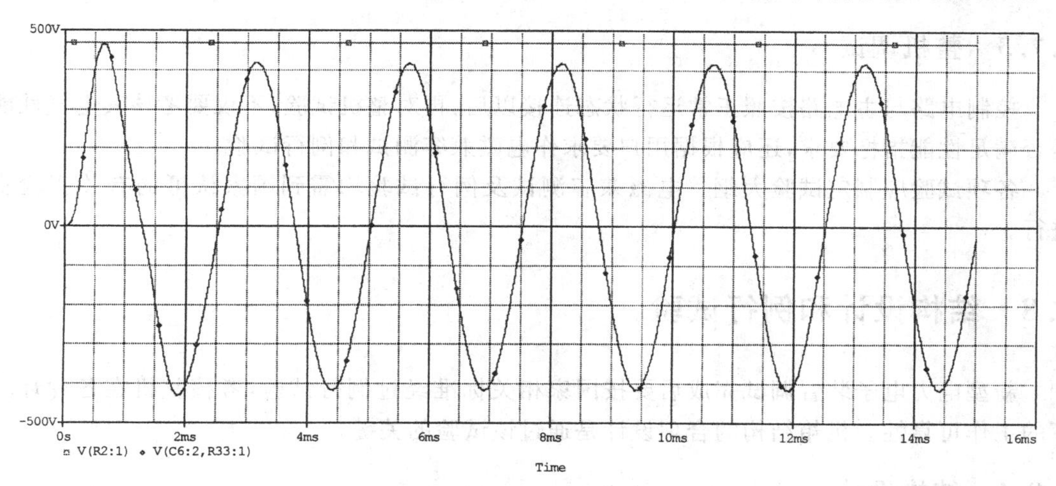

图8.13 Pspice软件仿真波形

8.7 整机调试与电性能试验

8.7.1 印制板的调试

作为产品，使用的电子元器件一定要经过通电老化筛选。根据辅助电源、控制电路和驱动电路设计成印制电路板，焊接后，应该对电路的预期功能检测与调试，并采取措施模拟反馈值，确认控制保护系统功能正常，避免不必要的损失。

8.7.2 主机调试

首先检查电路接线是否正常，再调试。主机调试应注意以下几点。

1. 试验保护电路的可靠性

在主电路中直接模拟主电路的电流，试验保护电路的工作情况。例如用外部电源和可调电阻构成电路，使其电流穿过电流检测元件，观测电流达到设定值时，控制电路是否能够封锁IGBT的脉冲。这种方法可以排除电流检测元件、驱动电路、接线等故障。

2. 控制电路和主电路分开供电

控制电路按照正常电压加电，主电路从低电压逐渐升高。为了避免低电压时的过调制现象，控制电路的给定值开始应该调整到很小，跟随主电路电压的升高慢慢地升高。

3. 监视驱动信号及开关管的电压波形

监视驱动信号及开关管的电压波形，若驱动波形上有明显干扰信号，需调整走线。若开关管的管压降有较高电压尖峰，应调整缓冲电路或者驱动有关参数。经考核确认工作可靠后，才能使控制电路与主电路同时供电。

4. 注意各部件的温升

在输入电压升高的过程中，注意观测各个部件的温升。

为考核系统主要技术性能和抗冲击负载能力，应制定相应的试验方法对电性能全面测试。

8.7.3 整机调试

控制电路与主电路按照正常运行状态连接以后，再对整机试验，不仅要考核其电气性能是否满足性能指标要求，还应根据用户要求作电磁兼容测试和例行试验。

各项试验应制定试验大纲。电磁兼容测试及例行试验均需到国家认可的有关实验室进行。

8.8 结构设计和例行试验

新型电力电子装置调试完成后要按国家相关标准经过例行试验，考核整机在各种环境下的工作可靠性。机箱结构的合理设计是通过该试验的关键。

8.8.1 结构设计

机箱的结构设计表面上是机械设计问题，实际上它关系到整机运行的可靠性。机箱的外形尺寸、结构形式按技术要求确定，并要考虑维修方便、重心合理。本例机箱分为上下两层，将比较重的变压器、电感安放在底层，控制电路、辅助电源都通过接插件连接，可方便的进行检测维修。机箱每个部位的连接要考虑机械强度，结构设计应由电气设计人员与机械设计人员共同协调完成。它应该从以下方面考虑。

1. 机械强度和减震器的选择

机械强度由机械设计人员考虑，减震器一般按照设备总重量考虑。如设备是立式机箱，总重量是130kg，可选择4个EE40的减震器，安装在机箱的下方；如果机箱比较高（超过1000mm），还应该在背面增加减震器，以免机箱摇晃。

2. 元器件的布置

器件安装位置要考虑接线方便，电磁兼容性，散热风道等等。

3. 机械部件的防腐性

4. 机壳的整体屏蔽

8.8.2 三防处理

整机电气性能试验完成后产品应该作三防（防盐雾、防霉、防潮）处理，增强其抗腐蚀能力。一般方法是喷三防漆，喷漆时应该注意接插件、散热器、风机不能喷漆。接插件喷漆会影响接插件的可靠接触，散热器喷漆会影响散热效果，风机喷漆会影响它的正常运转。

8.8.3 环境试验

一般电力电子产品要求在通电工作条件下还要做环境试验（例行试验）本装置根据技术条件进行了以下几项试验。

1. 高温试验

试验目的：评定电力电子装置在高温环境条件下的适应性。

试验要求：

(1) 环境条件：工作温度50℃，试验时间4h。

(2) 控制电路要求：外观完好，结构可靠，电气性能正常。

这项试验能否达标，关键在于散热技术及元器件的老化筛选。一般元器件自身也有对工作环境的要求，如工业品芯片在－25℃～85℃可正常工作，军品芯片在－55℃～125℃可正常工作，但价格相差几十倍。

2. 低温试验

试验目的：评定电力电子装置在低温环境条件下的适应性。

试验要求：

(1) 环境条件：工作温度0℃，试验时间4h。

(2) 检测要求：外观完好，结构可靠，电气性能正常。

本项达标关键在于元器件的筛选以及变压器加工工艺。

3. 湿热试验

试验目的：评定电力电子装置在相对湿度、温度环境条件下的适应性。

试验要求：

(1) 环境条件：试验温度范围为40±2℃；
相对湿度范围为93±3％；
试验周期数为2周期(48h)。

(2) 检测要求：外观完好，涂复层无起泡起皱，电镀件无腐蚀，电气性能正常。

该项试验能达标的关键技术是绝缘处理及机加工过程处理。整机电气性能试验完成后产品应喷三防漆，增强抗腐蚀能力。

4. 颠震试验

试验目的：评定电力电子装置在颠震环境条件下的适应性。

试验要求：

(1) 环境条件：加速度：7g；
脉冲宽度：＞16ms；
重复频率：30次/min；
总冲击次数：1000次。

(2) 检测要求：试验样品外观完好，结构可靠。电气性能正常。

5. 冲击试验

试验目的：评定电力电子装置在冲击环境条件下的适应性。

试验要求：

(1) 环境条件：落锤高度：0.3m，0.9m，1.5m；
摆锤角度：37°，66°，90°；
冲击方向：垂直，前后，左右；
冲击次数：每个高度，每个角度各1次，共9次。

(2) 检测要求：试验样品外观完好，结构可靠，电气性能正常。

以上两项试验能达标的关键在于合理的结构设计，减震器的正确选择，安装和焊接的工艺等。若印制版上有虚焊，在试验中会导致电气性能不正常，甚至损坏电子器件。

在设计产品时，应该全面考虑，产品不仅仅应该具有良好的电气性能，还应该有良好的电磁兼容性和可靠的结构。

习题及思考题

1. 说明电磁兼容设计和结构设计在电力电子装置设计中的重要性。

2. 在电路调试过程中，若出现开关管管压降峰值过高，可以采取哪些措施解决？

3. 列出整机调试的试验步骤和相应的电性能试验方法。

4. 在作装置的结构设计时，应从哪几方面考虑？

5. 试设计一个具有抵抗冲击负载能力的 DC-DC 变换装置，画出它的主电路和控制电路图。

参 考 文 献

1 陈坚.电力电子学(第二版).北京：高等教育出版社,2004

2 王兆安,张明勋.电力电子设备设计和应用手册(第二版).北京：机械工业出版社,2002

3 张立.现代电力电子技术.北京：科学出版社,1995

4 张占松等.开关电源的原理与设计.北京：电子工业出版社,1998

5 张乃国.UPS系统应用手册.北京：电子工业出版社,2003

6 赵修科.开关电源中的磁性器件.沈阳：辽宁人民出版社,2002

7 王其英.何春华.UPS不间断电源剖析与应用.北京：科学出版社,1996

8 张丕林,何蕴香.静止型不间断电源装置的应用与维护.北京：中国电力出版社,1996

9 吴兆麟等.串联逆变式高频感应加热电源.电力电子技术,1994(1)

10 康勇等.PWM逆变电源抗冲击性负荷电路研究.华中理工大学学报,1999(12)

11 张青等.使用EPROM和D/A的新型逆变电源控制电路研究.电力电子技术,1994(1)

12 詹长江等.滞后电流控制的PWM电压型高频整流电源研究.电力电子技术,1996(2)

13 熊蕊等.高精度高频大功率DC/DC变换器.全国电源技术年会论文集,1993

14 孔雪娟等.模块化移相谐振式DC/DC变流器和并联运行.电力电子技术,2002(5)

15 吴元熙.葛洲坝-上海高压直流输电系统简介(1～7).华东电力,1996,(7～12)

16 王强等.±300kvar先进静止无功发生器及其现场试运行.电力电子技术,1999(1)

17 段善旭.模块化逆变电源全数字化并联控制技术研究.华中理工大学博士学位论文

18 卓放.三相四线制有源电力滤波器的研究.西安交通大学博士研究生论文

19 杨成林.三相逆变器DSP控制技术的研究.浙江大学硕士论文

20 谢永刚,移相全桥ZVZCS变换器的数字化控制研究.华中科技大学硕士论文

21 Moffat R, Paresh C S. Digital Phase-Locked Loop for Induction Motor Speed Control. IEEE IA-15, 1979(2)：176～182

22 Chen J and Richard Bonert. Load Independent AC/DC Power Supply for Higher Frequencies with Sine-Wave Output. IEEE Trans IA,1983,IA-19(2)

23 Tabisz W A,Jovanovic T M, Lee F C. Present and Future of Distributed Power System. APEC'92, Boston,1992：11～18

24 Noworolski Z. Parallel UPS Control and Configuration. INTELEC'81,1981：205～209

25 Huang M, Lin W and Ying J. Novel Current Mode Bi-Directional High-Frequency Link DC/AC Converter for UPS. IEEEPESC98,1998：1867～1871

26 Mikihiko Matsui,Masaki Nagai,Masayuki Mochizuki and Akira Nabae. High-Frequency Link DC-AC Converter with Suppressed Voltage Clamp Circuits-Naturally Commutated Phase Angle Control with Self Turn-off Devices. IEEE Trans. on IA,1996,32(2)：293～300

27 Yang Yinfu,Liu Jingbo,Zhou Dangsheng. Pulse by Pulse Current Limiting Technique for SPWM Inverters. Power Electronics and Drive Systems 1999,2：27～29